融化的冰河、
凍土與地球最後的森林

尋找北極森林線

THE TREELINE

THE LAST FOREST AND THE FUTURE OF LIFE ON EARTH

班・勞倫斯——著
周沛郁——譯
林政道——審訂

BEN RAWLENCE

目次

推薦語 006
前言 008

第1章
殭屍之森
蘇格蘭✦歐洲赤松 019
蘇格蘭的土地曾經覆蓋著「大森林」，然而數千年來，過度放牧與砍伐等問題，讓森林成了往昔的神話，僅在高地山坡上零星散布著歐洲赤松個體。勞倫斯沿著山谷步行，試圖尋找森林線的痕跡，卻發現歐洲赤松雖然存活，卻無法繁衍，而「凱恩戈姆連結」組織的發起的行動，是否有可能挽救這片「殭屍之森」？

第2章
追逐馴鹿
挪威✦毛樺 073
毛樺北境的先驅者，適應了嚴酷的冬季，也習慣在極寒邊界向苔原推進。如今隨著

氣溫上升，毛樺正以前所未見的速度向苔原擴張，不僅與薩米人競逐空間，帶來許多意想不到的生存危機，也影響了倚賴苔原生存、覓食的馴鹿。

第3章

沉睡的熊

俄國 ✦ 落葉松

117

北方針葉林泰加是世界最大的森林，由無數落葉松屬紮根於永凍層上。然而，融化的永凍層不僅釋放出各種封存已久的溫室氣體，也影響了落葉松的根系紮根。勞倫斯前往俄國，拜訪了當地科學機構，從科學家口中得到令人憂心的真相，他也造訪恩加納桑人等原住民族，記錄消逝中的極地游牧民族文化……

第4章

邊疆

阿拉斯加 ✦ 白雲杉、黑雲杉

207

被白令海峽分開，留在阿拉斯加的雲杉，發展出獨特的演化過程。科學家肯恩·泰普曾試圖研究雲杉林與凍原地生態推移帶，卻發現灌木悄然蔓延，大地逐漸變綠，而河狸更在凍原上刻畫出驚人的地貌變遷。在此同時，勞倫斯透過作家賽斯·坎特納所見，以及世居此地的森林民族科尤康人，描寫森林線進退的故事。

第5章

海中森林

加拿大✦香楊

259

勞倫斯描述了香楊如何從土地中汲取礦物質，並隨河流將養分送達海洋，支持著海洋食物鏈的繁盛。他也拜訪了黛安娜·貝瑞絲佛德－柯蘿格這位科學家，聽取她對植物與地球脈動的獨到見解，最後跟隨阿尼許納貝人一同拜訪「皮瑪希旺·阿奇」，聆聽他們訴說自己的創世神話，並如何運用古老智慧抵抗現代的挑戰與過往的創傷。

第6章

樹與冰的最後一支探戈

格陵蘭✦格陵蘭花楸

337

因為缺乏能將種子帶回來的森林，格陵蘭大部分土地都見不到樹木，而格陵蘭花楸是島上為數不多的原生樹種，如果不加干預，森林可能需要數千年才能自然回歸。於是，一群來自世界各地的頂尖科學家，在昔日美國空軍基地發起了「格陵蘭樹木」計畫，試圖在這片曾經冰封的土地種下未來的希望。

後記　像森林一樣思考　383

【編輯體例說明】本文內使用兩種註解標示，一般數字，例如8，表示譯註、編註或審訂註；方括號裡的數字，例如[8]，表示作者註，內容多為作者引用或參考文獻，詳細內容放在本書最末章「參考資料」裡。為了避免干擾閱讀，許多耳熟能詳或較不牽涉前後敘述因果的字詞，在本文中不標示原文。

一推薦語一

林子平，成功大學建築學系特聘教授、《溫度的正義》作者

當氣溫升高，人類能輕易開啟空調享受舒適，但森林無處可逃。它們只能緩慢向北推移，在乾旱與土壤變遷中掙扎求存。本書記錄六種關鍵樹種的生存戰，見證森林線如何消逝，揭示氣候不公，而這場變遷，終將影響我們所有人。

游旨价，《橫斷臺灣》作者

烈焰焚身，與凍原爭地，北境生靈正在迎戰氣候變遷。勞倫斯的新作直擊森林現場，望我們自問，還能當一個「天真」的氣候災民多久？

董景生，自然保育與環境資訊基金會董事

作者以細膩筆觸，引領我們踏入氣候變遷最前線的極地森林，描繪居民與生物共生的生態哲學。在冰雪覆蓋的邊疆，極端環境中的生命彼此依存，讓我們深思人類與自然，未來將何去何從？

鄭明典，前中央氣象局局長

從自家庭院裡的樹開始，像似在講個小故事，結果一層又一層深入，文字視野越來越廣大，很自然地帶入豐富的人文、地理、生態環境各層面的知識，以及背後值得思考的議題，著實令人著迷的一本著作！

歐康納（M.R. O'Connor），**《尋路》**（Wayfinding）**作者**

在這本向世界最北森林致敬的優美作品中，班・勞倫斯帶著記者的熱情與自然學家的赤誠，追隨著森林線向東走向初升的太陽。他以迷人的筆觸呈現了關於森林深刻且具挑戰性的概念：森林並非地圖上一個靜態的地方，而是一個創造性的演化過程——一個「移動的社群」。勞倫斯記錄了森林線正在經歷的重大變遷，以及對人類與地球的深遠影響。他將其卓越的好奇心與文學才華，投入在樹木與人類共存的生態圈中，為我們帶來了一份彌足珍貴的禮物。

一前言一

歐洲紅豆杉
威爾斯，漢內利
北緯 52° 00' 01"

我家後面有棵極為高大古老的樹。過去我從未多想，畢竟那是平凡無奇的東西，教堂墓地裡的節瘤老樹是威爾斯典型的風景。不過，最近我發覺自己比較注意樹木了。

那棵樹是歐洲紅豆杉（*Taxus baccata*）。樹長在高出路面幾公尺的土丘上，樹根密密地聚在土下，彷彿皮膚下浮起的肌腱。那棵歐洲紅豆杉細緻的常綠針葉彷彿細細髮絲，掛在彎曲的巨枝上，像凌亂的瀏海蓋住臉龐——或許是個害羞的綠人。[1]要摸到樹幹，得低頭鑽過低垂的瀏海，像撥開沉重莊嚴的簾布一樣撥開枝條，猶如闖進祭壇後方。這是個神祕的庇護所，距離步道不過幾步之遙，瀰漫著常綠植物發酸的刺鼻味，是生命的氣息。

步道另一側也是一棵歐洲紅豆杉，稍小，但有著同樣平滑的粉紅樹皮，有些地方毛茸茸的，有些地方黏手。我追著從土裡爆出的裸露樹根——樹根沿著河岸在步道下彎彎繞繞，並糾纏更高大鄰居的根，形成一個活生生的結構。仔細看，較小那棵樹結了鮮紅的漿果[2]——她是雌株；較大的沒結果，是雄株。這一對樹木漂亮壯觀，但我怎麼都找不到有誰知道這些古老的愛人有多老，又是怎麼到這裡來的。

為紅豆杉定年是出了名的困難，原因多少是因為這種樹木的壽命沒有上限。紅豆杉幼年時生長快速，中年穩定，老年似乎能永無止境地活下去。有時樹木可能生長停滯，於是就立在那裡長期休眠，甚至長達幾世紀。紅豆杉無法做樹輪分析。這些樹和雪松一樣，低垂的枝條在地上生根之後就能開始生長，而樹樁也能萌發嫩枝；丟著不管的話，紅豆杉可能可以永遠自己這麼再生下去。這是凱爾特人（Celt）認為紅豆杉很神聖的一個原因。紅豆杉長著有毒的紅漿果、粉紅果肉和豐沛的樹液，凱爾特人之所以崇拜，正是因為紅豆杉具有神一般的特質、賦予生命與死亡的能力，以及不朽的威名。教堂墓地是圓的，代表的是 Ilan——在小小諾曼教堂存在之前的前基督教聖地。紅豆杉時常和前基督

1　譯註：Green Man，在西方傳統上象徵著生命循環，也連結到各種男性自然神祇、精靈或神話人物，形象是人臉覆蓋樹葉、噴出樹葉或有樹葉毛髮。

2　審訂註：紅豆杉是裸子植物並沒有果實，看起來紅色漿果狀的是肉質假種皮（aril）。

教聖地一同出現。這對老伴侶默默站在石圈上方，在小徑下執手幾百、幾千年。或許正因如此，這裡才會有漢內利[3]這座村子。

古老的樹木總是讓人心生敬畏。它們彷彿來自另一個時代的難民，生命的週期遠遠長於人類的時間尺度。古樹的分布和範圍，是地質、氣候與演化這些極為漫長的星球循環造成的。比方說，紅豆杉只見於中亞高山地區和北歐零星的據點，這奇妙的現象顯示紅豆杉想必曾經分布得更廣，現在只是孑遺物種——現存的範例是來自不同時期的離群值（Outlier）。在危機時刻，這或許能成為一種安慰，提醒著我們的擔憂在樹輪數千數萬年歲月的積累中，根本微不足道。不過既然人類已經干擾了海洋、森林、風與洋流的星球系統，以及改變了水與空氣中的氣體平衡——這些平衡曾經孕育了我們這些物種——於是，那些安慰也變得有待商榷，樹木提供的不再是安慰，而是警告。

我們面對時間的自滿態度，讓我們成為全球暖化的第一批受害者——千年已成一瞬。最近，我看到山脈、森林或田野，每每都會感到大地的顫動，那既是期待，也是記憶。面對充滿不確定的未來，我們最好的指引會是歷史——地質學、冰河學和樹輪年代學，也就是研究岩石、冰與樹木的學問。就這樣，過去與未來都變得近在咫尺，時間難以捉摸，每一次走在丘陵間，心靈都可能感到暈眩。突然間，我看見無所不在的樹木——不存在的地方，曾存在的地方，或是本應存在的地方。這是脫離時間來看待地景的一種方式，就像那些更貼近大地的人們，他們向來都是這麼做的。然而，若用這種方式觀看，景色就不對勁了。在教堂和村莊之上，黑山山脈（Black Mountains）乾淨的綠色山脊，此刻突然像是悲劇般的荒漠，像總結一個地質年代人類愚行的紀念碑。

這些丘陵是英格蘭和威爾斯的邊界。羅馬人最早跨越這條界線，隨後是維京人，然後是中世紀的英格蘭國王，這標誌著一場運動的開始，在地球殘存的最後一大片天然林——熱帶亞馬遜地區和亞北極的北方森林——達到終局。羅馬人、丹麥人和英格蘭貴族都在尋找天然資源，尤其是木材為主。威爾斯的殖民化，是以過度擴張、掠奪為基礎的經濟體系的最早體現——在超出自身環境可承受的極限後，早期的重商主義者開始訴諸武力，強行掠奪其他地方的貢品和資源。無論是英國、維京、羅馬或其他帝國，其本質就是過度擴張。而殖民主義、資本主義和白人至上主義則有個共通的糟糕哲學——對某些人行動自由的限制，被視為是對自由原則的冒犯。這和森林共演化的動態恰恰相反。

3 譯註：Llanelieu，多譯為「拉內利」，但威爾斯語的 LL 是把舌尖放在上牙齦並吐氣，中英文都無如此的發音位置，較接近的發音可能是「漢」，因而暫譯漢內利。

從前的丘陵曾經長滿樹木，現在只剩下被稱為 ffridd 或 coedcae 的斑塊生態系統——山楂、灌木、蕨類與闊葉樹交雜，低地和高地棲地的過渡地帶。丘陵頂部的泥炭土是這裡曾有過森林的見證，但那是我們新石器時代祖先為了放牧與取暖而砍光森林之前的景象，也早於我們後來對鹿隻和松雞，當然還有羊隻的更加偏愛。不過，早在森林出現之前，早在岩石上還沒有任何覆蓋物之前，這裡曾經是一片冰原。

最近一次冰河期結束於一萬年前，對地球的時鐘而言不過像是幾秒鐘的事。漢內利的老紅豆杉，可能是冰河消退之後第一批樹木的孫輩，甚至就是直系後代。紅豆杉這類針葉樹的演化會與冰河週期特別有關。那些樹木在貧瘠環境裡欣欣向榮，在養分有限的貧瘠土壤中亦然，這正好就是「**森林線**」（treeline）的運作模式，然而，其實森林線根本不是一條線。

在當代的語境中，「森林線」變成地圖上一條固定的線，標示出樹木生長的極限，這恰巧突顯了人類時間視野的狹隘，以及將目前棲地視為理所當然的心態。其實，樹木的生長條件（不論是受限於海拔〔在山坡上〕，或受限於緯度〔靠近北極〕），僅僅取決於環境的變化：土壤、養分、光、二氧化碳和溫暖的多寡。幾千年來，這些氣候條件維持了驚人的恆定，但在較長的時間尺度上，全球溫度的微幅變化，也意味著森林線是個持續變化的概念。

冰雪出現，又消失了許多次，冰河來來去去。大自然在這每一次的往復都是從頭開始，緩緩重新占據被冰河刮去土壤的大地——最先出現的是地衣，接著是蘚苔，然後是草、灌木和白樺、榛樹那樣的先驅樹木，它們改善土壤，傾倒一噸噸的葉子，為後方緩慢跟來的巨木——松樹、岩生櫟（*Quercus petraea*）和紅豆杉——奠定基礎。如果任其發展，地球上大部分的棲地（除非有低溫或乾旱的限制）最後通常會形成以森林為主的平衡狀態。因此，隨著冰河向北移動，森林線會緩緩跟隨，在貧瘠的土壤生根，行光合作用，落下針葉，然後枯死，產生富饒肥沃的土層，為其他所有陸生生物的棲地奠定基礎。在北半球，幾乎找不到有哪片土地是不曾被森林線經過的。

自從三百萬年前的上新世以來，植物的爆發性生長讓大氣降溫，達到現代的動態平衡之後，冰河期就以十萬年的規律週期在我們的星球上留下痕跡。這種規律源自於地球並不是穩定平衡地自轉，而是像陀螺一樣搖搖晃晃。這種搖晃稱為「米蘭科維奇循環」（Milankovitch cycle），使地球每十萬年會微微傾斜遠離太陽，帶來輕微的降溫，也讓兩極的冰層擴張或後退，就如同一年的季節性變化那般。南極是座島嶼，除了紐西蘭和巴塔哥尼亞，南半球的冰河不多；北半球則不斷長出森林又消失。若以縮時攝影來觀察地球的地質時間，會顯示冰層規律地推進又退後，而森林的綠意則是湧向北極又再退下，宛如地球的呼吸。

然而，現在的地球過度換氣了。這道亮綠色光環的移動速度快得異常，為地球戴上了一頂針葉與闊葉的冠冕，將白色的北極化為綠色。森林線向北遷移不再是一世紀幾公分的事，而是變成了每年幾百公尺的事。樹木開始移動了——不該有這種事才對，而這反常的事實，對地球上的所有生命都有巨大的影響。

我不記得第一次聽到「樹木大行軍」（trees on the march）是何時何地了，不過那影像停留在我腦海裡好幾年都揮之不去，直到我決定投身研究實際的情況。我原以為科學家觀察到的只是微小的改變，例如可能是過去幾十年暖化曲線的結果，然而，我的發現完全出乎意料，讓我措手不及。

我了解到北極凍原長出更多灌木、變綠了，但這並非樹木大啖二氧化碳、全速往北而去那麼簡單的故事。這是星球正處於動盪，生態系統正在適應巨大改變、設法找到平衡的概況。每年都有面積相當於一個國家那麼大的森林被火災、寄生蟲和人類摧毀；另一方面，珍貴的凍原又被樹木入侵，那些樹木如今成了新的外來物種。森林樹種的群落正在改變，或是在不該長樹的地方冒出樹來，這對那些生存策略仰賴森林維持其原狀的動物和人類陷入混亂。

我們的地圖已經過時了。北極森林線的位置向來是北極圈的定義之一，而且幾乎完全和另一條線重合——七月的十度等溫線，這條線靠近地球上端，標示出夏季均溫攝氏十度的地方。這條波浪狀的界線，短暫接觸到蘇格蘭凱恩戈姆山脈（Cairngorm Mountains）的山峰，然後在斯堪地那維亞內陸遠離溫帶森林峽灣的地方再度登陸。接著，從芬馬克（Finnmark）高地開始，毫不間斷地從俄國的白海（White Sea）劃過西伯利亞上端，來到白令海峽。森林線在阿拉斯加貼近布魯克斯山脈（Brooks Range），然後以對角線劃過加拿大，在哈德遜灣再度遇到海洋。在內陸海的另一側，森林線蜿蜒通過魁北克和多山的拉布拉多，[4]然後跳到格陵蘭南部。

4 編註：Labrador，位於加拿大的大西洋沿岸。

這便是本書描述的旅程路線，不過，「線」的概念本身會誤導人。放大來看，其實森林線根本不是線，而是生態系之間的過渡帶，科學家稱之為「**森林－凍原生態推移帶**」（forest-tundra ecotone, FTE），有時寬數百公里，有時僅僅幾呎。隨著氣候暖化，這地區和兩側龐大的凍原、森林生態系，開始以各種意想不到的方式轉變。總之，這條線本身也已不再準確。七月的十度等溫線不再是地圖製作者可以仰賴的可靠事實；正如近年西伯利亞、格陵蘭、阿拉斯加和加拿大的夏季溫度，這條等溫線正在劇烈波動。**樹木能夠生長的地方，和現在樹木實際存在的地方愈來愈不符合**，因此也使得整個區域變成了充滿可能性與威脅的地帶。

在沿著此一區域旅行的途中，我得知許多北方森林如何調節地球當前的氣候，並扮演著何等關鍵的角色。和亞馬遜雨林比起來，北方森林才是真正的世界之肺——覆蓋全球五分之一的面積，擁有地球上三分之一的樹木，是僅次於海洋的第二大生物群系（biome）。星球系統包括水和氧的循環、大氣循環、反照率、洋流和極風，都受到森林線位置和森林運作的影響。

我發覺，我們對這些系統在暖化時的改變情形所知甚少。我們知道地球變得愈來愈熱，而且熱得愈來愈危險；但我們還不知道這對自己和森林裡其他生命型態意味著什麼。隨著地球暖化，森林會失去吸收、儲存二氧化碳的能力。雖然北方森林是地球上最大的氧氣源，不過，那裡的樹木比較多，未必代表著能夠從大氣中捕捉到比較多的碳。隨著樹木入侵凍原，同時也會加速永凍層融化，凍土中儲存的溫室氣體，多到足以超過任何科學家的模型預測，同時間，許多互相矛盾的事也在發生。

地球失去平衡，而森林線這個區域也正在經歷巨大的地質變化，混淆、挑戰著我們對於過去、現在和未來的概念。文化歷史學家托馬斯・貝利（Thomas Berry）說：「我們處在兩個故事之間。舊的故事——關於這世界如何形成、我們如何融入其中的說法已不再適用。然而，我們還未學到新的故事。」[1] 我發現，這些新故事的種子就紮根在北方森林的舊安排當中。**森林是人類和自然平等共存方式仍然存在的地方**。

不過，無論是科學上或地理上的範疇，這片地域的幅員都是我們難以想像的遼闊，而北方森林所代表的範圍極大，似乎難以用一本書的篇幅容納進去，直到我發現森林線僅由少數幾個樹種組成時，才明白或許可以試著描述。北方森林演化出一個能在寒冷中生存的菁英俱樂部，本書提及的六種樹木，也是北境常見的特色樹種——三種針葉樹，三種闊葉樹。此外，特別的是，這些樹種都在某段森林線裡占有自己的一席之地，在競爭中贏過其他樹種，維繫了獨特的生態系。這六種樹是：**蘇格蘭的歐洲赤松、斯堪地納**

維亞的樺樹、**西伯利亞的落葉松**、**阿拉斯加的雲杉**，而**加拿大的香楊**和**格陵蘭的花楸**則分布較為有限。我決定前往這些樹木的原生地，看看不同樹種是如何因應暖化，而它們的故事對森林中的其他居民（包括我們人類）具有什麼意義。我是在二〇一八到二〇年間的不同季節探訪不同地方，期望看見森林的季節性運作，但後續的章節則是按地理順序來編排，循著森林線往東，朝升起的太陽而去。

這些北方樹種雖然稀少，但非常堅韌。在地質天擇的漫長競賽中，只有最具創造性的物種才能在這些極寒緯度生存下來。脆弱而生物多樣性高的熱帶雨林，或許能讓類似的物種組合延續數百萬年，然而更北方的緯度卻像一塊一再被擦乾淨的石板。目前地球正在逐漸展開巨變，這個地方正好能讓我們一窺巨變之後能留下什麼物種。在數千甚至數百萬年後，當地球再次降溫，重新走出來並開始繁衍生息的，很有可能就是北方森林的特有物種。它們已經適應了氣候變化，在冰雪的風口浪尖上生存了幾千年。大規模的森林砍伐以及大氣當前的排放，已經讓世上許多雨林注定轉變為稀樹草原。我的鄰居（漢內利的老綠人和他的伴侶）或許能倖存下來，但這得取決於大不列顛群島有多麼乾燥炎熱，也取決於人類控制損害的努力以及最後的成功程度，不過，最後的森林都將會是北方針葉林，當人類僅剩下化石的那刻來到，那些強韌的北方物種仍將屹立不搖。

第 1 章

殭屍之森

蘇格蘭

歐洲赤松

Pinus sylvestris

蘇格蘭，洛因河谷
北緯 57° 04’ 60”

當前的這場間冰期開始時，冰雪退向高處，北方森林也追隨其後。幾千年來未曾出現在不列顛群島的植物逐漸回歸。北威爾斯的山區和蘇格蘭的高地仍然留著冰雪，但在山谷與平原裡，地衣開始在裸露的岩石上形成土層，然後是匍匐的毛茸蘚苔，先是為禾草和莎草鋪路，很快的，榛樹、樺樹、柳樹、刺柏和楊樹等先驅灌木就緊隨而來。這個**北方系統**朝北發展，越過陸橋（現今的英倫海岸），緊追著冰雪，掀起綠色浪潮，早期種子的各式組合隨著風、雨的自然循環，以及包括人類在內的動物遷徙模式開始散布。

一萬年後，我也跟來了。我從威爾斯驅車向北，朝地圖指示森林線目前停駐的蘇格蘭而去。沿著蘇格蘭西岸高聳的谷地開車前往威廉堡（Fort William），山峰的岩石露頭，看似聞風不動，彷彿大教堂的天花板與天空融為一體。豔綠的山坡隨著路上一個個彎道來回起伏；碎石坡有如細長的瀑布般沿著隱藏在高處的石湖傾瀉而下。陽光切割著眼前的美景，前一刻才令人睜不開眼，下一刻又照亮一片應許之地。

直到我親臨現場，才驚覺其中的矛盾：我在尋找森林的上界，但森林在哪裡呢？層層疊疊的幽暗山坡從霧中浮現，蘇格蘭的險峻山巒是早已深植於集體記憶與文化中的影像，幾乎難以想像曾有別的模樣，然而，英國是一座曾經被樹木短暫覆蓋的島。喀里多尼亞（Caledonia）是羅馬人為蘇格蘭取的名字，意思是「樹林高地」，不過，其中的「**大森林**」（great wood）已經成了神話般的存在。蘇格蘭裸露的山丘既是墓誌銘，也是警告：這是把自然商品化的後果。

森林線在那麼荒涼的地景曾經發生什麼事，這是個充滿政治意味的問題。照理講，蘇格蘭是歐洲極地森林線的西界與南界，依據溫度與生長季來估算，森林線應該位在海拔七百到七百五十公尺處。[1]在海拔七百九十公尺處，曾挖掘出四千年前稍暖時期的樹樁。[2]不過現在的森林線如何因應暖化還很難說，因為幾乎所有的樹都被砍掉了。

復育蘇格蘭大森林的努力正在進行，讓山丘「再野化」、植樹，多少是為了讓那些樹木找回自己的地位，重新建立森林與沼地之間的自然過渡帶。不過，那樣的改變是有爭議的，我們如何看待現在與未來，時常取決於我們對過去的了解。什麼是自然的？正在復育的是什麼？就在人類爭論生態史的時候，全球暖化愈演愈烈，我們渺小的應對恐怕會變得微不足道。

上一次冰河期之後，森林線的第一波（或主要的）植被造成了區塊狀的森林，首屈一指的英國地景史學家奧利佛・拉克姆（Oliver Rackham）便將之稱為「野林」（wildwood）。[3]這是動態的植物群落遷移——南端由陸橋和歐洲大陸相連，北方邊境沒入蘇格蘭遙遠北方沼地凍原的「弗羅濕地區」，[5]以及赫布里底群島（Hebrides）散落的岩石中。乾冷的北極極地渦旋與墨西哥灣暖流在此交會角力，影響著當地的氣候。

這片野林雖然恣意蔓延，實際卻很脆弱。樺樹容易生根，但並不穩定，會讓位給其他更高大、更強勢的樹木。演變中的森林社會發展出自己的邏輯時，會出現穩定狀態，特定的一種或多種樹木會成為優勢樹種。對英格蘭南部大多數地方而言，穩定狀態的優勢樹種是椴木；北方和威爾斯是榛木和櫟樹的混合林。在蘇格蘭高地，極相樹木原本是櫟樹，不過野林的穩定狀態可能因為流入新物種或氣候變化而失衡，倒向另一個循環。松樹的引入正是一例。

公元前大約八五〇〇年的花粉紀錄顯示，歐洲赤松突然降臨不列顛各地，占據不列顛群島西岸的一道廊道，接著小心翼翼進入蘇格蘭的水灣和峽灣，然後越過谷地進入山區。樺樹和櫟樹慷慨地產出充足的土壤讓松樹生長茁壯，而松樹反過來贏過樺樹與櫟樹。松樹太過成功，使得樺樹幾乎完全消失了幾千年，僅於現今的因弗內斯（Inverness）北邊弗羅濕地區這一塊尚有殘存。

據拉克姆所言，這片松樹林遍布蘇格蘭，在約公年前四五〇〇年左右達到極相，占據大約百分之八十的陸地面積。蘇格蘭的野林曾經相當雄偉，但規模與命運仍還有爭議；最近的考古學與花粉分析，甚至是保存在酸沼中的七千歲松樹殘骸，都助長了這些爭論。[4]保育人士希望能參考紀錄，進行「生態復育」；反對人士則尋求證據，證明那些樹種是遭到自然因素淘汰，並主張目前松雞沼和鹿苑也應該被視為「自然」的一部分。看來重點是兩種不同形象的自然相比，任一方原本對人類塑造地景的影響都不大，然而人類的歷史與森林的歷史卻環環相扣。

我驅車向北之前，讀到一篇立陶宛研究者的科學文獻，文中指出蘇格蘭東半部歐洲赤松的DNA，來自大約公元前九〇〇〇至八〇〇〇年，莫斯科附近的一個避難所（物種在上次冰河期存活下來的地方）。[5]先前的DNA分析顯示，蘇格蘭西部現存的歐洲赤

5 編註：Flow Country，位於蘇格蘭北部高地，是一大片包含泥炭地和濕地的地區，也是歐洲目前覆蓋泥炭沼澤面積最大的區域，於二〇二四年列入世界遺產。

松，來自現今葡萄牙和西班牙所在的伊比利半島。兩處歐洲赤松的種子，都以超出自然演替幾百倍的速度遷移到蘇格蘭。那麼迅速的遷移，最可能的媒介是人類。

凱爾特民間傳說有個神話（其中含有顯而易見的真實性），當凱爾特人殖民蘇格蘭時，遇到了從另一個方向過來的烏克蘭人。對凱爾特人而言，歐洲赤松是多用途的聖樹。歐洲赤松對應的凱爾特字母——歐甘文是ailm，凱爾特人很可能是從愛爾蘭和威爾斯帶來歐洲赤松。對於神祕的烏克蘭人而言，歐洲赤松可能也是神聖的。烏克蘭曾是凱爾特王國的一部分，在古愛爾蘭文中是「多瑙河人」，也是唯一與凱爾特人一樣擁有紅髮的人。對於與自然關係那麼緊密、依賴植物的人類而言，帶著自己的棲地旅行，合情合理。二十一世紀的人類可能很快就希望我們也能這麼做。

現今，歐洲赤松已從蘇格蘭大多數地區消失，僅殘存於高地，並具有兩個遺傳上顯著分化的群落，這兩個群落目前尚未發生雜交，而保育人士也希望維持下去，因為遺傳物質與化學結構上的差異性，對仰賴松樹關鍵角色的其他物種相當重要。例如山蟻這類的昆蟲能嘗出樹脂的差異，因而選擇特定的樹木。葉子的化學成分、開花時間和生長形態都不一樣。冠山雀（crested tit）仍在凱恩戈姆山脈以東，彷彿嵌入了這個棲身的環境中。不過保育人士還不用擔心，雜交的風險微乎其微，因為現存森林的片段很分散，範圍很小——蘇格蘭只剩不到百分之一的松樹老熟林。

拉克姆反駁，歐洲赤松從未遍布全英國，但在中石器時代的人類開始皆伐森林，改作農業、狩獵、建設之前，歐洲赤松確實覆蓋了大部分的蘇格蘭。人們靠著伐木、皆伐或放火來管理森林，以便狩獵，這不僅為創造豐富生物多樣性的石楠與沼地棲地產生了影響，隨後也為低伏的蓋狀酸沼（blanket bog）奠定了基礎——蓋狀酸沼已成為不列顛高地的招牌地景。皆伐樹木使得礦物質和鐵被淋洗到土壤下層，產生一層不透水層，某方面來說，酸沼是毀壞的生態系。水排不出去，於是凍原型的地景開始積水，植物無法完全分解，形成了泥炭土。

直到十八、十九世紀的清洗運動[6]發生之前，蘇格蘭高地的原住牧民在傳統上會讓牛隻在低地森林和沼地之間移動。當時的這波清洗，和隨後維多利亞時代為了狩獵松雞與鹿隻而擴張的莊園，時常被視為高地毀林的罪魁禍首，不過，焚燒石楠加上缺乏狼、猞猁和熊之類的頂級掠食者，使得鹿隻過度放牧，樹木長不回來，大部分開闊的山地地景已經因為皆伐所有樹木而改變了。

6 編註：指的正是蘇格蘭歷史上的「高地清洗運動」（Highland Clearance），大量佃農從高地和群島被驅逐，遷移至海濱或低地的事件。

凱爾特傳承下來的傳統習俗和作風，是對樹林抱有敬意的。松樹是可再生的建材來源，冷杉能做照明用蠟燭，焦油和樹脂則用來鞣皮、防水，纖維用以製繩，樹皮當作火種、鋪設地板、製成藥物。進入一九六〇年代好些年之前，松樹樹液為蠟燭提供了油脂，森林木材用於鋪設鐵路枕木與建造船隻，而中空的樹幹會被製成煙囪。原住民系統分配了取用森林產物的各種權利（榛木杖、柴火、木材、蕈菇和牲畜的草料），浪費的矮林作業和未經許可的林中放牧（在公有林裡放牧牲畜），會被施以嚴格的道德與金錢處罰。由近年許多熱帶雨林毀林的案例可看出，原住民使用森林的做法通常是最可靠的保育方式。所謂公有林的悲劇（無法信任人類能明智地管理公共資源），對於無法控制汙染與過度開發的個人主義社會來說，可能是個問題，不過若要當成解釋英國地景歷史的理論卻說不通，或許只能視為回顧隨後的真正悲劇——公有地圈地時的意識型態理由。[6]

土地的所有權本是緣於羅馬的概念，但希臘與凱爾特人則抗拒這種概念，堅持人類永遠無法擁有自然，只能利用自然。羅馬人離開不列顛的幾百年後，他們留下的概念為蘇格蘭今日的外國地主和極度集中的土地所有權開了路。[7] 樹林當時是供作氏族利用——他們需要森林。其實，「森林」這個詞，以及在地圖上的持續存在（儘管當地已經沒有任何樹木），皆是反應了更早的意義——為了狩獵和大眾使用，而保護未建柵欄的地區（更後來是王室所用）。以北歐哄騙或強加到世界各地的商人精神來看，從使用權轉變成所有權，似乎是關鍵的變動，因為森林不再被視為神奇、神祕與供應食物的神聖之地，而是成為林木蓄積之地，價格以鎊、先令和便士為單位，以英畝和噸為計。

蘇格蘭、愛爾蘭與他們的自然資源當中，尤其是剩餘的木材，成為早期資本主義者最渴求的資源，這種渴望也體現在對外擴張的殖民主義中。中世紀以來，英國國王需要船、房屋、馬車和大教堂，於是首先看向威爾斯，接著是殖民地愛爾蘭——那是遠遠早於亨利・哈德遜和約翰・戴維斯夢想著西北航道，[7]以及華特・羅利爵士夢想著奧里諾科河[8]的時代。然後，隨著蘇格蘭和英格蘭王室合併，愛爾蘭的樹林消失，他們又找上了蘇格蘭。

7 編註：亨利・哈德遜（Henry Hudson）是英格蘭和荷蘭的航海探險家，希望藉由西北航道找到通往亞洲的通道。一六一〇年曾航行至加拿大北部，當地哈德遜灣（Hudson Bay）便是以他命名。約翰・戴維斯（John Davis）是十六世紀晚期英國最著名的航海探險家之一，同樣專注於尋找西北航道，探險區域則集中在格陵蘭和加拿大之間的水域。這兩人雖然都未能實現找到西北航道的夢想，卻也開啟了北極地區的探險時代。

8 編註：華特・羅利（Walter Raleigh）是英國十六世紀的探險家、詩人和政治家，曾兩次遠征南美洲，其中一次沿著奧里諾科河（Orinoco）流域探險，希望能夠找到傳說中的黃金國。

林納湖（Loch Linnhe）畔，低垂的雲朵有如棉花糖，在阿德古爾（Ardgour）的山峰間掠過。這座半島上有著最西南端殘存的孑遺松樹林，位在康納格蘭（Conaglen）莊園這片用於獵鹿的土地上。山丘間的一座谷地裡有最後一小片森林，從前世世代代的財富都根源於此。一六八六年，一名觀察家提到蘇格蘭進口到愛爾蘭的大量木材：「許多船隻經常駛向阿德古爾地區，船上載滿了冷杉梁、桅杆與木塊。對領主而言，這是非常有利可圖的一座峽谷。」[8]

綠油油的山丘陡然直入林納湖中的黝暗水域，一列火車隆隆駛過水邊，朝路線終點而去。森林的財富甚至塑造了蘇格蘭的地理。人們在斯佩河（River Spey）築壩改道，讓原木漂向鋸木場和斯佩塞（Speyside）的造船廠，直到蒸汽鐵路的出現，木材浮運工人這個行業才連同他們獨特的行話和小圓舟（輕型的船殼，鋪上毛皮，在逆流而上時乘坐）逐漸消失。西岸，木材則沿著韋德將軍（General Wade）的軍用道路運出來，轉由鐵路運輸。鐵路的終點正是林納湖源頭的威廉堡。

威廉堡之後，著名的島嶼之路（Road to the Isles）就此展開。雄偉壯麗的峽谷在藍色山峰下緩緩斜落在諾伊德（Knoydart），隔著海眺望著對岸的斯開島（Skye）。這片地景在我眼中不是永恆，而是天啟——是大災難的受害者。或許，任何倖存的老熟林都稱得上奇蹟。然而，由於少數覺悟的地主、高瞻遠矚的森林官，或者是因為單純的地處偏遠，現今蘇格蘭仍存有八十四座破碎的原生喀里多尼亞松樹林。這些松樹林又被稱為「祖母松」，看似半死的節瘤模樣，讓一些蘇格蘭山坡原可能空白的畫面有了生氣。目前已知最老的個體有五百四十歲，生長在洛因河谷（Glen Loyne）這個偏遠的酸沼谷地——在狼隻絕跡，鹿和羊隻得以肆意生長之後，只有這些樹木大到足以逃過植食動物的啃食。

孤松的問題很大。松樹是社會性的生物，依賴與其他樹木透過真菌網絡來共享資源。松樹成熟時，會把碳運送到地下支持年輕的苗木；老年時，碳和養分之反向運送，由年輕的樹幫助老樹。在一個健康的森林網絡中，歐洲赤松的自然壽命可以長達六、七百年，然而蘇格蘭現存的祖母松大都不到四百歲。在孢粉學考古所呈現的證據中，從大幅減少的花粉紀錄可以看出，這是一六九〇到一八一二年間大量砍伐的結果。依據樹輪年代學家羅伯・威爾森（Rob Wilson）所言，「仍然看得出拿破崙戰爭對森林結構的影響。」不過，還有另一個因素。

孤樹容易在達到正常預期壽命之前突然死亡。這些最古老森林的母樹族長，我們古老生態系的管理者、工業財富的催生者，是否會在老年時感到孤獨？美國原住民的故事便曾說過，孤樹會因為寂寞而對人類「說話」，請人們為自己種下鄰居。祖母松是否會懷念孩子們的陪伴和免費食糧？是否在為過往森林的幽魂哀悼？

我把車留在單行道盡頭的避車道。下方開展的山谷承載了蘇格蘭和工業資本主義相遇的最新版故事——寬廣的殘破地景。對面山坡呈現燃燒荒地過後，陳舊而不均勻的斑駁迷彩——不規則的褐色與淺黃褐條紋。這種地景是為了狩獵松雞，而週期性焚燒石楠林所造成的。這裡本應該會長回森林的，如今看起來卻像是被草率剃過的頭皮。再往下是單調的雲杉人工林，相對而言，比較像是缺乏生物多樣性的荒漠；深綠色的樹木間隔太密，長不了其他生物。飽受摧殘的山邊，樹木還沒長成就遭機器砍去，留下一大片褐色的深溝，珍貴的表土如翻騰的絲帶朝湖中奔流而去。更遠處是一片廢棄的落葉松人工林，因缺少疏伐，樹幹無枝，半數的落葉松由於根系無力而遭風吹倒伏，垮在彼此身上。湖上駁船載浮載沉，駁船間的水面遍布鮭魚魚塭的浮球，裝著魚飼料的塑膠桶在岸上堆到近六公尺高。在那上方，六千六百伏特的電流在鋼鐵高壓電塔間滋滋流過，沿著湖岸一路向金基（Kingie）的水力發電廠而去，那裡矗立著一座紅黃相間，如硬糖般的水泥堤壩。就連那座湖也是人工湖——這片地景的終極資源，只能透過會計師毫無生氣的雙眼才看得見。這片風景中，唯一自然的景象，是前景裡小溪旁的一撮柳樹。

一條小徑路標指向北方，往上坡而去。下面貼著一張警告：

注意：前方山區偏僻，人煙稀少，危險慎入。

請確保經驗充足、裝備完善，能獨立完成旅程。

峽谷的另一頭是英國最偏遠的荒野；徒步三天就可以走到諾伊德，一路上不見任何道路或房舍，這也是洛因河谷的祖母松依然矗立的原因。把松樹運出峽谷太過困難，所以被留到最後，然後大概就遭人遺忘了。

泥濘的路徑在一條小溪和圍鹿的柵欄之間蜿蜒。泥巴裡有另一組靴子腳印，足跡不新了。柵欄內，樺樹、柳樹和松樹苗似乎長得不錯。這地方看起來有點奇特，和山丘其他地方相比，圈起的這片區域雜草蔓生程度足足多了三倍，而柵欄外還有羊和鹿活動著。這是蘇格蘭生態復育的前線，也是一道分水嶺，一方是投入林業與打獵為基礎的經濟與地景，另一方是致力於阻止樹木遭到蠶食的保育人士。這場爭鬥就像戰爭一樣熱烈——而且也出現同樣的拒馬。

不久，我爬上階梯，越過巨岩。小小的捕蟲堇像捕蠅草一樣張口，攀附在岩壁上，巨石頂上的一大團石松有如河狸皮帽，厚達十五公分，其間又長出高山植物、禾草，以及苔蘚，細密得就像老公公的鬍鬚。

巨石彷彿展現森林線運作的迷你陳列櫃，也是未來的圓丘。裸露的石頭首先會被殼狀地衣占據，這些地衣每年以一公釐的速度生長，並分泌一種酸性物質來分解岩石以獲取礦物質。其他葉狀地衣的結構比較像葉片，和蘚苔一同利用石頭破裂的這一層，以葉狀體捕捉其他有機物，加速土壤累積。等到表層終於吞沒樹樁或巨石，和表土融為一體，就會形成圓丘。土壤會聚積在樹樁上，所以當大小相近且規則排列的圓丘聚在一起，通常就是古老樹林的遺跡，形成過程可能耗時數十、甚至數百年。這處濕軟的家園見證了多少季節？

當我來到山脊時已經渴得要命了。我原以為山丘處處都是溪流，所以沒帶上水，不料這裡卻是一片蓋狀酸沼。英國擁有全球百分之十三的泥炭土，大部分已劣化，正在迅速死去。泥炭土像濕潤蔓延的熔岩原一樣累積，每年增高幾公釐。在這樣的地景裡，樹木一旦消失就很難重現，所以站在山脊上，我可以從各種角度欣賞從洛因湖延伸出去，視野毫無遮擋的翠綠山谷。朝西北邊看去，層層疊疊的山地隆起，形成花崗岩與青草構成的丘陵景致。四下無聲，只有風扯著我的頭髮；沒有鳥鳴，也沒有涓涓流水。英國生態學家法蘭克・弗雷澤・達令（Frank Fraser Darling）爵士稱蘇格蘭山地為「濕荒漠」，不難看出這著名的稱號從何而來。

為了尋找水源，我把手臂戳進一層厚實泥炭土間的裂口，肩膀深深探進山丘的表皮下，只為了舀出小小一杯黃褐色的液體。嘗起來苦苦的，不過還行。噢，如果此刻有森林裡各式各樣的纖維把地下水過濾成清澈甜美的飲料，該有多好！

離開風口，下行進入洛因河谷，河水奔流聲迎面揚起。遠處傳來急流微弱的咆哮，那道水流刻畫著下方的河道，在河谷凹處刻下千百年懶洋洋掠過的痕跡，將大地緩緩切割成碗狀地形。水聲提醒了我此刻多麼孤單。眼前的景象驚人，彷彿來到熟悉山丘後藏著的一片非洲稀樹草原。在鹿隻不可及之處，一棵孤零零的花楸從巨石的裂縫冒出，更下方是破損鹿柵欄的隱約線條，然後整個峽谷開展出來。一片綠毯般的草地蓋上六百公尺高的崎嶇山脊。前景裡，應該由柵欄保護的幾百棵古老松樹零星散布，向遠方蔓延。

我彷彿是第一個撞上某場戰爭遺跡的人。灰白樹幹（稱為枯立木）占了大多數，有如站立的骷髏。雖然其他古樹仍有半綠，但長了針葉的枝條朝空中揮舞，就像從墳墓裡踉蹌爬出，被剝了肉的殭屍一樣乾枯。

柵欄裡最老的樹並非最高的那棵。雖然松樹是雌雄同株而異花，但我依舊把那棵樹稱之為「她」。一株歐洲越橘生長在她的一根枝條彎曲處，另一根枝條滿是萌發的蕨類。她的粉色樹皮片片剝落，樹皮上覆蓋的地衣帶著紅、橙、黑斑，枝幹末端則垂著一綹綹綠色的馬尾地衣，[9]有如蜘蛛網。在欣欣向榮的森林裡，地衣應該曾形成緻密的「帆」以捕捉濕氣。她的枝條低垂，被風勢吹得向遠處搖擺延伸。枝條收尖成短小尖刺的綠針，每根指頭末端都是粗厚粉褐色的「蠟燭」，大約有雪茄這麼粗——是樹枝生長的末端。樹幹高處有黑暗的樹洞，有些樹洞帶著斑斑的新糞便，是鴞或啄木鳥的家。

這棵巨木的處境令人感傷，她為其他生物提供了棲地，讓牠們繁殖、養育後代，自己的後代則年年被犧牲。樹的背風面散落著殘存的苗木，卻又遭到闖出柵欄的鹿隻啃食，支離破碎地躺在下風處。鹿隻是林地的生物，松樹林要健康運作，鹿隻不可或缺（藉著放牧讓林地變開闊，糞便為林地施肥），但如果逗留太久或數量太多，就可能造成嚴重破壞。舉凡搆得到的樹，鹿幾乎都會吃，會用犄角摩擦樹苗，弄斷幼嫩的莖幹。英國自然寫作者吉姆·克拉姆利（Jim Crumley）因為狼能控制鹿的族群，而把狼稱為「山巒畫家」。[9]

開展的樹冠下，鹿的糞便隨處可見，我穿過圍欄，發現石楠之間同樣到處都是。小樺樹、小花楸和小松樹被咬下的枝條像布條一樣散落山邊。五百四十年來，這棵祖母松就一直結子播種，期待繁衍後代。也許興建柵欄的初期，這裡的苗木還有望得以建立根基，但我不覺得它們現在能活過下一個冬天。

松樹最近的鄰居是一根樹幹，白森森的樹幹矗立，有如圖騰柱。樹幹上釘了個褪色的藍標籤，上面寫著「50a」。這片土地籠罩著一種恐怖的氛圍。那些松樹有如受傷的士兵，在倒地的瞬間凝固。那棵祖母松曾感覺到猞猁的毛皮擦過，或狼的濕潤鼻子碰觸過，她見過鄰居被砍下來建造船艦，攻打拿破崙。雄偉的樹木雖能承受最壞的氣候和病蟲害，卻無法保護她的稚兒不受鹿隻垂涎。

她知道發生了什麼事。單萜類化合物是松樹產生的揮發性化學物質，可以向彼此傳遞信號——驅逐植食動物或昆蟲，或協調散播種子。單萜類是迷你的分子，帶著松樹的氣息，能把陽光反射回太空。松樹在陽光下進行代謝作用時，樹木周圍的粒子可能達到每立方公分一千至兩千個，減少落到地表的太陽輻射。松樹可以藉著化學信號和光線多寡，探測到附近其他樹木的存在。其實，它們是以多邊形的角度感知空間，遠離鄰居、

9 編註：horsehair lichen; *Bryoria*，小孢髮衣屬。

朝向光線生長，在樹冠形成五邊形的鑲嵌；這種樹冠排列是森林自我組織的基礎。[10]樹木能透過細胞結構捕捉到回響，「聽見」周圍的聲音和遠方的超音波。[11]松樹能偵測到熟悉的針葉窸窣，或樹倒時的劈啪聲，當然也能透過地下豐富的菌根網絡來溝通、照顧彼此。歐洲赤松土壤裡的真菌網絡完整程度數一數二，有超過十九種已知的外生菌根關係，能分享碳、氮、必需胺基酸和其他養分。

其實，我四面八方都有高大多產的蕈菇從酸沼裡巍然冒出，一圈又一圈地圍繞在死去的樹樁周圍——森林基因組在土壤裡潛藏等待著。樹木或許還得等上幾年，不過，還有時間嗎？山谷口附近有一群群枯立木，一些老樹伸展著一隻枯萎的手臂，枝幹上長著稀疏的針葉和一小叢發育不良的毬果，很難不讓人聯想到，祖母松就快放棄了。我能想像她們在寂寥的山邊聳聳結瘤的肩膀，說道：「有什麼意義呢？」英國最老的松樹把基因傳給下一代的機率，就像人類維護柵欄的決心一樣真實。

蘇格蘭，馬里湖
北緯 57° 42' 37"

蘇格蘭少有鹿隻到不了的地方，馬里湖（Loch Maree）中的島嶼就是一例。從洛因河谷沿著蜿蜒迂迴的長路向北，穿過人煙稀少的峽灣，經過其他幾片破碎的喀里多尼亞松林——阿塔代爾（Attadale）、陶代爾（Taodail）、阿赫那謝拉赫（Achnashellach）。但就連這些地方，以往也曾經歷過伐木與破壞。馬里湖那些小島獨一無二，島上連綿的樹林生長了近八千年，只偶爾有神祕主義者或修道士居住——其中有座島有間小修道院的遺跡。鹿當然能游泳，不過小島遠離湖岸，所以儘管島上曾有鹿隻出現，卻不曾造成重大損害。

時序將近仲夏，傍晚是溫暖的攝氏十九度，太陽仍然高掛，天空湛藍清新無比，湖面則是一片閃爍的黑。貝恩埃格（Bein Eighe）的多邊塔樓[10]在黑暗水面上聳立，宛如阿爾卑斯山或喜馬拉雅山的孤峰，險惡的碎石坡陡峭異常。貝恩埃格就像是不列顛群島的

10 譯註：意指嶙峋的山。

艾格峰（Eiger），周圍有一小群巍然的高山環繞，各自有著懾人的山峰。古老的松林從山脈的山麓丘陵一路翻騰起伏到水邊，形成蘇格蘭數一數二的美麗水岸。馬里湖像瘦長的手指一樣延伸，指向東南方，在北端開展成掌形，朝西北流入大海——掌心握著一把珍寶：湖中的小島。

在斯拉塔戴爾（Slattadale）的湖岸上，太陽將一抹蒼白的光線投射到湖面，照亮了樹林小島上的松樹樹幹。茂密的樹林在這片迷人的原始天堂中清晰可見，這座自然保護區禁止人們在此露營和駕駛汽艇。我站在鵝卵石灘上，凝望著金黃光線下熠熠生輝的島，腳趾感受著泥煤棕色細流的涼冷。我是為了這些仍被樹林覆蓋的小島而來，卻從未想過怎麼抵達。除了幾張野餐椅和林業委員會停在那裡的車，方圓幾十哩內沒什麼設施可言，沒有出租獨木舟的小屋，也沒有渡船。但我得踏上原始的小島，我得吸入英國最古老而連綿的古野林氣息——那可能是英國碩果僅存。

橙色樹幹頂著常綠樹冠，樹冠的輪廓在幾公里外依稀可見。樹木召喚著我，也挑釁著我。沒別的辦法了。我花了三十分鐘，才鼓起勇氣下水游泳，又花了三十分鐘才游到小島。問題不在於距離，而是我的心態。其實，當我游到一半便開始動搖了，如果抽筋了怎麼辦？如果累了怎麼辦？身處在馬里湖中央，沒人會知道我發生了什麼事。三百公尺深的幽暗水域就在我的正下方，無論往哪個方向游去都有五百公尺遠。就在划了一千零二十七下以後終於靠岸。我成功了。對岸的湖水拍打著沒入湖深處的花崗岩石板。我躺在熱呼呼的石頭上喘息，然後四處張望。

森林延伸到湖岸，然後樹木栽進了水裡，水下是泥炭土那種橙色的枝條，莖幹被沖刷成骨頭白。下層的灌木難以穿越，倒樹的板根巨大如房子，聳立在下層的灌木間，而上面則一片生意盎然——蘚苔、荊豆、柳樹、花楸、蕨類和漿果生長在樹空出的坑洞中。我躡手躡腳走過湖岸，越過一片細質紅砂的無瑕沙灘，沙灘上只見三趾涉禽極淺的足跡。這是座無人島，不過島上有十四種蜻蜓。這裡的自然充滿野性，也冷漠得讓人有點毛骨悚然。

鳥兒正在狂歡，歌聲豐富多樣，此起彼落。大大小小、五顏六色的鳥兒在樹冠間跳動、猛衝。我沿著湖岸繞過巨石，巨石上長滿鏽紅色與珊瑚綠的地衣；老遠有隻褐色水鳥站在載浮載沉的木頭上，正警惕地看著我。在老熟林裡，樹木的纖維（木質部與韌皮部）往往非常長，因此造就了更好的共鳴效果。鳥類似乎能分辨這些差異，歌聲竟然能與環境和諧共鳴。森林也回應著牠們的呼喚——是啊，這是覓食、築巢、育幼的好地方。多則研究顯示，森林愈老，鳥兒下的蛋就愈硬、愈大。

扭曲的松樹生長在岩石最不可思議的縫隙中。到處都是死去的樹木，有的站著，有的倒下。這是野林的招牌特徵——樹木死去後得以在倒下之處安息。這些再無生息的樹木，餵養的生命遠多於活著的樹，因此鳥類的密度才會那麼高。有些鳥種（例如林鷚和紅尾鴝）只見於老熟林，因為老熟林裡的昆蟲數量和種類驚人。大斑啄木鳥只在死去的歐洲赤松上築巢。更特別的是，赤松食蚜蠅（pine hoverfly）只在死去的歐洲赤松的潮濕樹洞裡繁殖。難怪在蘇格蘭幾乎已絕跡。

在任何的碳循環中，皆是死亡驅動著生命。一棵樹死去，蛀蟲就會進入邊材，開始分解的過程。然後真菌和胡蜂、蜘蛛與其他昆蟲陸續進駐，同時邀來更多真菌。在分解的最後階段，也就是腐植質化，土壤生物會把最後的木頭分子——木質素轉化成泥土，完整的循環就完成了。歐洲赤松的樹脂含量高，因此一株成熟的歐洲赤松要花上四十年才會分解完畢，在這段時間，樹木會緩緩把氮釋放到土壤中，餵養食物鏈底端的幼蟲、細菌，繼而支持著昆蟲和鳥類的生存。

那些島上的泥土呈現淡褐色，近乎紅色，觸摸起來帶有纖維感；在倒塌的枯木下彷彿有層皮膚，那是一層由根系組成的網狀結構，即便圓鍬也難以挖透。活著的樹木有百分之五的體積是活細胞，死的樹木則有百分之四十，在原始老熟林中，有高達百分之四十的總生物量可能是死的，卻支持了更多的生命；在未受干擾的原始林中，昆蟲的數量更是遠高於此。古老林地的「完全更新」（total regeneration），是當前許多保育工作致力的目標，但要等目前還年輕的樹木死去、腐化，才能實現。許多破碎的喀里多尼亞松樹林不久前才得以更新，對那些森林而言，林地的完全更新已是四、五百年後的事。保育分級在「老熟林」之後的子類別是「真正的老熟林」。真正的老熟林具有獨特的土壤結構和複雜的下層植被（森林主要樹冠層下方的植被），是一代代樹木死去、累積而來的饋贈。這正是馬里湖中島嶼的意義。

一隻黑黃條紋相間的巨大蜻蜓在我面前盤旋，隨即消失在古銅色的湖面上。更遠處，一綹綹馬尾地衣掛在靜謐的傍晚空中，遠在我無法穿越的森林之外。無論我如何想方設法，都無法在林間的灌木叢中前進太遠。松樹爭奪著石頭上的每一吋空間，島嶼彷彿會在樹木的重量下沉沒。我涉水走回湖裡，面對著小島踩水，琥珀色的液體在四肢旁流動，進入我的嘴裡。嘗起來甜甜的，樹木濾過了。我納悶著，過去的三年裡，為什麼鱒魚和鮭魚不再回到馬里湖——是湖水變暖了嗎？

遠方的松樹樹冠彷彿地毯般鋪展開來，也像五邊形細胞組成的單一生物。樹皮繽紛如萬花筒，灰色、橙色到深紅應有盡有。一棵矮小古老的祖母松用樹根包住了湖邊一顆巨石，瘦削的手臂彎彎伸到水面上。

當我回到岸邊時，最後一抹陽光在我背後的樹冠畫出一道金色織帶，逐漸遠去。一隻黑喉潛鳥低低掠過水面，白色腹部在面前不遠處閃過。我把古銅色的水滴甩落在鵝卵石上，牙齒格格打顫，這時，天空緩緩褪去顏色，森林裡傳來杜鵑的啼聲。這種鳥類曾經相當普遍，最近卻變得稀少，叫聲聽了令人開心不起來——我聽到的反倒像是懇求。看呀！瞧啊！這座湖的魚沒了，你周圍都是瀕臨滅絕的物種。氣候崩壞讓我們不斷用新的角度看待周遭，我們對世界的理解和現實之間有一道鴻溝，我感覺到，努力跨越鴻溝將成為未來的重點，然而，我們的想像可能永遠也趕不上現實。

我看著天光暗去，湖面閃耀著洋紅，然後化為黑曜石般的漆黑。有好長一段時間，粉紅色的雲朵猶如迴盪的責備，在天際許久未散；藍夜遲遲未能完全降臨，在情勢未明的狀態下，彷彿遲而不來的判決。

蘇格蘭，費希河谷
北緯 57° 11’ 40”

如果馬里湖是一種過去的形式，那麼費希河谷（Glen Feshie）便是它未來的回聲。要前往費希河谷，我得先開車越過大陸分水嶺——尼斯湖（Loch Ness）的深口把高地一切為二，然後從因弗內斯爬上凱恩戈姆山脈，進入種源來自烏克蘭的東部松樹林族群。費希河谷是山脈西北側數一數二壯觀的河谷，那裡的森林已經脫離了松雞和鹿隻的宰制。聽說，要看蘇格蘭的天然森林線，來這裡就對了。

我在仲夏夜前一天的傍晚時分到達，在河邊搭起帳篷。褐色的河水在橋下深水處顯得黑暗而冰冷。我在一條溝旁找到一片平坦之處，溝渠似乎是挖來排水用的；這座神話般的河谷沒有一吋土地是未經計畫、安排的。陽光依然明亮，我走上河谷，來到步道變開闊的地方，陡峭的灰色丘陵映入眼中。英國畫家藍道西爾（E. H. Landseer）名作《峽谷之王》（*The Monarch of the Glen*）中的場景正是這裡，畫中一隻莊嚴公鹿頂著十二叉的鹿角，背後是河谷上的懸崖。這影像因為威士忌酒瓶和高地的媚俗設計而家喻戶曉，其實是把缺乏原住民佃農或原生樹木的地景浪漫化，頌揚鹿隻和維多利亞時代對狩獵的熱愛。

現在的景致截然不同了。河水依舊蜿蜒流淌過人跡不再的河谷，在狹窄的河道中奔流，沖刷過淡粉紅與黃色的圓塊花崗石；沼地上端仍然是石楠斑駁的褐與紫，不過河谷底是一片茂盛的常綠植物，一排排高大松樹聲勢浩大地沿山丘邊而上，追尋著天然的極限，有如脫韁之馬。費希河谷嘗試的是新式的土地管理——「再野化」（re-wilding）。

在山丘邊可看出這片土地的歷史。從前人工林的筆直線條和整齊高度逐漸棄守，接著是古老林分較柔和的樹冠留存下來，還有新成員尖刺的樹頂，這些成員是十五年前重啟自然森林計畫以來發芽的後代——有些隻身而立，有些叢聚，不過，處處都展現耀眼喧囂的綠色生機。

步道外的地面像床墊，厚實而有彈性，長滿蘚苔、石楠、歐洲越橘、禾草和小花。祖母松外圍著一圈新苗，恰巧長在樹冠邊緣之外——它們無法在樹冠下成長。因此，喀里多尼亞森林很可能是動態移動的樹林，會隨著每一代樹木的更替而變化。沿著河流往上游探索，高大的樹木高達二十公尺、三十公尺、四十公尺，雄踞著河灣處，四周被高達五公尺的樹苗圍繞。山谷的盡頭，谷地切換成一片壯麗的景致，冰河削過兩側，形成窪地。

一隻野兔穿越小徑，一隻冠山雀正在喧嘩，三匹白馬在午後的陽光下悠然地吃著草。這是自然接管大地後的威嚴景象，讓人見識到樹木稱霸可能發生什麼事，或一窺過去曾經的情景——只是少了原住民佃農。死去的老樹幹倒在原地，蠅類、蛾類、樹液、蜜露、寄生蟲和真菌一擁而上。樺樹、花楸和赤楊混雜，與松樹互相配合，宛如社交場合。一切都耀眼而欣欣向榮，充滿生氣。自然彷彿綻放成一首歌。我在清晨甦醒，松雞的叫聲從霧中傳來——喀躂、喀躂——宛如馬匹快步的蹄聲，凱爾特人稱之為「森林之馬」。放眼周圍不見鹿隻，牠們恢復了本性，行蹤隱祕且難以捉摸。

湯馬士．麥當諾（Thomas MacDonnell）是費希河谷的代理人，我稍後與他碰面時，他說：「鹿不是森林的敵人。」鹿是林務官，能壓制草的高度，促進其他草本植物的生長。松雞尤其會遵循鹿隻在森林裡進食的模式——如果有森林在的話。

「荒野」（wilderness）一詞的詞源是「野鹿之地」，不過，這種浪漫的理想在高地不再有人煙之後，就變得放任而氾濫。某方面而言，對鹿有利的再野化如果過度發展，生態系就會失衡。十九、二十世紀的獵鹿年代裡，費希河谷每平方公里就有五十隻鹿，現在只剩一、兩隻。而嚴重瀕危的松雞逐漸回來了。繁殖期的雄性剛剛才在費希河谷建立新的地盤（求偶場），這對所有相關人士而言，都是值得驕傲的象徵。求偶場是森林裡供雄鳥展示的競技場空地，只有面積夠大的老熟林才可能有那樣的地方。松雞仰賴歐洲越橘為食，而歐洲越橘只生長在結構良好的松樹林的斑駁陰影下。

費希河谷是「野地有限公司」（Wildland Ltd）的珍寶。這間公司是丹麥商人安德斯・波維森（Anders Povlson）的私人產業帝國，以再野化作為使命。野地有限公司在這場運動當中作為先驅，如今運動逐漸受到關注，聲勢逐漸壯大。現在的共識是，工業化農業與都市化在我此生（我出生於一九七四年）間接消滅了英國百分之四十的野生動植物，並將土壤消耗至枯竭危險的程度。「自然恢復」（Nature recovery）成了歐洲各地的口號，甚至成了政府的當務之急，各個政黨現在急於比對手種下更多的樹。再野化變得既時髦又動人，有些居住鄉間的人們熱情倡導，然而有些人則視之為對文化、歷史甚至整個生活方式的致命威脅。

樹木會勾起如此極端的反應，這看似非常不可思議，但費希河谷卻提出一個關於土地的根本問題——如果少了狩獵、垂釣等相關休閒運動的收入，或是不再具有林業或經濟農業的生產價值（沒有財務回報的前景），那麼土地的**意義**究竟是什麼？簡單來說，答案是**生命**。我們需要土地來種植食物，但也需要保留足夠的野地，產生我們生存所需的氧氣和生物多樣性。如果土地能妥善被分配、管理，而且好好解決生活型態、消費、價值、公平與正義、生計與生態之間脫節的問題，土地應該足以餵養所有人。如果生物界的多樣性和數量不足，那麼不論人類或非人類，生命都將不復。

✦

湯馬士・麥當諾是出人意表的革新者。他身穿綠色刷毛上衣和登山褲，鬍子剃得乾乾淨淨，留著短短的銀色小平頭，看似正打算去走走的健行客，不過他銳利黑眸當中燃燒的那種火焰，我只在教士和政客眼中見識過。他坐上一張扶手靠背椅，然後轉向我，面無表情。辦公室的窗景是阿維莫爾（Aviemore）這座小鎮的住宅用地。野地公司在鎮上有自己的辦公室。

湯馬士・麥當諾身上背負的鹿命，可能比蘇格蘭任何人都來得多。身為野地的保育經理，超過十五年來，他一直致力於把費希河谷的放牧程度降到讓樹木得以再生的數字。生長茁壯的森林是麥當諾努力的活紀念碑。隨著這個計畫終於在地景尺度上看得出成功的端倪，局勢才開始轉向對麥當諾有利，不過這一路走來並不容易。

從小的密友指控麥當諾危及他們的工作。當他在擁擠的村政大廳試圖解釋鹿群數量控制背後的道理，以及他對費希河谷的兩百年展望時，努力卻被淹沒在叫喊聲中。農民、獵鹿人、狩獵嚮導和獵場看守人擔心他的計畫會衝擊自己的工作和文化。對湯馬士而言，情緒和這完全無關。他是工程師出身，他總是想了解事物是如何運作，分析哪裡有問題，然後想出解決辦法。

湯馬士說：「某方面來說，他們仍困在殖民的思維中。」他若無其事地評估自己受到的批評。湯馬士說，土地在象徵上與實際上都「枯竭」了，而和維多利亞時代土地利用模式綁在一起的社群，「是十九世紀的難民」。

二十年前，湯馬士成為費希河谷莊園的代理人（土地管理者）時，他很清楚知道有什麼問題。其實，自從二戰以來，政府和地主都很清楚問題何在。政府委員會一再嘗試減少鹿的數量，卻無法說服（不願強制）依賴獵鹿收入的地主進行數量控制。湯馬士年輕的時候，曾經在許多濕冷的日子裡為人工林修建圍籬，以阻隔鹿群的進入。他在費希河谷和附近的谷地長大，了解這個生態系的機制，很好奇如果確實執行鹿群數量控制的建議，未來會變成怎麼樣。莊園易主時，湯馬士有了新老闆。新老闆樂於採納他改變作風的想法。這是湯馬士實驗的好機會。

湯馬士說：「有時候，最激進、最大膽的作為，是無為。」鹿群數量控制稱不上無作為；不過湯馬士指的是不去管理土地，而這有違數百、甚至數千年來的做法，包括佃農遷移游牧（這種方式本身也是一種管理）。這麼做需要膽識。湯馬士回憶道，二〇〇六年曾有一個充滿靈性的時刻。當時，他在過去的前三年內於費希河谷莊園射殺了五千頭鹿，招致了強烈的批評——鹿隻沒有被圍在特定的莊園裡，而是可以在高地自由遊蕩。儘管鹿的數量在那三年內變得較少，不過松樹似乎無意長回來。

「那些日子很消沉。我心想，**該死，我可能錯了**。」

然後，第三年的六月，湯馬士在費希河谷走動的時候，來到一棵他非常熟悉，原本一直以為已經老化的祖母松旁。小小的綠色指頭從草裡探出頭來，圍繞在老樹身旁——是一圈樹苗。湯馬士抬頭仰望樹冠，發現種子多得不可思議——老奶奶根本沒沉睡。

「好像有人打開了開關。它們就這麼樣來了。我差點哭出來！也許它們意識到有人想幫助它們。」

歐洲赤松不會每年都產生大量毬果。高緯度的冬季嚴酷，生長季短，因此有時樹木

一連三、四年，甚至十多年都不會開花結子。氣候的延續性（succession）很重要——某一年發生的事，會影響下一年，例如夏天溫暖、陽光普照，來年通常會大量開花，而且一棵樹可能會結出三年份的毬果。

針葉會在春天發出葉芽，沿著莖幹綻放呈現樹脂棕色的濃密花朵。這些緊密包裹的「小炸彈」中有著雄配子。起初就像是迷你毬果，但很快便潰散成粉末，隨風傳播。每年五、六月間，在成熟的松樹林裡可以看到黃色的花粉雲飄過。健康的生態系裡，花粉可能在池塘或湖泊水面形成一層浮渣——花粉有兩個特別的氣囊，使其可以漂浮在水上。歐洲赤松不只讓花粉贏在了起跑點，也能和其他松樹同步開花，增加授粉成功的機率。歐洲赤松曾有長達兩百哩同步開花的紀錄。它們是怎麼知道的呢？生態學家提出幾種解釋，可能是荷爾蒙藉風傳遞、透過地底下的真菌網絡傳遞，或是某些氣候閾值啟動了深藏的基因觸發機制。不過目前沒人能確定。

雌毬花一開始是幼嫩枝條上的紫色小瘤。當花粉粒落在毬花紫紅色的毬鱗表面，花粉中的醣類和毬花樹脂中的水分交互作用，形成甜甜的授粉滴，然後被吸進珠孔管中——基本上是進入細胞的通道，最後接觸到珠心。夏季，毬花會進一步硬化，生長到不足一公分的大小，接著在冬天暫停生長。隔年春天，花粉管再度生長時，延長的花粉管突破珠心，才完成授粉。毬果在第二年夏末長到完整大小，不過仍然綠而黏稠，秋冬才變褐、硬化。第三年春天，毬果裂開，果鱗翹起露出種子，把種子抖落風中。

歐洲赤松的種子有點像昆蟲翅膀，帶著堅硬的種皮和長長的紙質種翅，有如風帆那般可以捕捉微風。種子的內胚乳是交嘴雀、金翅雀、山雀、啄木鳥和歐亞紅松鼠不可或缺的食物來源。紅松鼠剝下果鱗得到種子，一天可以吃下多達兩百個毬果。一隻松鼠就要一公頃的樹來過冬。相較之下，交嘴雀則是用交叉的鳥喙撬開果鱗，再把飢餓的舌頭伸進去拔出種子。交嘴雀的上喙有溝痕，因此能在吞下種子之前把殼去掉。齧齒類和昆蟲也愛松子，所以森林如果希望有機會長出樹苗，產生的種子就必須超過食物鏈其餘物種的食量。這似乎是同步結實年度（所有樹木同時產生極大量的種子）背後的原因。

不過，豐收年度變得愈來愈頻繁，暖化讓樹木錯亂，促使松樹愈來愈早釋出種子，恐怕會擾亂森林的正常季節循環。目前，某一批毬果與下一批發育中的毬果仍有重疊，供應尚且無虞。然而，如果松樹上每一批毬果的發育過程最後完全脫節，許多仰賴種子的物種就可能挨餓。受苦的不只是吃種子的動物；松樹更是數十種蛾類、蝶類和其他有翅昆蟲的主要食物來源。蛾的幼蟲會擠在歐洲赤松樹皮的皺褶裡過冬，春天再破蛹而出，準備採食毬花。但如果松樹已經開過花，那麼一整代的蛾就將死亡；如果蛾死了，鳥類可以吃的食物就變少，以此類推。對大多數毛毛蟲和蛾類幼蟲而言，偏離正常花期的最大容忍日期為二十一天。二〇二〇年的現在，這數字已經達到十一、十二天。就松樹而言，最令人憂心的是開花時機和花粉釋放時機不協調。如果同步開花仰賴由氣候信號習得的遺傳反應，而非地下或空氣中的通訊，那麼不對稱的暖化（氣候型態不規則，部分森林的氣候與其他部分不同）可能導致松樹完全不結子。

然而，即使松樹成功結子，不被齧齒動物、鳥類和甲蟲發現吃掉，也不保證能發芽。種子需要停留在裸露的礫石地或淺層泥炭土，像是路邊或河床。厚重的泥炭土養分貧瘠，不大可能保有菌根菌，幫助松子在養分不足的土壤中得到磷酸鹽和硝酸鹽。從現有的森林建立並拓展菌根關係，是目前確保發芽成功最簡單、最可靠的辦法。即使是已經幾代都沒有森林的地方，也很可能有菌根處於某種休眠的狀態。

湯馬士說，土壤是我們判斷把樹種活、促進樹木生長的主要指引。只要有蕈菇、蕨類和某些特殊林地植物（例如紫羅蘭）生長的地方，那裡過去很可能都曾是森林。一圈圈的蕈菇通常長在外圍，是樹椿的古早地景藝術品。成熟的松樹林中，會有十五到十九種外生菌根菌（長在樹根周圍的真菌），這些菌根菌參與了輸送碳與養分、地衣覆蓋等各種事務，從樹木獲取糖分，並以礦物質作為交換。植樹時，若是不顧森林在地下不可或缺的共生「另一半」，效率可能遠遠不如讓大地以自己的腳步演進成林地。奧利佛・拉克姆描述了艾賽克斯郡（Essex）的一片人工櫟樹林，即使過了七百五十年，仍然沒長出蘭花或天然林可以看到的植物和菇類。[12]

如今的野地公司累積了十五年的基準數據，可以供作未來管理所需。他們雇用了生態學家和志工，以七公尺見方的土地為單位，調查並了解生態演替如何發生。生態學家透過計算糞便來確立鹿的數量，量測石楠高度以確認是否遮蔽其他植物，並且計算歐洲越橘葉片上的冬蛾蛹數量——這些蛹正是松雞在冬季餵養幼鳥的重要食物來源。

關於未來，湯馬士仍不知道會發生什麼事、不同物種會如何因應（涉及的時間尺度極長，人類頭腦很難理解），但他很喜歡觀察、測量變化。突然間，松樹隨處都是，不再僅限於費希河谷了。早年是每公頃兩百棵，現在是六千棵。樹木正在蓄勢待發。

首要的目標是復育棲地。接著，湯馬士會試著找到衡量鹿隻數量管理的指標，讓野地的願景藉著觀光和其他「自然資本」倡議來自給自足。不過，少了狼這樣的頂級掠食者，湯馬士仍然得射殺鹿隻，仍然需要和費希河谷的鄰居合作，因為鹿是野生的，山區不可能完全用柵欄圍住。這是「**凱恩戈姆連結**」（Cairngorms Connect）成立的背後思維——凱恩戈姆連結是野地和附近的亞博納希莊園（Abernethy）合資，由皇家鳥類保護協會（Royal Society for the Protection of Birds, RSPB）、蘇格蘭林業委員會（Forestry Commission Scotland）、蘇格蘭自然襲產署 11 和凱恩戈姆國家公園所經營，擁有六百平方公里未曾經營的土地，旨在開發蘊藏其中的荒野潛力。

那晚，湯馬士邀請我參加一場在費希河谷小屋舉行的仲夏聚會。他在邀請之前，撂下的評語暗示了他的野心有多大。蘇格蘭有半數的莊園待價而沽，野地公司忙著取得其中幾座。到了二〇二〇年底，野地將擁有二十二萬一千英畝的土地，成為蘇格蘭最大的地主。湯馬士說，費希河谷「不過」四萬三千英畝。

「我在這裡做園藝。」他揶揄地輕笑著說。

那是我們會面時，我唯一一次看到他發自內心的微笑。

離阿維莫爾更遠處，在蘇格蘭自然遺產署停車場旁的一間改建小屋，是凱恩戈姆連結的辦公室。這個不起眼的地點掩蓋了這場合作的雄心壯志，在仍然非常保守的環境保護領域裡，凱恩戈姆連結是離群的獨行俠。自然世界面臨危機，需要破除根深柢固的假

定和習慣，即便是受雇來此保護自然的人們也不例外。

馬克．漢考克（Mark Hancock）是皇家鳥類保護協會向凱恩戈姆連結推舉的科學家。他為我泡了一杯茶，我們一起來到戶外陽光下，駐足於辦公小屋旁一片田野裡的一根樹樁旁。整座凱恩戈姆山脈是由海拔逾一千兩百公尺的花崗岩與片麻岩組成，在地平線閃耀著光芒，西端是費希河谷，東邊則是亞博納希森林。凱恩戈姆連結的目標，是在這兩區之間建立野生動物的廊道。

馬克把推了推鼻梁上的眼鏡，以科學的嚴謹與精確用字挑揀著用詞。我總覺得這計畫的尺度和目標，對於他與其他習慣於科學、控制與管理語言的人而言，是全然陌生的領域。馬克坦率地承認，凱恩戈姆連結正在顛覆傳統，「背離百年來保育史的本質和親力親為的管理作風」。但若是能成功（由費希河谷看來確實可行），或許就能以國家的尺度改變英國保育的思維與行動模式，可能重塑我們對土地價值的認知，甚至改變我們對設置國家公園的看法。

此刻的英國竭力想增加林地大小。英國的森林覆蓋率是百分之十三，遠遠落後歐洲

11 編註：成立於一九九二年，最初名為 Scottish Natural Heritage，二〇一九年十一月更名 NatureScot，並於二〇二〇年八月二十四日生效。

和全球的平均值（歐洲是百分之三十七，全球是百分之三十）。而且那百分之十三中，大都是人工林（單一栽培生產木材），生活在樹木間或樹下的物種多樣性很低。事實上，人工林根本不算森林。

瑞典和芬蘭國土的森林覆蓋率分別是百分之六十八與七十一，占了歐盟三分之一的森林面積。[13]即使這樣，芬蘭的森林也只吸收了該國大約一半的溫室氣體排放量。讓英國把森林覆蓋度提高兩倍，達到歐洲平均，將會是革命性的主張，但這樣還不夠。全球的森林能吸收人類四分之一到三分之一的二氧化碳排放量，不過，為了達到那樣的目的，土地利用改變的規模會十分驚人——研究估算面積相當於一個印度的大小，這與目前全球農業用地的面積相當，而且還未計入每年損失的樹木。全球每年砍下一百五十億棵樹（相當於三千萬公頃的森林），而野火燒掉的數量也大致相同。凱恩戈姆連結讓我們窺見，如果碳封存或非林地造林成為國家安全問題會是什麼情況；那樣的未來不遠了。急於抵消碳排放的公司，已經讓蘇格蘭大型莊園的價格水漲船高。

不過，目前的凱恩戈姆連結並非軍事作業，而是脆弱的實驗，期望了解自然的動態過程，把森林視為可動的群落，將土地視為持續變化的狀態。馬克主要的興趣是鳥類與鳥的棲地。在這方面，他不大關心這場合作占有的土地面積，反而較關心那些土地的地形、土地能支持的生態多樣性。必要的話，森林能夠遷移嗎？如果森林想向上遷移，會有什麼阻礙？倘若森林真到了那裡，還會有足夠的寒冷山地嗎？

在一個未受干擾的生態系統中，松樹會在天然的森林線讓位給山區林地，挪威人稱之為「柳樹區」。柳樹與花楸的山區系統會逐漸為松樹鋪路，是形成森林的第一階段。不過，鹿最愛的還是柳樹和花楸，有些柳樹樹種被過度啃食，導致蘇格蘭野外只有一、兩棵殘存。此外，生長於山區森林線邊界的灌木與漿果，也是高地鹿隻過度放牧最大的受害者。那些植物現在全沒了。

本勞爾斯山（Ben Lawers）位於蘇格蘭國家信託保護區以南幾小時車程之處，擁有最豐富的山地物種群，算是英國最稀有棲地的種子庫。那裡有幾英畝面南的圈地，用高大牢固的鹿柵欄保護，並加裝了彈簧柵門。我在前往威廉堡的路上順道造訪那裡，發現幾乎每兩棵植物就有一棵的葉子被啃出圓形咬痕，不難猜到葉背躲著被毛茸外殼緊裹的毛蟲。蝴蝶在草地上起舞，鳥類的數量與密度驚人。這片棲地十分稀有，庇護了急於尋找傳統食物的物種。這裡的氛圍像極了動物園；也像一個微型植物園誤打誤撞地設置在遼闊嚴峻的山上，還有防禦工事保護著。不過，要讓這些稀有物種能在野外再次安全生存之前，還有很長的路要走。

柳樹區是特殊鳥種和昆蟲的關鍵棲地，這是「邊緣效應」發生之處。隨著森林到達生長範圍的極限，不同物種會在不同高度停止生長，形成多樣物種組合的豐富區域。更強的光線、範圍更大的溫度變化，會形成不同類型的過渡帶。只要增多或減少一個關鍵物種，就可能破壞生命的整個平衡。少了松樹，柳樹就能稱霸。在柳樹下接近地面的低矮處，得到庇護的髮草（hair grass）和羽苔（feather moss）得以欣欣向榮。不過，當放牧失控的時候，這些物種也最早消失。罕見的地衣在這裡隨處可見，和柳樹區的植物建立關係，比如和石楠或長毛砂苔（*Racomitrium lanuginosum*）共生的地衣，在冬天就是昆蟲的救命稻草。長毛砂苔可以在無水的狀態下存活十二個月，靠著吸收大氣中的濕氣而活。在厚厚的雪中，毛茸茸的長毛砂苔會形成溫暖的緩衝墊，這裡的微氣候，會比周遭的雪堆溫暖二十度。如果掀開毛茸茸的毯子，會發現裡面有數以千計的昆蟲擠在一起取暖。

昆蟲的棲地當然對鳥類有益。地景突兀的改變（松樹人工林筆直的邊際）既不自然，也沒好處。鳥類喜愛馬賽克般的環境，不同時候會有不同的昆蟲、種子和漿果可吃。現在，在凱恩戈姆連結所屬的地區，隨著森林和沼地的界線再度模糊，過渡地帶也愈來愈交融。這些貧瘠的棲地會開始形成有利於多樣性的條件，例如鶇科的一員——環頸鶇就是森林線的物種，會在不同棲地間來去。小嘴鴴、雪鵐和灰澤鵟都是沼地的鳥類，偶爾也需要森林的慰藉或食物。漢考克擔心這些物種可能成為我們有一天必須償還的「滅絕債」——牠們的棲地已經劣化嚴重，數量減少到難以恢復的程度。

凱恩戈姆連結的一個主要目標，是讓樹木重新長到天然的森林線，進而為其他復育計畫提供指引。「山區林地行動團體」（Montane Woodland Action Group）目前正忙著在一些海拔六百公尺的山區種植柳樹和刺柏，但那是細緻又充滿不確定的工作。等溫線（理論上的生長極限）並非靜止不變，再過幾年，這些柳樹可能被一片松樹林包圍。

馬克說：「沒人確切知道蘇格蘭的森林線在哪，或應該在哪。」

傳統的智慧告訴我們，只有一個地區的樹木，會在自然的極限下存活，那裡可以看到從矮盤灌叢到樹木的完整漸變——樹木因為海拔和暴露條件的變化而逐漸變得矮小。這是吉姆．克拉姆利所稱的「林地聖所」——菲亞赫格拉赫山（Creag Fhiaclach）。

✦

翌日清晨，我早早踏上通往菲亞赫格拉赫山（Creag Fhiaclach，在蓋爾語〔Gaelic〕是「有如牙齒般的峭壁」之意）的步道，步道始於費希河谷，開展至斯佩河谷地。殷希里亞赫森林（Inshriach Forest）是林業委員會的人工林，這片人工林彷彿入侵者般，位在金尤西鎮（Kingussie，「松樹林頭」之意）和羅斯莫丘斯（Rothiemurchus，「冷杉曠原」之意）那片保存良好的松林之間，環繞著如畫的艾琳湖（Loch an Eilein）。

我在人工林鬱閉的樹冠下走著，終於擺脫了碎石路、筆直樹木和令人毛骨悚然的寂靜，進入一片開闊酸沼的零星林地，突然間鳥鳴四起。我爬過高度齊腰的土丘，靴子沒入蘚苔的軟墊中。一條如玻璃般清澈的小溪，在長草的泥炭土溪岸之間靜靜流淌。石楠、蕨類、雲莓、燈心草和莎草沿著河岸生長，泥炭土堅硬的圓拱聳立其上，古老的沼澤松（bog pine）自其中長出，扭曲節瘤，被盛行風塑造出層層枝條的形狀。

我小心翼翼地鑽過濃密的石楠、荊豆灌木叢，忍受著榛樹與赤楊幼苗枝條不時的鞭打，還有無所不在的松樹針葉的刮擦。我腦中浮現沼澤松樹齡學家羅伯．威爾森的話：「**別忘了，只要有一絲絲機會，松樹就會變成雜木。**」（Always remenber, pine is a weed, given half the chance.）

一隻褐色小鳥尾隨著我一小段距離，不時發出「披－烏衣」的叫聲。我在一個地洞旁發現一根貓頭鷹羽毛，在一棵平頂松樹下發現一顆裂開的大白蛋，足足有葡萄柚那麼大。我抬起頭，隱約看到樹冠上有金雕窩巢的雜亂樹枝。地上有兔子糞便，池塘裡有蠑螈，還有鹿在不久前造訪過的痕跡——一棵三公尺高的花楸，腰部以下全沒了枝葉。我總覺得北方森林就該是這樣。現在當然少了昔日的熊、猞猁和狼。這裡比費希河谷更古老，只是少了一代代新生松樹那種勃發的生意。再野化的谷地有種驚喜、自由得令人興高采烈的感覺，而這裡的旋律比較成熟，訴說著沉穩安定的生命規律。

我朝著水聲爬去，終於發現一條在黑色礦質土裡踩出的小徑。林子四處蔓延——古老的樹木鬆散而立，其間的空隙填滿地被植物。高大的圓丘本身就是一個生態系。這裡的樺樹比我預期的多，看上去大都古老而且乾癟，裸露的紅色樹根垂在溪裡，樹皮充滿溝痕與裂痕，有如垂老的蜥蜴。溪水豐沛，清澈響亮的水流在樹木間轟然而過，將滿覆蘚苔和蕨類的溪岸籠罩上水霧。

蕨葉握緊的拳頭正準備展開，羽苔細小的紅毛在空氣中輕輕撥弄。形形色色的蘚苔隨處可見——泥炭苔、石松、羽苔與鹿角苔，脆弱的半透明假莖上擠出細小的孢子。它們涵納著森林中的濕氣，一種透明的化學物質讓蘚苔能留存比自身重量千倍的水分。蘚苔是最早的海綿，捕捉雨水，依據樹木和土壤吸收水分的能力而緩緩釋放。在這過程中，蘚苔還會固氮，讓森林變得肥沃。

泥炭苔是優勢種，同時是煤炭也是鑽石的根源，還是全球暖化之下的贏家之一——

泥炭苔熱愛二氧化碳。不過，濃度過高的二氧化碳會讓下層植被透不過氣，進而改變森林的演替模式。西伯利亞恣意蔓延的蘚苔，便已經阻礙了落葉松的小苗茁壯。累積的二氧化碳還會使土壤酸化，就像海洋酸化那般，在陸地上導致其他植物窒息。

在石炭紀時期，大氣中的氧氣遠比現在少得多，當時的蘚苔和蕨類（如木賊）可以高達數十呎，宛如巨大的三腳樹怪般[12]大啖二氧化碳。然而，隨著裸子植物與被子植物興起，針葉樹與闊葉樹緩緩增加著大氣中的氧氣，並將木賊、蕨類和蘚苔壓制成如今的規模。隨著當今地球的暖化，那些植物很可能捲土重來。酸化的空氣給了蘚苔優勢，讓田野窒息，對林業和農業產生嚴重的影響。

這條小徑嚴峻難行，一路攀升通往上方已可看見的開闊荒原；我穿過小溪，小溪縮窄成一道山溝。山溝面南的北坡仍有森林，對面的樹木突然就消失了。我這側溪岸的上游五十公尺處，矮盤灌叢開始出現，又突然消退。我數著步道旁最後一棵松樹的苞片，苞片痕標誌著每年的生長。樹高僅僅及腰，但已經十六歲了。更上游處，一棵只有我手掌大小的迷你樺樹也至少十歲了。刺柏和柳樹這時平貼著山丘生長。我在上面的一個凹處瞥見一棵花楸和更多直立的柳樹。這是英國境內唯一的森林線過渡帶的試探性開始（或說殘存物）。

我在造訪之前，沒想過這片柳樹區棲地這麼稀有或這麼重要。這正是環頸鶇、灰澤鵟、雪鵐、歐亞柳鶯和小朱頂雀的地盤。如果棲地能夠復育，這也可能是白眉歌鶇、鐵爪鵐和藍喉鴝的地盤。「棲地消失」這種說法油腔滑調又乏味，背後有太多歷史脈絡，以至於我們時常很難理解是什麼意思，因此，我們必須改變做法，逆轉傷害。鳥類仰賴地衣、蘚苔和昆蟲之間的脆弱平衡，而這種平衡又仰賴幾種柳樹的多層保護，其中有些在不列顛群島比中國的貓熊還要罕見。我以為我很留意了，但需要的是完全不同層次的關注。

調色盤般的山丘有蘚苔的紅、花崗岩的粉紅、歐洲越橘嫩枝的翠綠，地衣的橙、紅與白，後面都襯著那片灰色的厚重積雨雲。我下方的森林是無盡的綠，點綴著公路上的卡車，鐵灰色的斯佩河蜿蜒穿過樹木間。遠方有著裸露的焦褐色松雞荒原和幾何塊狀的人工林，現在在我看來，則帶有粗獷水泥建築隱含的所有暴力氣息。

當我抵達達赫山（Creag Dhubh，海拔七百五十六公尺，「黑色懸崖」之意）頂峰時，雨絲正好斜飛襲來，於是我在阿蓋爾岩（Argyll Stone）掉頭下山。東邊不遠處是卡恩・阿夫利斯・吉布哈斯（Carn a'Phris-ghiubhais），意思是「松樹叢中的山丘」，由此可見，這種

12 編註：Triffid，英國科幻小說作家約翰・溫德姆（John Wyndham）在小說中創作的巨大食肉（人）植物，也曾被改編為電影和電視，後來延伸用於比喻入侵或險惡的植物。

不毛的山邊之地並非一直都被風強烈吹襲。果不其然，在東方捲來的冰寒雨幕間，我眺望到對面佛萊斯山（Creag Follais）的山脊，突然間，暴風變幻的灰色光線照亮了眼前一幕——是松樹清晰的輪廓，如今已然根深柢固。松樹在風中彎曲得厲害，彷彿自嘲著自己無所畏懼的姿態，遠遠超乎位於下方的那些兄弟。

⟡

位於小刺柏林坡（Ruigh-aiteachain）的山屋，是山屋網免費提供登山客的避難所，位於費希河谷上游，坐落在費希河與瓦拉基溪（Lorgaidh burn）壯觀的匯流處，河谷在那裡分為兩座標誌性的冰斗。從菲亞赫格拉赫山下來，徒步穿過整座谷地，經過拼拼湊湊的地景，路程漫長——石礫河床邊是石楠和林澤，清澈的森林池塘滿布著大量昆蟲，還有古老人工松樹林高大而規律的地景。

這裡的費希河谷屬於野地公司，目前策略是任由此處的人工林自由發展，促進再度開啟自然的進程；隨處可見倒下的原木留待腐朽，同時也施行了一些疏伐，空地上苗木生長茁壯。人工林的結構相當單一——所有的樹木都是同齡，樹木被刻意種得很密，為了競爭光線，樹幹都長得筆直。而疏伐能讓光線透進林地，所以現在樹木間的地上可見歐洲越橘、石楠和羽苔俗豔的綠。陽光太多，石楠會反客為主；陽光太少，歐洲越橘就長不了。下層植被的世界精確校準了光線、養分和菌根，這些因素皆和樹冠密度直接相關，精密地控制著樹冠下的生存條件。所以松雞和其他鳥類才能重回林間。

靠近河邊的一道坡旁有間費希河谷農莊（Glenfeshie Lodge），遊客可以在那裡花大錢體驗「荒野」，有點像非洲的狩獵旅遊。更遠處，老松樹裡的一片空地藏了一座石造小屋。小屋是為稍微拮据的旅客建造維護的，裡面有兩間粗木板搭的房間，還有挪威的鑄鐵爐提供暖意。外面是間堆肥廁所，涼爽清澈的溪水旁擺著一個水桶。

湯馬士提到的仲夏聚會其實稱不上舞會，小房間裡幾乎沒有空間能夠讓人站立，隆隆作響的炙熱火爐讓房間像個烤箱。今晚，大約有二十人前來聆聽一位蓋爾傳奇歌手吟唱古老歌謠。

瑪格麗特．班奈特（Margaret Bennett）這位歌手寫過幾本書，包括《從搖籃到墳墓的蘇格蘭傳統》（*Scottish Customs from the Cradle to the Grave*）。在開始唱歌之前，她放下手杖，摘下厚厚的眼鏡，逕直坐到我對面爐前的位置。瑪格麗特想談談樹的魔法——湯馬士把我在寫林子的事告訴了她。她把黑銀相間的頭髮簡單紮成一球，說話時，藍眼不忘審視房中。

她告訴我，以前女孩會在春天用樺樹的嫩芽清洗頭髮，帶著樺樹香氣上教堂；她的母親在老家外面種了一棵花楸招好運，花楸至今仍屹立不搖。我們說起松樹的藥用價值，也有焚燒松針蒸薰住家、治療呼吸系統疾病的傳統，現在則被應用於工業領域，例如製成樟腦、殺蟲劑、溶劑和香水。美洲原住民卡尤加人（Cayuga）會烹煮松樹結的髓心，提取抗生素——赤松素（pinosylvin），抗生素藥膏中就有這種化學物質，用於治療皮膚疾病與咬傷。瑪格麗特也談及過去運作良好的氏族制度，沒有人能夠擁有任何土地的地契；森林和丘陵是為了所有人的利益而維護。她感嘆道，君主把土地所有權授予氏族首領而非全體，這也為土地買賣鋪了路。這正是她今日吟唱歌謠的背景——高地的人們被移走，讓出空間給羊和鹿，丘陵間至今仍然見不到那些人們的身影。現代河谷的形象，立刻和邊界南方的剝削、清洗，[13] 以及軍國主義的歷史連在一起。

隨後，其他客人陸續來到，我們吃了幾公斤的鹿肉堡以後，瑪格麗特唱起少女等待加入皇家海軍或蘇格蘭高地警衛團的男孩歸來的歌謠，唱起麥克勞德船長（Captain Macleod）和幽靈風笛手的故事。她還唱了赤足鷸的歌曲，以及一位英俊牧羊人「小腿肚有如鮭魚」，帶著高地牛群越過丘陵趕到克里夫（Crieff），牛尾巴上編著花楸枝條以祈求好運。湯馬士的弟弟桑迪（Sandy）吹奏風笛為瑪格麗特伴奏，而凱恩戈姆國家公園的首席生態學家威爾——一位高大黑髮的男人——也帶著斑鳩琴加入。瑪格麗特讓我們二十人用蓋爾語跟著哼唱，歌曲終了，許多人的眼中都泛著淚光。

瑪格麗特說：「你看，我們還沒完全忘記古老的作風吧。」她的虹膜閃爍著和外面仲夏午夜同樣顏色的光芒。

✦

翌日，我在乳白色的曙光中早早醒來。月亮仍掛在南方的山肩上，太陽在後方灼灼燃燒。這天是夏至。環顧室內，地板上有二十個裹在睡袋裡熟睡的人。早餐時，我向威爾解釋自己為什麼參與這個奇妙的臨時聚會。我跟他說起我前一天才去了菲亞赫格拉赫山和森林線朝聖，他兀自微笑，會意地點點頭。

「那不是森林線。」威爾說著，拿出他的手機。

13 編註：在此指的是「高地清洗運動」。

那週的幾天前，威爾剛在辦公室熬完夜，起草國家公園的森林管理策略，他想放鬆一下，於是爬上山丘，到一個從未去過的地方露營。他在黑暗中搭起帳篷，醒來後把頭探出帳篷，這才意識到自己還在森林裡。周圍零星散布著不少小樹，原來他正身處凱恩戈姆高地的高處。他讓我看了一張照片，畫面裡是一棵長勢良好的樹木，周圍長滿了沼草（bog grass）與石楠，照片邊有個高度計，上面寫著：一〇四五公尺。我提及自己看見松樹爬上比菲亞赫格拉山更高的山坡，威爾則是一點也不感到意外。他說，蘇格蘭天然的森林線很可能已經在最高的高山頂峰之上。即使還沒，也快了。在瑞典，有一條原始的松樹森林線已被監控幾十年，一九六〇年代以來，這條森林線已向上移動了兩百公尺。[14]最近，夏季的乾旱殺死了瑞典樺樹的前緣，比較強韌的歐洲赤松則越過樺樹，成為森林線的前鋒。[15]

凱恩戈姆是蓋爾語的「**藍色山脈**」。除了六到十月之間的幾個月之外，高原終年積著雪，從遠方看，山脊也因此染上一抹藍。不過在古蓋爾語中，**戈姆**指的是比較偏**藍綠**的顏色。

加拿大植物學家兼化學家黛安娜．貝瑞絲佛德－柯蘿格（Diana Beresford-Kroeger）出生於愛爾蘭，曾撰寫過大量北方森林的文章。她跟我說，松針的顏色對於針葉的韌性和適應力都十分重要。藍綠色的松針表面有一層角質，厚達兩、三微米，這層蠟質層減少了光線的穿透，使得針葉細胞裡的葉綠素顯得偏藍。這樣額外的厚度，還能保護樹木不受極端高溫或低溫的傷害，並為其氣候適應的表觀遺傳能力提供了關鍵保障。黛安娜建議，收集樣本的時候，務必在最高海拔尋找最藍的毬果當作未來的種源。她說，這些會是最頑強最耐寒的；色調的些微差異，會讓一個物種多活上「幾百年」。高海拔的樹木比較會演化出這種特徵，所以有針葉樹覆蓋的高山常常看起來藍藍的。蘇格蘭的「森林高地」是否曾經正是這些**凱恩戈姆**？又是否能再度成為藍色山脈？

復育喀里多尼亞失落的大森林是個美好的計畫。倘若我們要重拾我們對生物界的敬意，以及與生物界的連結，這計畫不可或缺。更廣泛來看，野地公司和再野化運動已成功地對數百萬人施行魔法，開始拓展計畫，討論讓高地再度恢復有人居住。不過，如果要讓新的大森林避免成為殭屍森林，我們需要的就不只是魔法。

英國林業委員會預測，由於二氧化碳濃度上升，氣溫提高，生長季延長，英國這個世紀的歐洲赤松將會長得不錯。[16]如果人類允許，蘇格蘭的松樹看起來確實可望讓山地再度呈現蔚藍之色。不過，或許持續不了多久。

歐洲赤松目前分布在森林線到南歐之間一道寬廣的氣候棲位。蘇格蘭是這個範圍目前的北界，不過，歐洲赤松的領地正在逐漸北移。歐洲的更南方，乾旱與熱壓力已經使得針葉提早變黃、碎裂。一項自二〇〇八年開始進行的研究便曾預測，倘若氣溫上升攝氏一到四度，將會大大降低北緯六十二度以下的歐洲赤松存活率，而凱恩戈姆山脈正好位在北緯五十七度。[17]這個嚴酷的前景，悲慘地揭示了氣候崩潰將對樹木和森林帶來什麼影響。

全球暖化帶來的影響，像是無可避免地往南移動。英國目前氣候變動的速度，相當於以每年十二哩的時速向南移動。到了二〇五〇年，倫敦預計將會出現類似巴塞隆納的氣候。[18]雖然有些人可能覺得不錯，不過對歐洲赤松卻不是好消息。英國氣象局和奧勒岡大學分別根據目前的排放趨勢推估出兩個模型：到了本世紀末，歐洲赤松可能會在歐洲低地（包括蘇格蘭）絕跡。英國氣象局的預測模式更進一步，預測歐洲赤松只能存活在芬諾斯堪地亞地區、14俄國和阿爾卑斯山。[19]這項預測也與其他研究相呼應——即使平均只暖化一、兩度，現存森林的活力也已經開始下降。[20]蘇格蘭大森林的安全區域（氣候棲位）正在持續移動，將會把樹木遠拋在後。

除非發生戲劇性的事件，否則凱恩戈姆連結令人欽佩的兩百年願景，將會被全球暖化吞沒。擁有超過八千年歷史的森林，以及圍繞著歐洲赤松演化，組成精密平衡系統的鳥類、昆蟲和哺乳類，也很可能在一棵樹的生命週期裡就被摧毀。過去的蘇格蘭曾經位於森林線北方，但那裡太高太冷，松樹無法生長；然而，或許用不到一百年，蘇格蘭就可能來到森林線的南界之下。

14 譯註：包括斯堪的那維亞半島、科拉半島（Kola peninsula）、芬蘭本土和卡累利阿（Karelia）。

第 2 章

追逐馴鹿

挪威

✦

毛樺

Betula pubescens

挪威，芬馬克高原
北緯 69° 58' 07"

阿爾塔峽灣（Altafjord）是一片寬廣的幽暗水域，周圍被高大的白色山巒環繞。夜裡下了第一場冬雪。晨風把大海刮上漏斗狀的峽灣，朝著城鎮撲去，陣陣翻騰的巨大黑浪拍打著民宿窗下的防波堤。海浪上的浪沫稍縱即逝；任何一絲微光都會立刻被巴倫支海（Barents Sea）的黑暗吞噬。

阿爾塔（Alta）是挪威芬馬克省首府，也被比擬為挪威崎嶇海岸線與歐洲北岸那道馬鬃上的冠冕。我所在的位置比蘇格蘭還要北得多，不過，在這個海平面上的歐洲最北端，樹木不只移動緯度往北極前去，也正朝著海拔更高的地方移動。問題是，可以拓展的空間不多。阿爾塔之後，直到北極海的海冰出現之前，有整整一千哩除了水之外，空無一物。凍原陷入了窘境。住在這裡的人與動物抱著困惑、否認又驚慌的心情，努力理解快速的變化。

北緯七十度的冬季黎明詭異而永無止境，而且持續了幾乎一整天。早上八點，一抹神聖的紫色光芒從背後照亮了南方山巒，天上稀薄的雲被染成粉紅色，暗示著消失的太陽正隱匿在地平線後方。這是黎明前的光，也像是薄暮的微明，但過渡時刻永遠不會降臨，因為太陽從未升起，天色永遠維持在破曉邊緣，令人喪失時間感。半小時後，太陽仍在世界的邊緣之外，月亮仍散發著淡紫色光芒，在翻騰的黑色大海上又低垂了些。後方陡峭的峽灣潛伏在陰影中，讓人想起民間傳說中，位於世界邊緣、圖勒王國[15]被火焰環繞的山。

極地的夜晚並未擾亂現代工作週的排程。那是個週一早晨，阿爾塔的居民正爬下床，裹上暖和的衣物，為擋風玻璃除霜，然後鑽進車裡，駛過微弱的光線，車裡排出的廢氣凝結成霧，在冷空氣中揮之不散。

從民宿前往市政廳的路上，我瞥見學童在教室裡，幾排裝了雪鍊的車子沿著冰凍馬路緩緩行駛，路上行人寥寥。阿爾塔是按美國原則建立的城鎮——也就是說，這座城鎮是為了石油便宜、視汽車為理所當然的世界而建造的。這片地景是由購物中心、加油站和分散的郊區住宅所構成，每棟宅子都擁有不小的庭院。一般來說，這時節如果不穿上

15 編註：Thule 或 Thula，在古歐洲傳說裡，是位於世界極北的一處地方，通常被描述為一座島嶼。

皮草，在戶外待久了並不安全。今天只有攝氏零下一度，不過都市計畫鼓勵開車的習慣卻難以打破。

往市中心的道路兩旁是一排排年輕的歐洲赤松，橙色的樹皮和新雪形成對比，其中攙雜了較矮小、顯得破破爛爛的毛樺，樹幹凹凸不平，樹枝乾癟，以及有如扭曲手指般的細枝。我正是為了這些樹而來到這裡，在隆冬的週一早上九點造訪哈爾蓋．史崔菲爾德（Hallgeir Strifeldt）的辦公室。史崔菲爾德是阿爾塔市計畫部的部長。

毛樺遠比它優雅的親戚垂枝樺（*Betula pendula*）矮而雜亂，卻演化出可以在更北邊生存的能力。毛樺是北極少數的幾種闊葉落葉樹，比大部分的針葉樹還要耐寒。毛樺的「毛」，是指一層柔軟的絨毛，能在嚴寒中發揮類似毛皮的作用。在較低的緯度與海拔，毛樺常和松樹與雲杉共生；然而過了某些海拔與緯度的界線之後，樺樹便會拋下其他樹木，獨自繼續往北數百哩。毛樺有時又稱沼樺、白樺或山樺，和變種的矮樺（*Betula nana*）形成歐洲北極森林線的主要樹種，起自冰島（毛樺是在那裡形成天然林的唯一樹木），越過挪威北端，下至芬蘭以及因西貝流士（Jean Sibelius）而聞名的卡累利阿濕地（Karelia），越過俄國的科拉半島到白海，在那之後，交棒給西伯利亞的落葉松。

這種堅韌的小樹樹枝粗短，樹皮坑坑疤疤，看上去不怎麼討喜，甚至可說是難看，但卻是北極地區的倖存者，亦是先驅，對北極的人、動物、植物都至關重要。人類用毛樺製作工具，建造房子，做成燃料、食物與藥物，而毛樺上則長了食物鏈裡關鍵的微生物、真菌和昆蟲，也為組成森林所需的其他植物提供遮蔽。少了樺樹扮演的先驅角色，北方生態系會演變成不同的模樣。毛樺決定了其占據之處的哪些生物能生長、存活、移動。隨著北極升溫，那個範圍迅速擴增。在歐洲遠北暖化中的生態系裡，設定計畫的除了人類，就是毛樺。

在這陰暗的世界裡很難分辨方向，一切都變成了不同色調的藍。但我終於找到了市鎮廳，那是座擁有木造外牆的現代建築，散發著橙色光芒。入口前廳有兩段區域，有如潛水艇的壓力艙般，進入者必須經過一段熱氣的洗禮。接待員心情很好。她和阿爾塔的所有人一樣都鬆了口氣——終於下了點雪，溫度終於降至冰點以下，哪怕只是一點點——冬天就該是這樣。

哈爾蓋窩在他充滿現代感的辦公室裡，空間擺滿了地圖和品味挺好的書架。他說：「沒有雪的時候，一切都會變得更加黑暗。[16] 小時候，爸媽總說我們十月十日就得為冬

16 編註：在極地地區，冬季的白天非常短暫，在沒有雪的情況下，因為缺乏反射光，環境會變得更加昏暗。

天做好準備。」而近年的冬天逐漸變暖，他說，二〇一八年的十一、二月尤其暖得「誇張」。整個社群都陷入恐慌中，馴鹿牧人在臉書上貼了凍原無雪的照片。

哈爾蓋是都市人，戴著一副無框眼鏡，看上去個性溫和，氣質內斂。他有一半的薩米（**Sámi**）血統。薩米人是歐洲極地的原住民，和環極圈民族——從芬蘭到俄國、越過白令海峽到阿拉斯加、拉布拉多又回到格陵蘭——有共同的DNA和語言傳承。薩米人曾經不受阻礙地在大地遷徙，但如今剩餘的八萬人卻發覺自己成了四個現代國家——挪威、瑞典、芬蘭、俄國——的公民。薩米人是唯一被聯合國承認的歐洲原住民團體。

打自馴鹿神灑下馴鹿血形成河流，用馴鹿毛皮在地上播種形成草木，並且把馴鹿的眼睛拋進夜空，變成一萬年前的星辰以來，薩米人就活在其他歐洲人口中的「**拉普蘭地區**」（Lapland），以及他們自己口中的 **Sápmi**（薩米人的土地）。他們的岩石藝術描繪著數千年來一貫的生活方式。碳定年到八千年前的圖畫顯示，火柴人乘船捕魚、獵熊與駝鹿、放牧馴鹿。同一地點，定年為兩千年的圖畫裡，火柴人依舊乘船捕魚、獵熊與駝鹿、放牧馴鹿。唯一明確的差異是，八千年前的藝術家畫的動物比較逼真。

馴鹿是哈爾蓋認同的中心，也是所有薩米人認同的中心。哈爾蓋的母族是馴鹿牧人，不過，當他外祖母在高原死於分娩之後，外祖父便帶著襁褓中的母親前往城裡，也就是阿爾塔，讓一個挪威家庭扶養她。隨後，外祖父便返回開闊天空下的高原，回到他的馴鹿群，回到他的 laavo（圓錐形的傳統帳篷），並且再婚了。哈爾蓋既屬於城市，也屬於帳篷。我那週稍後在一個薩米人的文化活動看到他時，他身穿繡金的傳統薩米毛氈外套、絲質圍巾、馴鹿皮褲和皮靴，以及精巧的錘紋銀腰帶。他是理性國家的代理人，官僚與混凝土的供應商，但也流著游牧民族有翼的血，渴望不被人統治，只受馴鹿群的需求驅策。

馴鹿是有個性的動物，有著寬大的褐色眼睛，形形色色的毛茸茸犄角，柔軟而滑順的毛皮，以及防雪的巨蹄，踩出笨拙卻親切的步伐。牠們穩定警覺的目光既怪異又睿智，帶著狐疑與批判。每隻馴鹿都有個薩米名字，牧人認得自己馴鹿群的所有成員，甚至僅靠觸摸也摸得出差異。「愛」這個字已不足以描述這樣的關係，「**共同依存**」或許更為貼切。馴鹿讓薩米人在酷寒與冰雪的無情世界裡活下來；不論是誰，只要身上沒馴鹿毛皮做的衣物或鞋子，在那個世界絕對活不了。人們遷移，是配合著馴鹿覓食吃草的腳步而移動。他們的整個文化都是圍繞著馴鹿群的遷徙需求而演進。

樺樹是牧人的附屬品。從遮風避雨到燃料到運輸，要在這裡生活，樺樹就不可或缺。樺木能作為支撐帳篷的支架，也可以製作滑雪板、雪橇，讓人們從海邊茂盛豐美的夏季牧場遷移到冬天高原上的苔原。不過，氣候崩壞打亂了這個循環，薩米人成為氣候變遷的第一批受害者，被迫比我們其他人提早思考整個文化崩壞的事。

薩米人曾經有過更多樣的文明，包括住在樹木中的森林薩米人，以及住在海岸的打魚薩米人，然而，馴鹿是其中碩果僅存的台柱。森林薩米人住在草皮屋裡，不屑像挪威人那麼浪費，用木材建造住家——木材應該只用來做成工具和船、當作燃料才對。但他們早已不在了，一個世紀多之前被挪威政府強迫選擇畜牧馴鹿或同化。飼養動物取得肉類是政府認可的事，而在森林裡自給自足卻無法符合政府的經濟目的與效益。捕魚的薩米人花了更多時間整合，然而，最終是數量大減的鱈魚促使他們加速搬去城裡，而負責管理這個過程的人正是哈爾蓋。阿爾塔這座城市欣欣向榮，居民有五萬人，但阿爾塔成長的同時，周邊的郊區人口卻在逐漸流失。

挪威其他地方重視放牧馴鹿，因此方法被保留了下來。薩米人總是把肉賣給南方人，馴鹿肉是昂貴的珍饈，很久以前就成為挪威文化的一部分。挪威政府把馴鹿視為豢養的資源，有配額、補助，以及嚴格的數量控制。在官方眼中，馴鹿是商品，北方廣大的高原缺乏其他生產力，而馴鹿是有用的出口物。但對薩米人而言，馴鹿不只有經濟和文化意義，也是象徵。哈爾蓋的皮褲印證了這一點。

他說：「馴鹿是生命，馴鹿是一切。沒有了馴鹿，我們終將不存。」

放牧馴鹿曾是薩米人萬年不變的生活方式，如今面臨了威脅。然而這次造成最大危險的不是挪威政府，而是氣候（不過政府確實扮演了某種角色）。暖冬會要了馴鹿的命，原因有二：其一是迅速而致命的冰層，會導致立即的死亡；其二則是緩慢但很肯定——樹太多了。

從前，冬天的初雪大約在十月落下，最初是在凍原、森林線上的高原，然後是河谷與海岸的松樹和樺樹林。不久之後，溫度計的水銀會降到冰點之下，並持續到四、五月，屆時冰雪開始融化，河水會湧動著高含氧的碎冰而呈現清澈的藍綠色。二〇〇五年以前，冬季平均氣溫是攝氏負十五度，且至少會有一次穩定降至負四十度，鏟除最耐寒的昆蟲幼蟲；這個過程會保證北極的夏天潔淨無蟲害。這樣的冬季世界黑暗、寒冷而乾燥，在那樣的溫度下，空氣裡幾乎沒有濕氣，雪堆有如均質的砂，由幾層大顆的雪結晶（**seaŋáš**）組成。當溫度在隆冬時刻來到攝氏負四、五十度時，雪結晶的品質和性質，對

人類與動物的存活至關緊要。

大顆雪結晶對密度均衡的健康雪堆（**guohtun**）不可或缺。大顆雪結晶讓馴鹿能用鹿角、蹄和吻部撥開雪，找到星石蕊（*Cladonia stellaris*）——這種長在地上的地衣富含碳水化合物和糖，通常與凍原上的草共生，是適合冬季快速移動時補充的高能量食物。凍原沒有樹，所以當芬馬克猛烈的盛行風橫掃高原時，會把細粉狀的雪吹成一層淺淺的保護毯，覆蓋、保存雪下的地衣——沉重的雪堆可能壓死植被。

不過，當溫度回升至零度，甚至高於零度的時候，這個脆弱的冬季生態系就會崩潰，即使只是少量的升溫也可能釀成大禍。雪堆在攝氏負五、六度會開始出現水分，失去砂子般的特性與質地，大顆雪結晶融化，雪堆開始被馴鹿的蹄子踩實，破壞下方的草料。如果溫度一路升到零度以上（近年愈來愈常這樣），就會成為大災難。當溫度再度掉到零下時，融雪或雨水會結凍，在地面上形成一層冰殼，封鎖植物，阻止馴鹿覓食。二〇一三年曾發生過這樣的事，之後二〇一七年再度發生。數以萬計的馴鹿死亡，有些牧人失去超過三分之一的牲口。過去一百三十年來，冬天的溫度曾有三次爬到零度以上，而僅僅是過去十年就發生兩次。預估從現在起，每年冬天都會出現溫度超過零度的日子，這也意味著，植物被鎖起來的日子將無可避免。馴鹿群可能高達兩、三萬頭，散布在數千平方哩的芬馬克高原，這地區的面積和瑞士相當，人工餵食不切實際，而且所費不貲。總有一方得讓步。

馴鹿是非常聰明的動物，牠們對人類、風電場、飛機和汽車都抱著情有可原的戒心。人類入侵的現象在芬馬克日益嚴重，進一步縮小了馴鹿的地盤。馴鹿擁有一種獵物般的戒心，溫柔的圓眼睛比牠們的鹿親戚還大，然而卻總是戒備著四周，就連吃著草或地衣，頭一動也不動的時候，眼睛仍保持三百度的視野，幾乎不錯過任何動靜。牠們只要微微側頭，就能看到完整的三百六十度。人類或其他掠食者的精確視覺，演化出可以判斷深度和距離的能力；馴鹿則不同，寬闊的視野大部分都有對焦。只要一點危險的跡象，拔腿就跑。

馴鹿對地形地域有著絕佳的記憶力，還內建一副完美的羅盤，告訴牠們夏天和冬天該遷徙去哪裡。馴鹿未必都知道怎麼渡過深谷和河流，但對於熟悉的牧場卻擁有一種歸家本能。而牠們也內建了溫度計，知道何時該動身。如果氣溫還沒低到可以離開秋天放牧地，遷徙去冬季牧場，馴鹿群就不會出發，而是冒著過度放牧的風險留在一個地區，或跑去平常地盤之外的地方。如果濕度太高導致地面凍住或食物供應不足，母馴鹿甚至會刻意讓未出生的幼崽流產；其他幾種哺乳類也有這樣的行為，例如小鼠、猴子和虎鯨。

暖冬意味著馴鹿群需要更多的空間覓食，只是牠們在凍原還得面對來自風電場、高壓電塔、道路、礦場和其他馴鹿的共同競爭，而且情形益發嚴峻。然而，看起來最無害的競爭者——不起眼的毛樺，往往才是最難纏、最強大。

哈爾蓋隔壁的辦公室屬於托爾・哈瓦德・桑德（Tor Håvard Sund）所有。托爾是芬馬克林務署署長，身材高大，身穿格子衫，表情開朗，臉上掛著溫暖的微笑。他在三十年前是森林學校老師，而後秉著對樹木的熱愛成為樹木專家與林務官。我們聊了起來，我向他請教辦公室一面牆上巨大的地圖，不過他旋即面露頹喪之色。

「這張地圖是什麼時候印的？」我們在地圖邊找到細小的年代字樣：一九九四年。

「這張完全沒用。」托爾說。「我們需要新的地圖，森林線已經失控了。」

有幾個相連的因素會影響樹種生長的範圍——光照、水與養分的多寡是先決條件，不過這些因素會和其他變數（例如風和溫度）交互作用，形成脆弱的平衡。海拔和緯度的微小梯度對植被可能會是重大影響，而這些梯度當然是會改變的。熱帶和極地有著比較精細的氣候模式與生態系，和習慣變動氣候的溫帶地區相比，對全球暖化的反應也比較敏感。毛樺遠比大部分科學家更早偵測到目前的暖化趨勢，這種樹就有如礦井中的金絲雀，[17]但少有人了解它們在說什麼。

關鍵的變化是冬季變暖、縮短。薩米人至少在十五年前就開始提起冬天變「奇怪」了。光照沒變，土壤也是老樣子，但雨水增加、溫度上升，使一切都變得不同。毛樺喜愛溫暖的天氣，所以過去被囿限於高原凹陷處和深溝，沒有寒風吹過的地方，不過暖意解放了毛樺，毛樺湧過頂峰，來到開闊地，以一年四十公尺的速度向上蔓延。眨眼間，大片的土地從凍原變成了林地。

乍聽之下，樹木變多似乎是件好事。只不過，凍原綠化和暖化加劇的情形息息相關，因為樺樹會改良土壤，藉著微生物活動而讓土壤進一步暖化，融解永凍層，釋出甲烷——這種溫室氣體的暖化效率是二氧化碳的八十五倍，在短期內具有更強的暖化效果。

毛樺是北方森林的搖滾巨星，迅速竄起，英年早逝。為了在貧瘠的邊緣環境生存，毛樺必須耗費大量能量，但頂多只能活六十多歲。生長較慢的針葉樹（例如松樹）就需

17 編註：金絲雀對於有毒氣體極為敏感，因此礦工採礦時會帶著金絲雀，偵測是否有毒氣洩漏。

要比較多的時間生根發芽，也需要樺樹開疆闢土——樺樹是先驅樹木。春天，樺樹能感應到夜晚變短，溫度持續升高，當它判斷時機成熟時，就會長出兩組葇荑花序（catkin）。雄花顏色黃、褐，像毛茸茸的毛蟲，四條一組從嫩枝頂端垂下；雌花則是帶綠，短而直立。樺樹和松樹一樣是單性花，能自花授粉，只要有風就好，無需其他植物授粉。芬馬克高原強勁的風勢就很適合授粉，在秋天散布樺樹授粉的種子。

花朵授粉後，覆蓋著細毛的花苞會裂開，釋出超過一百萬枚帶翅的種子飛入風中，看上去就像是一群甲蟲隨風飛舞。適合種子傳播的年度稱為「豐年」（mast year），如今這年頭年年都是豐年。這些小小的種殼會在雪下休眠，直到春天的光照和溫暖觸發了發芽機制，於是種子長出根尖，尋找適合的土壤。前所未有的大量種子在凍原毯狀的蘚苔和地衣間生根。從前，即使種子成功發芽（但絕非必然），也只有六月到十月的短暫空檔能長出芽和葉並累積必要的資源，才得以在極地的嚴酷寒冬中生存。樺樹特別擅長這種事——樺樹在破紀錄的短時間裡堆積了堅韌的木質樹皮，耗費大量能量來產生油脂與蛋白質以抵禦寒冷。即使這樣，酷寒往往還是會殺死從凍原奮力長出的多數苗木，讓森林線維持在一定的海拔。從前，生長季是五到十月，現在變成四月到十一月，夏天和冬天也變得更加潮濕。對樺樹而言，這正是理想的環境。

馴鹿牧人笑稱，這也是樺樹害蟲的理想環境。秋樺尺蛾（birch-eating autumn moth，挪威文是 materjokt）的幼蟲，會在攝氏負三十六度凍死。近年幾個較暖的冬天，氣溫沒那麼冷的時候，幼蟲就會活下來為害數千公頃的樺樹林，然而，即便這些昆蟲大爆發，也未能真正阻礙樺樹入侵凍原。

托爾說：「自然的運作是複雜的。」他在一生中已經目睹了各種劇變，因此相信自然正在尋找新的平衡，測試天擇的各種排列組合，在不同的選擇中尋覓平衡。

「整片高原遲早會被樹木覆蓋。」

這裡從前當然也有樹。上一次冰河期之前，樹木就一路長到海岸。樹只是在回歸之旅的途中，不過，從前為期數千年的旅程，如今卻在數十年間達成。速度正是問題。大部分的物種無法適應得那麼快。凍原和森林之間一直存在著某種關係，而薩米人就處在分界。不過，在暖化問題開始浮現的五十年前，「森林」這個詞也代表著與現在截然不同的意義。從前，森林是緩慢移動、演變的地景，樺樹在邊際向北方緩緩挪去，為幼小脆弱的松樹遮蔭。松樹老熟林形成多樣化的森林，其中有數百種不同植物供馴鹿取食。現在，這種老熟林在挪威幾乎消失殆盡，幸好芬蘭的邊界還有大片老熟林保存下來。

要形成一片適合馴鹿覓食的松樹林與樺樹林，需要一百六十年才行。年輕松樹會掉落太多針葉，以至於長在地上的地衣透不過氣；三十年後，茂密的苗木和小樹形成潮濕的微氣候，地衣減少，樹冠中的蘚苔欣欣向榮；一百年後，自然狀態的森林變得稀疏，地衣才會再度甦醒，出現在林中。長在這些松樹老熟林的地衣就像珊瑚一樣，綻放大片海綿狀的假葉，從老樹的枯枝上垂下。這些地衣除了吸收、儲存碳的優異能力以外，也是年輕森林和老熟林之間最重要的差異，因此，老熟林是取代凍原、供馴鹿冬天放牧的重要替代。

所以這是為什麼人們的身心會在老熟林裡得到慰藉溫暖嗎？豐富的樹木跨世代群落伴隨著大量其他物種，我們在其間走動時，固然會感到富足、豐沛，但感受到大自然形成平衡時，同樣令人心滿意足。正如一位致力保護芬蘭老熟林不受砍伐的馴鹿牧人告訴綠色和平的那樣：「你不會在年輕的森林裡感到活力煥發，你渴望的永遠都是古老的森林。」[1]

在挪威，迅速生長的樹木正在醞釀一場大災難。樺樹加速衝向凍原，而松樹則遠遠跟不上。這對馴鹿以及仰賴馴鹿為生的人類而言，是個壞消息。挺直的樺樹森林不會形成樹冠，反而比較像灌木叢。少了樹冠的樺樹會積累更多冰雪，枝條因冰雪的重量而彎曲、斷裂，形成防風屏障，使雪堆深到馴鹿無法走過也無法挖掘。樺樹的根系會使地面變暖，導致周圍的冰層融化。隨著時間推移，一公頃的樺樹會在地上落下三、四公噸的落葉，進一步改善土壤的有機組成，並促進其他植物生長。也許馴鹿會啃食幼嫩樺樹的細枝，「不過，即使芬馬克郡馴鹿的數目翻倍，也阻止不了樺樹的蔓延。」

托爾露出苦笑。他是科學家，情感在他的辦公室裡幾無立足之地。他接受了森林線的推進是無法避免的事。但對托爾來說，這其實也有個好處——他真正在乎的是松樹。樺樹對薩米人不可或缺，但在現代經濟卻遠不如松樹那麼有價值。芬馬克的林業以歐洲赤松為基礎，那裡的歐洲赤松在經歷一連串的災難之後，目前才剛剛復甦。松樹的生命週期很長，十代的樺樹出生而後死去，可能剛好只是一棵松樹的一生。就如同它們在蘇格蘭的「表親」一樣，如今仍存活的那些松樹，見證著自中世紀維京人航向格陵蘭以來的人類歷史。對它們而言，二十世紀是最痛苦的年代。

一九三〇年代，歐洲最大的鋸木場位在希爾克內斯（Kirkenes）。這座挪威港口位在巴倫支海，距離俄國邊境後的莫曼斯克（Murmansk）不遠。希爾克內斯一年消耗的松樹高達十三萬公噸。然而，當納粹在二戰期間入侵時，也同時燒毀了那裡，緊接著以前所未有的規模掠奪挪威森林，轉作造船與出口之用。納粹撤退時，把芬馬克這座木造小鎮夷為平地。托爾的母親依舊記得，自己在山丘上看著家鄉瓦德瑟（Vardsø）被燒成灰燼。芬馬克人仍把那場破壞視為某種大屠殺。戰後，為了重建家園，他們不得不砍伐殘存的古老森林。

托爾解釋道，所以芬馬克的松樹很年輕，大都不超過六十歲。松樹要長到一百二十歲才適合伐採，在那之後，生長速度便會減緩。松樹可以活到三、四百歲，不過按照托爾的說法，一百二十歲之後的「附加價值」便不多了。芬馬克的森林永遠不會成為古老的森林。馴鹿或許能在改變的地景中活下來，前提是森林有充足的時間成熟、發展，但森林未必等得起。總而言之，馴鹿在老熟林裡放牧的畫面已經很久沒出現了，薩米人甚至也不確定他們失去了什麼。

托爾說：「挪威的薩米人從未見識過芬蘭那樣的老松林，他們是在林業的陪伴下長大的。」

托爾在管理森林時，往往會與薩米馴鹿人先行協商，然而，每年愈來愈多牧人求他砍掉先驅的樺樹，保護馴鹿所需的珍貴凍原棲地。牧人傳統上視自己為自然界的一分子，與自然並無區隔，現在卻正在打一場必輸的仗。

「薩米人勢必得尋找別的生活方式。」托爾直言不諱。

每逢春夏，薩米人會把他們的馴鹿群帶到海邊、峽灣中鋸齒狀的崎嶇山丘，或者海岸外的小島——那些小島就像未經雕琢的寶石一樣點綴著巴倫支海。從前春天常能看到馴鹿群游過峽灣，抵達青草豐沛的無人小島吃草，牧人和他們的狗則划著皮艇或小船跟在其後。這年頭，大部分的馴鹿群是搭著載運車輛的渡船前往島上。

夏天，許多薩米人會和他們放牧的馴鹿群散居各地，住在傳統帳篷 **laavo** 裡——用羊毛織成毯子，綳在樺樹杆交錯搭成的金字塔形支架。放假期間，孩子們會在家族的夏季據點待上幾星期，幾乎不怎麼回家。直到最近，牧民家庭才開始定居在同一個地點。他們按政府要求，住在路旁，把子女送去公立學校——這是為了剪斷游牧民族的羽翼，讓他們待在政府看得到的地方，並對他們的牲畜抽稅。從前，放牧是全家族的事，現在變成男性的主要活動，女性負責照顧學齡兒童。

不過，馴鹿群到了秋、冬就會回到高原，回到牠們的「冬季據點」——這是人類有記憶以來，「家族群體」（**siida**）會去的地方。冬天是薩米人社交的時節，馴鹿群幾乎都聚在高原上靠近薩米人文化生活中心——考托開諾鎮（Kautokeino）附近（雪上摩托車得跑一整天的距離）。薩米語稱那裡為 **Guovdageainnu**，意思是「中間」，名副其實的芬馬克高原中央，也是鳥不生蛋的地方（有人這麼開玩笑，因為高原的特色正是空曠，近幾十年之前都沒有樹木生長，而且沒有永久人類聚落）。

薩米大學、薩米文化中心、拜瓦許薩米劇院（Beaivváš Sámi Theáter）和國際馴鹿畜牧中心（International Centre for Reindeer Husbandry）正好都位在考托開諾。作為歐洲最古老且延續至今的的文明樞紐而言——薩米人的生活方式可說在一萬多年來未曾改變——那裡小得驚人，永久居民只有一千五百人。一九五〇年代的照片顯示，考托開諾的建築周圍全是積雪凍原連綿的白，放眼望去半棵樹也沒有，現在卻是在一片樺樹林之中。

我從阿爾塔踏上前往考托開諾的路，直直向南兩百五十公里。旅程始於一座松樹、樺樹混合的森林，林子比鄰著阿爾塔河寬闊的鵝卵石河道鋪展開來——據說阿爾塔河是世上最好的鮭魚河。接著道路迅速攀升，穿過一道狹窄的峽谷，兩側聳立著高數百公尺的陡峭岩壁，道路爬到上方的高原上，一條清澈的溪水隆隆灌入路旁的岩縫中。

薩米人的傳統會崇拜岩石、樹木、河流、山岳和其他聖地，並有奉獻魚、白化馴鹿和其他動物的習慣，以祈求打獵、捕魚豐收或單純的好運。他們和周圍的環境對話；動植物是他們的群落。薩米人的宇宙觀中心是萬眾一體，完全沒有「人」或「自然」的觀念，只有薩米人薩滿魔法鼓上描繪的一個循環系統——中央的菱形太陽放出四道光芒，由雷、風與月神統治，還有「神之犬」——熊，最底層則是薩米人，他的家、他的馴鹿和森林裡的鳥獸。神聖的力量透過神祇展現，令人敬仰，而薩米人經過聖地時，會身穿華服，唱歌或脫帽，表示敬意。現在還在世的人，有些依然記得父母叮囑過，要他們向特定的樹木或石頭道早安。

峽谷承載著精神的重量，迴盪著彷彿大教堂或森林的回聲，毫無疑問是神聖的處所。峽谷提醒我們，人類所居之地都曾有耳熟能詳的名字、故事與精神。對我們大多數人而言，這些聲音是消失於神祕過往的遙遠回響。不過對薩米人而言，那些聲音只是在聽力可及之外而已。大地並未真正沉默，只是我們不再傾聽。

水流在峽谷的上游輕輕拍打著鵝卵石，然後復歸平靜。隨著山谷像通往上界大門般緩緩敞開，河面也愈來愈寬廣。這裡的雪比海岸邊的更厚、更深，但河水還沒結凍。接著，沿著河邊左彎右拐十五分鐘左右，一道薄薄的冰線彷彿一片玻璃般，斜斜切開緩緩流動的河面。河水沖刷過冰面上下。冀盼多時、延宕許久的凍結開始了。從這裡開始，河面變得堅硬不透明。冷冽的晨間空氣裡，有白色的渦旋和藍色細碎的閃光。南方是黎明的粉紅與橙色熔爐。少了山巒的掩蔽，太陽離得更近了，不過依然靦腆地躲在視線之外。紅黃光像曳光彈一般劃過上方天際，而斑駁的山邊積雪與灌木攙雜，洋溢著暖暖的玫瑰色光線。

從阿爾塔出發的這一百公里以來，沿路都是灌木般的樺樹就近伴著車輛，一直到考托開諾。只有一次，一座顯眼的山立在開闊的河谷之上，才得以瞥一眼未被森林覆蓋的凍原——平坦無瑕的雪被一道彎曲歪扭的小小形體劃過，一大群樺樹正堅定地往上坡處前去。這裡的樹不像海邊的那麼高，很少超過兩、三公尺；銀色樹皮也比較難看——不是平滑如紙般包覆著筆直而強壯的樹幹，而是坑坑疤疤的節瘤樹皮，保護著樹木不受酷寒侵襲。白色的是周皮，[18] 粉狀的表層反射陽光，保護樹木不被曬傷，同時避免低垂的冬日太陽將樹幹內的加壓樹液解凍，使樹木爆裂。薩米人會用周皮做藥。這些樹是矮盤灌叢──矮小而生長緩慢的樹，在天然分布的外緣勉強生存。有些人質疑這些植物是否稱得上是樹。不過，半公尺高的百年盆栽難道就不是樹？還是說，不可思議的生存能力更值得敬佩呢？

離考托開諾不遠處，道路攀升到一道山脊上，下方的高原拓展成一片黑與橙的景色，黑的是樹，橙的是雪上倒映的天空。一道蜿蜒的河流穿越這片風景中央，時而有未結凍處在奔流，河面如液態的黃金般閃閃發亮。太陽不曾露臉的落日之後，就進入詭譎的近黎明時分。半片天都燒紅了。現在是下午一點。我們處於二十小時黑夜的開端。從這個制高點看去，樹木帶來的災禍清楚得嚇人。舉目所見，高原的凍原上有著斑斑的黑色條紋，有如雪鴞斑駁的前胸。這種圖案是盛行風造成的，風勢夾帶著配備薄翅的堅硬種子，在強風與氣流中翻越起伏的丘陵。風停後，種子落在山坳與窪地，長出高大濃密的樺樹群落。

這是一幅優美的風景，但其實那裡不該有樹，而且隆冬時節的河上應該結著厚達幾公尺的河冰，就像石頭一樣硬，能承受一群馴鹿或工程車的重量──因此眼前美景令人難

18 編註：韌皮部和外表皮之間的部分，包括木栓、木栓形成層和栓內層。

以消受。如果我們不知道以前的模樣，如果我們能假裝僅是這一年很反常，而非處於一個加速中的模式，情況或許可能不同。這片原本未受破壞的地方，其實目前正處於劇烈的變動中；這個冬日裡，在北極圈裡的這個地方，溫度是攝氏零下一度，比過往這時節的平均溫度高了十四度，所以我們很難避免這種感覺：如果地球的氣候平衡有個臨界點的話，那麼臨界點早已被我們遠遠拋在身後了。

考托開諾郊區一間黃色的平房裡，貝莉特．烏西（Berit Utsi）把她兩歲的兒子抱在胸前，望向戶外湖上漸濃的黑暗。湖面上覆蓋著薄如紙張的薄冰，四周樺樹環繞。貝莉特是當地馴鹿牧人協會的祕書，同意跟我談談樹木推進造成的問題。她的神情平靜，但眼中不時閃過焦躁——無法完全掩飾焦慮。

貝莉特說：「我們的文化不會大驚小怪。」這麼說太輕描淡寫了。挪威人素來以內斂矜持聞名，但若跟薩米人比起來，根本算不上什麼。對薩米人來說，情感的流露，就是一陣輕微的顫動或輕笑，或是冷峻表情中的一抹細微皺紋。

「大家的外表都雲淡風清，但內心非常擔憂。」她說起了極溫暖的冬天，不久前終於有幸下起第一場雪。然而貝莉特擔心的不只是這樣，丈夫仍在外面的某處地方——她也不知道確切的位置。他跑來跑去，手機訊號常常很差。對馴鹿牧人而言，這是個壓力很大的時代，即使豐年也一樣——必須把馴鹿群從秋季放牧地遷到冬季放牧地，將幾百平方公里內的馴鹿群聚在一起。

凍原的顏色變化導致了嚴重的後果。馴鹿是唯一看得到紫外光的哺乳類——紫外光對人類而言，是不可見光。在極地夜晚，太陽沒有升起時的低光度下，這種能力對馴鹿的生存至關緊要。地衣會吸收紫外光，因此在雪地裡呈現黑色。此外也有證據顯示，地衣會發出不同顏色的螢光，所以馴鹿可能透過雪看到地衣。[2] 馴鹿的眼睛有一片獨特的東西——脈絡膜層（tapetum lucidum），常見於夜行性動物與昆蟲，原文意思是「明亮的毯狀物」，能吸收光線，反射到視網膜，增強動物在低光度下的視覺。馴鹿的眼睛有個獨特之處，夏天的脈絡膜層是金色的，冬天會變成深藍色，吸收紫外光。在無瑕的雪中，馴鹿通常會保持平靜，習慣待在一個地方，挖掘雪地以獲取食物。但斑駁的黑白色景象讓牠們感到好奇又困惑，覺得可能有更容易取得的食物。於是牠們不再挖掘，而是嚼食樹木基部沒有白雪覆蓋的草和地衣，移動的距離大大增加，令牧人頭疼。牧人得盯著自己的馴鹿，把馴鹿聚在一起，避免牠們闖入鄰近家族群體的領地，甚至混入其他馴鹿群中。要區分一萬頭馴鹿，可能得花上兩星期。

除了上週因為貝莉特開刀，丈夫回來了幾天，否則他已經和馴鹿群在高原待了整整兩個月。他們一家的所有收入與儲蓄都投在了馴鹿群身上。一隻馴鹿在屠宰場的價值將近一千兩百歐元（一千一百英鎊），而薩米人會把全身所有部位（皮、鹿角、蹄和肌腱）用來做成衣物、工具和工藝品。然而，高昂的賭注也帶來了風險。

貝莉特說：「最近發生了不少意外。」

「**點檢**」（point check）指的是繞行馴鹿群周圍，也是牧人每天的例行公事。在寒冷的環境下，迷途牲畜的足跡很容易在雪裡顯現出來，而雪上摩托車可以迅速穿越開闊的凍原、結凍的湖泊和河流，完成三十公里的巡航。然而，沒有結冰又長著零星灌木的地景則難以穿越。如果沒有足夠的雪讓雪上摩托車行進，同時又沒有冰層時，牧人只能駕駛越野車繞過湖、河和樹木，有時要繞個六、七十哩，花費一整天，不僅耗費許多燃料，還會壓扁大量的地衣——地衣要幾百年才會長回來。而且隔天還得再來一次。

貝莉特說：「人們都在石頭上騎著雪上摩托車，撞到樹木翻覆，最後進了醫院……也或許是冰層足夠堅固能承載馴鹿的重量，但越野車卻掉了進去。有時候得冒個險，畢竟繞路真的太遠了。去年有兩個人掉進冰層，再也沒有上來。」

貝莉特還是青少年的時候，曾試著在一座小鎮裡工作，但感覺就是不對勁，她會想念她的馴鹿。貝莉特和馴鹿一同長大，每年夏天都和家人與馴鹿在特羅姆瑟（Tromsø）附近的林根阿爾卑斯山（Lyngen Alps）一同度過。她記得小時候凍原上的樹比較少，也覺得這種改變更像是一種損失，但她和我遇到的大部分薩米人一樣務實：「我們會適應，我們一向都會適應。」不過，改變中的天氣、推進的樹木，加上其他放牧的壓力（道路、礦場、風電場），使得放牧馴鹿的經濟愈來愈困難。更糟的是，政府意識到放牧的面積正在縮減，每年都要求宰殺更多的牲畜。她的家庭需要其他收入。

貝莉特希望她的孩子有機會成為馴鹿牧人——如果他們想要的話（這是很優勢的傳統），但如果孩子不像父母那樣整天和馴鹿群生活在一起，累積的傳統知識必然會少了許多。而且，他們要學的不僅僅是照顧馴鹿的方式，在野地裡的夜晚，也是述說故事、製造工具的時光。

樺樹的薩米語是 **soahki**，對凍原上的傳統薩米生活來說，就和對馴鹿一樣不可或缺。樺樹是遮風避雨的必備之物，能製作帳篷的杆子，也能保溫——地板上會鋪著芬芳的樺樹細枝。木材是運輸必需，用於製作雪橇、滑雪板和雪鞋，同時也是燃料。秋天的樺樹和所有樹木一樣，會減少木質部（樹幹內部）裡的水分含量，準備休眠，這意味著冬天的樺樹即使沒經過風乾，也能燒得很好。其中的單寧和油脂能用於處理衣物和毛皮、製作油紙。樹皮能做成獨木舟的外皮，在海水裡發酵。單寧也用於處理傳統船隻的羊毛、麻布或亞麻船帆。到了春天，可以採集樹液做成富含礦物質的飲料，或發酵當作某種蜂蜜酒的基底。

「還有秋天的蕈菇！」在樺樹根系的棲地中，共生著超過七十種的真菌。[3] 薩米人和樺樹的命運緊緊相連。

作為春天的使者，樺樹一向是薩米人生育力的象徵——而且不只在當地。在蘇格蘭民間傳說中，用樺樹枝條驅趕不孕的母牛，母牛就能生育。在更南方的英格蘭，傳統的五月柱是用樺木做的。「樺木掃帚婚禮」[19] 是新人結婚時跳過一捆樺木細枝的傳統儀式，直到最近，仍然是英國教堂婚禮常見的替代選擇。樺木也和純化、淨化有關，因此，當一個教區舉行「敲界標儀式」[20] 時，總是用樺樹細枝。

「樺樹是我們的朋友！」貝莉特似乎是因為誤解了這棵她依賴甚多的樹而感到抱歉。

在凍原上，樺樹讓她丈夫的生活變得艱難又危險；在廚房裡，樺樹隨處可見。貝莉特現代化的廚房裡仍然滿是游牧民族的傳統手工藝，是她夏天山中之旅時製作的。她的木湯匙和杓子都是樺木刻成——「比松樹硬多了。」架上的杯碗也是樺木刻成，而手工小刀的把手是馴鹿角和骨頭做的。馴鹿皮被鞣製做成咖啡袋，掛在水壺旁，一旁擱著一頂狐狸毛皮與馴鹿皮做的帽子。她兒子穿的靴子是馴鹿皮製成，用莖桿中空的凍原草莖隔熱。檯面上一只小鍋裡盛了樺樹皮屑，正煮著香草茶和湯藥。

「可是現在樹太多了。」貝莉特說著皺眉。她正在讀書，準備成為一名教師。和蘇格蘭一樣，挪威放牧牲口與樹木間的平衡被打亂，人類不知所措。然而和蘇格蘭一樣的是，結局已定。大氣中的碳排放，將主導森林未來的模樣。我們現在面臨的任務和貝莉特相同——艱難地接受、適應發生中的情況。

✦

考托開諾好像休眠中的城鎮，或者根本不算是城鎮，更像是電影裡精巧的布景。對

19 編註：besom birch wedding，在這個儀式中，新人會跳過掃帚狀的樺樹條或一捆樺樹枝，強調結婚的決心和承諾，也用以象徵成婚。

20 編註：beating of the bounds，屬於英國古老的儀式，目的是標定一個教區或村莊的邊界。參加者會沿著邊界步行，並使用樺樹枝或柳條輕打地標，如樹木、石頭或其他標記物，象徵性地確定邊界。通常在復活節或升天節舉行。

著在黑暗中的北極汽車旅館（Arctic Motel）敲門是徒勞無功的；我又來到一間青年旅舍，那是間一九七〇年代的水泥建築，獨身的老婦從唯一一扇有光亮的窗戶裡往外窺視，揮手要我離開。工藝中心的大門開著，但空無一人。樓上有三位穿著寬大外套的長者正看著報紙，他們指了指樓下的工坊。工坊裡，一個男人頭戴耳罩，全心全意把注意力放在車床上；即使他看得到我，也沒打算停下手上的事。商店好像完全依喜好開張，一如阿爾塔，街上沒有行人，只有空盪盪的汽車發動著引擎以保持溫暖，還有緩慢移動的車子，煞車燈在黑暗的路上閃爍。

隔天是「挪威薩米人協會」（Norwegian Sámi Association）成立五週年紀念日，這個政治團體的宗旨是為薩米人爭取權利。也許大家都忙著為這重要場合做準備？

「什麼?!才不是！」在廚房喝著咖啡的兩個女人相視大笑，口沫橫飛。「哪有人關心那種事！」

瑪麗亞（Mārija）戴著一只黑色手錶，與黑色指甲油和黑白雪紡長褲頗為相配。她的項鍊和耳環是黃金的，頭髮染紅，還剃掉了一部分。莎拉－艾琳（Sara-Irene）也穿了件黑白上衣，同樣剃掉了頭髮兩側，但瀏海則是染成金色，一耳戴了三枚珍珠耳環。莎拉－艾琳的中指戴著丈夫為她做的戒指，那是她馴鹿群的「耳號」（ear mark）——每一群的馴鹿耳朵都會被剪成獨特的形狀，代表著所有權歸屬。在畜欄裡，經驗老到的牧人在數算牲畜時，一摸耳朵就能認出自己的牲畜。莎拉－艾琳非常以她的馴鹿為榮，卻堅持不肯透露自己有多少隻。「問這種事不禮貌。」

「她的馴鹿可多了。」瑪麗亞哈哈笑著說。

「可是沒瑪麗亞多。」莎拉－艾琳說完，兩人咯咯笑成一團。

她們對政治毫無興趣，而且有著原住民傳統對政府的輕蔑——「政府才不在乎薩米人」。試圖透過開會來影響事務進行根本毫無意義。不過，瑪麗亞是考托開諾福利處的處長，所以她其實是為國家工作？

「對呀！你想想看！敵人耶！」說著，她又笑到咳了一陣子。瑪麗亞的高祖父曾在一八五二年因為反抗政府而被挪威人砍頭。瑪麗亞繼承了他的耳號，那是高貴的耳號，很著名。

當我提起氣候變遷的問題時，氣氛變了。「政府只想控制我們和我們的馴鹿。那只是藉口……逼我們淘汰我們的牲畜。氣候變遷就是屁話。九十年前我母親小時候的天氣和現在沒什麼兩樣，所以我才不擔心。這我們見識過了。」

她無法解釋樹的情形。我追問瑪麗亞，她喃喃咒罵挪威政府，開了我沒聽懂的玩笑，逗笑了莎拉－艾琳，然後跑去露台上抽根菸。當她回來時，話題已經徹底轉移。

馴鹿牧人和馴鹿群密不可分，同屬馴鹿群的一分子。他們能提前幾天或幾星期感應到馴鹿群何時會遷移；他們會在馴鹿吃飽以後才開始進食；當他們面對著氣候變遷給馴鹿群帶來的威脅時，就如同想像自己的孩子挨餓或死去。悲傷的第一階段當然是否認。[21]

莎拉－艾琳和瑪麗亞都在城裡工作。莎拉－艾琳經營一家美甲沙龍，瑪麗亞的黑色指甲就是她的傑作。不過，一年之中有些時節，她們絕不會錯過與馴鹿相聚——夏天生崽，以及冬末為幼崽上耳號的時候，那時需要全家夜以繼日驅趕數千頭馴鹿。

莎拉－艾琳說：「有時我們會覺得自己要精神分裂了！」說完，兩個女人瘋狂大笑。她們或許對自己的工作很在行，甚至引以為榮，但她們的神魂並不在鎮上，而是在外頭，在丘陵間，和馴鹿一同恣意奔跑。

翌日清晨，城鎮再度進入半夢半醒的狀態，黑暗與寒冷帶來了死寂的氣息。這時的溫度是零下八度，民宿的女人抱怨著依然不夠冷。天空烏雲密布，沒有了清澄的穹頂，

天光有如混濁的湯。橋下的河水仍然稍能流動，緩緩流淌過岬角上黑漆漆的教堂。屋裡透著點光，路上仍幾乎沒有人車。

但加油站可就不一樣了。加油區燈火通明，巨大的貨卡排成一列列，許多都配備了同一家「北極卡車公司」的巨大雪胎，引擎發動，等在原地，冷冽的空氣瀰漫柴油的廢氣。每輛貨卡後面都有輛拖車，載著雪上摩托車或越野車，或者兩種都載。我坐在鐵凳子上喝著咖啡，就像在美國小餐館一樣，看著從頭到腳包裹在雪衣和狐狸皮帽裡的男人爬下車，在一桶桶大金屬罐裡裝滿燃料。他們動作迅速，目標明確且活力十足。男人們大步走進商店，啪地把錢拍到櫃檯上，大聲和店員打招呼，抱走滿懷的零食、含糖飲料，高聲道別，然後跳上製造汙染的龐大機器，打了檔便隆隆駛進勉強稱得上早晨的朦朧中。他們是馴鹿牧人，正要去「點檢」。有些人可能今晚就會回來，有些人可能一去數個星期，而有些人可能永遠不會回來。

考托開諾到處都是馴鹿的影像——在商店牆上、政府機構以及薩米人文化組織的標誌裡，也在藝品店、明信片上，或是超市外的燈飾品。真正活生生的馴鹿卻無從得見。

21 編註：美國精神科醫師庫伯樂－羅斯（E. Kubler-Ross）在一九六九年提出「悲傷五階段」（Five Stages of Grief），包含否認、憤怒、討價還價、沮喪和接受。

三天了，我仍然一隻也沒看到。

如果考托開諾給人一種古怪又沒靈魂的感覺，那是因為這座城市並非高原的生活中心。攤開考托開諾過往的歷史功能，一向只是加油站、有基本服務的停靠點，除了加油站的速食櫃檯之外，這裡沒有餐廳；除了超市之外，沒別的商店，只有一間手工藝禮品店，迎接費盡千辛萬苦來到這裡的三三兩兩遊客——他們大都在夏天來此。人們的認同、財富、丈夫、福祉、家庭的未來與文化，都和凍原上馴鹿群的命運密不可分。

或許考托開諾看似一座昏昏沉沉的偏僻城鎮，但仔細端詳，會發現似乎陷入某種集體的精神官能症之中。人人都意識到，在周圍的丘陵與凍原上，處處上演著人類與自然之間的會戰，但幾乎無人願意正視真相——這種情況也不可能以目前的形式繼續下去。世界各地都在發生爭鬥，而這裡只是縮影。就某個層面而言，是碳氫燃料社會日常生活的平凡樣貌——上班、上學、上超市、加油、購買來自遠方的柳橙和芒果，然而，在這之下的另一個層面，卻是凍原和森林的神靈在尖叫警告。

薩米人的死者之國（Jábmiidáibmu）存在於地下，由死者之母（Jábmiidáhkká）統治。一條血河分隔了凡人之地和神祕的馴鹿之地，並且永遠存在。一如古老的凱爾特文化或當代世界各地的原住民一樣，薩米巫師（noadi，薩滿）也負責和祖先與神靈對話，尋求指引，只是如今巫師早已不存在了。

在城裡唯一的一間旅館裡，「挪威薩米人協會」的青年支部正舉辦年度大會的會前會。年輕的活動人員穿著漂亮的傳統服飾，腳踩著運動鞋，盤腿坐在馴鹿皮上，手中拿著 iPhone，前方仿製的警戒線上寫著「去殖民化」字樣。今年會議的主題是「未來是屬於原住民的」。這概念迷人而浪漫，不過，坐在地上的老實孩子大多不是來自考托開諾或放牧馴鹿的家庭，而且也無意住在帳篷裡，並花上半年時間徒步跟著馴鹿穿過雪地。

在這裡，人人都認識一些已經放棄馴鹿的朋友，而瑪麗亞和莎拉－艾琳便發誓她們絕不放棄，並且同情放棄的人。然而，誰會願意放棄這種神聖而古老的生活方式，這份與生俱來的權利呢？能夠堅持下去的人，要不就是像瑪麗亞那樣的牧人貴族，擁有大量的畜牲而得以靜候風暴過去，甚至可以在特羅姆瑟、奧斯陸買下第二個、第三個家，要不就得是真正的信徒——可能是上癮了，也可能是瘋了。我不確定用哪個字來形容伊薩特（Issát）最貼切，不過他的經驗完美刻畫了暖化迫使我們產生的認知失調。我們理智上知道發生什麼事、未來大概會是什麼情形。不過在實務上和情感上，我們似乎會盡可能避免接受真相。

晚上九點，漫長的一日終於結束，我在市政廳建築後方，一間平凡無奇的辦公室裡見到了伊薩特。伊薩特的組織——「保護薩米地」（Protect Sápmi）是非政府組織，為那些被跨國公司與國營組織接管、侵占土地的薩米人社群提供法律諮詢，然而他們的工作量已遠遠超出負荷。北極暖化引發了各方對「開放」北方的巨大興趣，不僅僅是挪威，也包含其他環極圈世界——俄國、格陵蘭、阿拉斯加、加拿大。挪威的再生能源可以自給自足，但來自德國、英國和荷蘭的需求龐大，於是北極圈的風電場迅速占據了芬馬克少數倖存的無樹山區。根據最近的一條法律指出，薩米人應當轄有芬馬克百分之九十六的土地，而挪威政府也應當依循聯合國在讓渡原住民土地的「無償、預先且經知情同意」原則，但事實卻非如此。說來奇妙，唯一確實遵守國際法的組織——北大西洋公約組織（NATO），承租了大面積的薩米人土地供軍事演習之用。

我們的談話大約結束於晚上十一點，談話尾聲，我準備上床睡覺時，伊薩特宣布他現在正要開始他的「第二職業」——放牧馴鹿，並邀我一同前去。他家位在山丘上，是歐洲常見小型住宅區裡的一間排屋。我在外頭等待著，伊薩特進屋去親吻了妻子和四個睡眼惺忪的孩子，然後換上放牧馴鹿的行頭——兩雙厚羊毛襪、保暖內衣、衛生褲、刷毛衣、及膝外套，有著 SINISALO 標誌的雪上摩托車外套、厚厚的橡膠雪靴、連指手套和一頂破舊的馴鹿皮帽，內襯還是狐狸毛皮。他在十分鐘後冒出來，摘掉眼鏡、換下西裝，連整齊的髮型都不見了，伊薩特完全變了一個人，不再是沉默謙遜的法律專家，而是成了渾身散發行動派氣質的男人。

戶外溫度只有零下五度，但我們為整晚待在外面做好了準備，以免有牲畜走失或遇到任何意外。最近，一名牧人被困在雪上摩托車下整整十二小時才被朋友發現。伊薩特朝他的狗兒吹了吹口哨，狗兒隨即跳上越野車，來到我身旁——牠明白我們要去哪兒。

越野車穿過考托開諾郊區排屋前的黑暗街道，帶我們離開城鎮，經過掙扎爬上山丘的瘦弱樺樹，直到樹叢愈來愈矮。我們加速通過布滿彈孔的「六十」速限標誌，一路往高原上駛去。到了高原，這裡的樹木不過一人高。伊薩特把車放慢下來，轉向路邊。他站起來望向車頭燈的光束，試著在光線裡尋找公路的邊緣。路面的邊緣用紅杆子標示著。如果降雪和往常一樣出現，這些杆子就會標示出路緣。伊薩特在尋找蹤跡。

他在積雪出現擾動的地方會移動得特別慢——雪上的痕跡代表著他的馴鹿越過馬路、走失了。樹木使得馴鹿遊蕩的範圍變得更遠，這也意味著領域和放牧區的衝突增加，和鄰居也更常發生爭執。伊薩特每晚都得巡邏，確保他的馴鹿待在道路正確的那一邊。這些改變威脅、撕裂著薩米人的團結，也讓牧人與家庭承受極大壓力。

「你妻子不介意你每晚都在外面跑嗎？」我問。

「她習慣了。」伊薩特說。

伊薩特把注意力放在雪上，專注在亂闖的馴鹿身上。他試圖回答的問題是「這些馴鹿是什麼時候來的？」他伸手指著，大聲喊叫，英語說得快速又流利，與一小時前那個待在米色辦公室裡查看圖表、苦思用字的拘謹男子判若兩人。高原上的彎月彷彿鐮刀，跨坐在機器上的伊薩特神采飛揚——與稍早的他截然不同，藍色眼睛在車燈光芒裡炯炯有神。

他跪下來查看路徑上的雪殼（crust）與方向。薩米人描述雪殼的詞彙有十六個，而且還有七種硬度等級——生存取決於精確。蹤跡舊了。

回到越野車上，伊薩特帶著我加速穿越一片開闊的「歐帕斯」（oppas）——馴鹿尚未踏足的土地。我們像倉鴞一樣掠過雪地，尋找蹤跡。突然間，他瞥見一對足跡，然後是許多對，都往錯的方向前去。他飛速掉頭，朝著足跡追去。越野車瞬間騰空，然後嘎吱落在凍結的湖上。車頭燈下，足跡直直橫越湖面。冰面嘎吱顫動，伊薩特屏住呼吸，偶爾發出槍響般的聲音。上個月，他兩度越過冰上。上次，他掉進一個深度及胸的淺池塘裡，不得不找來絞盤吊起越野車，花了幾天時間在車庫裡晾乾。

「這是挪威最危險的工作！」伊薩特咧著嘴笑說。他說得沒錯——放牧馴鹿比鑽油井或在軍隊工作更危險。

星辰露了臉，為壯麗景色揭幕。伊薩特指著星空，大聲喊叫著星辰的薩米名字，但我一個字也聽不到。風聲在我們耳裡呼嘯，越野車飛馳在凍原上，在岩石與巨石上彈跳，然後穿過一片樺樹林，細枝抽打著我們的臉。

一個半小時後，時間將近凌晨兩點，伊薩特讓越野車滑動停下。

「牠們應該就在這裡。」

「你有GPS嗎？」我問。

鹿群裡有十隻裝了GPS，但伊薩特的手機沒電了。然而，他似乎更願意這樣——他的直覺少有不準的時候。

伊薩特關掉引擎和燈光，試圖用雙耳尋找馴鹿配戴的鈴鐺聲響。寂靜壯闊無邊，什麼聲音也沒聽見。星辰耀眼，彷彿伸手可及。樹枝在雪裡投下陰影。

「好吧。」他說著，並轉動鑰匙，把越野車掉頭回家。

這一切都令人難以置信，大費周章以後卻在最終一刻放棄。伊薩特告訴我，他的兄弟可以在早上繼續尋找。我很震驚，但我意識到我誤解了這趟外出的目的。在遼闊的寂靜中獨自穿過黑夜，在生死博弈裡追蹤野生動物——就好像把某種高風險的電腦遊戲當成了生活方式。尋找馴鹿有時已不是重點，而是當一個男人眼睜睜看著事業在逐步消亡時，必然迸發的舉動。伊薩特心裡明白，這樣的放牧方式已經不再可行。他鎮日和政府與礦業公司打交道，爭取補償，主張這種方式依然可行，但夜裡的夢境卻恰恰相反。隨著越野車隆隆開下山丘，回到下方山谷裡霓虹燈閃爍的沉睡小鎮，路旁的樹木逐漸變高，考托開諾的夜空中迴盪著狗吠聲。最近附近發現了一隻狼的跡影——這是森林擴張的另一個影響。伊薩特在他家屋外停好車，屋內仍舊一片黑暗。我僵硬地跟著爬下車，身體凍得發寒。他脫下外衣進屋睡覺時，隔壁姊姊的家中亮起了燈。他姊姊的女兒——外甥女瑪瑞特（Máret）剛剛醒來。

這是大集會的日子——挪威薩米人協會的五十週年紀念。瑪瑞特是名廚師，要為兩百位代表做菜。她得早早開始。

瑪瑞特穿過城鎮，來到超市旁一座高大的藍黑色長方形建築，這裡是即將舉行會議的體育場，一旁是配備了不鏽鋼廚具的商用廚房。瑪瑞特穿上白色的廚師服，搭配了一頂 gotki——這是薩米人傳統的彩色四角帽。她在族人當中很出名，是少數試圖保存薩米人傳統料理、飲食方式以及藥用植物的薩米廚師。

經歷了瘋狂的一夜，我在小睡片刻之後前去找她，她說：「我想讓人們透過他們的胃來思考！」她的圓臉露出苦笑，雙眸在沉重的眼皮下閃閃發光。她看起來很累。

「我好累，也好火大，但我還沒放棄。我可以用我的食物來抗議。一切都來自自然。」

瑪瑞特正在烹煮馴鹿肉。這是她自己的馴鹿，根據生物動力原則在月圓的時候宰殺，可以確保滋味很好。她說，你可以嘗出肉質的變化——氣候變潮濕、樹木越過界限，以及地衣在馴鹿的食物比例中減少。來自冬季高原的馴鹿肉曾經是最珍貴的食材，肉質最瘦，肉和脂肪的比例最佳。但現在，馴鹿肉嘗起來帶著海味——吃太多草了。

馴鹿湯之後是樺樹麵粉做的鬆餅，以及馴鹿血做的血布丁。樺樹麵粉是樺樹皮內部——紅色的形成層乾燥之後磨成粉，有時單獨使用，有時會混合斯佩耳特小麥（spelt）、小麥或其他麵粉，帶著木質的芬芳滋味。還有一種用乾馴鹿血、馴鹿腦和松樹皮磨粉製成的麵包，這是重要的維生素C和其他礦物質來源，因此，即便漫長的冬天蔬菜短缺，薩米人卻從不曾罹患壞血病。這也是松樹（beahci）在薩米人心中之所以神聖的原因——對生存不可或缺。

瑪瑞特說：「原住民的知識嚴重流失，但那是我們在這汙染世界生存的關鍵。」

取得新鮮馴鹿血很困難。瑪瑞特同樣深受其苦，而當地屠宰場的經理（是她表親）

則受「同化思維」之苦。意思是，他也受困於挪威政府的規範。

剩下的菜單有捕捉自阿爾塔的鮭魚、馴鹿肉丸和炸海草，這是古老的薩米珍饈。

瑪瑞特的丈夫來自海邊，她現在也住那裡，不過她是在考托開諾長大。「我父親教我騎雪上摩托車的時候，叫我把凍原上唯一的一棵樺樹當作地標。哈！現在我認不出那地方了。」然而，現在的她也不使用雪上摩托車了。她正在教導子女用古老的方式帶狗徒步放牧。她不想再燃燒不必要的石油。

「身為人類，不該破壞其他動物的食物或棲地。你只能拿你需要的，因為不是只有你一個人。」這是薩米人的知足概念，稱為 **birgejupmi**——只從自然拿取必要的份量，絕不多拿。這和現代的永續概念恰恰相反。永續，根據的是在不破壞自然持續生產資源的狀況下，拿取最大的剩餘量。這是很重要的差異。了解自然、善用自然，不只對北極的生活至關重要，而且本身就是一種價值。不過，按照瑪瑞特的說法，知足的觀念也因為「金錢思維」而逐漸消失。

她以學習、保存傳統知識為榮。像是知道如何分辨樺樹生病了，知道生病的樺樹會產生抗體，而那抗體對生病的人類也有好處；試著解讀天空和植物來預測何時會下雪、何時會乾燥以及積雪會持續多久。

「我解讀自然，然後查看手機的應用程式，我發現——我是對的！」

秋天的閃電代表著來年的初夏會很溫暖。秋天的樺樹樹葉顏色以及掉落的時間，也可以為春天積雪的時間提供線索。這年的樺樹葉顏色不大好——都是綠色、褐色，沒有漂亮的黃、紅經典配色。瑪瑞特擔心這個冬天會潮濕漫長，而不是乾冷短暫。

她自己的預測，是根據樹木本身的演化記憶。樺樹葉之所以在秋天變成那麼奪目的紅，是因為樺樹準備過冬，收回葉片裡所有的葉綠素，儲存到春天使用，把過多的水分與樹幹隔絕，關閉韌皮部裡的毛細管（韌皮部是樹皮內層，功能類似血管），剩下的胡蘿蔔素便讓葉子呈現紅色。但如果樹木太濕或環境太溫暖，樺樹就會有所保留，讓葉子在樹枝上留久一點，使一些葉綠素維持活化，盡可能多收集能量。樹木好像知道冬天會很長。

雖然樺樹吸盡了所有的光和養分，讓地衣和馴鹿無法生存，但瑪瑞特難過地說：「我沒有生樹的氣。我總是可以適應自然。自然總是在變——我們本來就得做好準備。我對自然抱著希望，但沒期待人類。」

瑪瑞特的助手把馴鹿皮攤在樹枝上，布置了餐桌。第一批代表身穿他們精緻的傳統刺繡毛氈外套和馴鹿皮長褲、靴子來到會場時，她又回去繼續切肉。哈爾蓋來打招呼，從一個大冰桶裡倒出水來裝進他自己的樺木杯裡。我發現多數代表都帶著自己的杯子，用條繩子繫在皮袋上。

「大集會！好大的集會！」他說著悄悄眨了眨眼，彷彿是雙面間諜；某方面來說，他確實是。

來自挪威北部各地的薩米人代表聚在一起，討論新的馴鹿法規，提出芬馬克與特羅姆瑟開礦與風電場的發展，以及一項氣候變遷適應基金，希望幫助薩米人過渡到新的謀生方式。不過瑪瑞特覺得這問題比挪威還要大。「有人得為這種生活、這種生活方式付出代價——而苦主是牲畜與我們原住民的生活方式。這就是代價。」

薩米人的認同，以及他們與自然的緊密連結，正隨著支撐他們的自然棲地一同消散。他們感受到了氣候變遷的衝擊，但長遠來看，更熱的地方或沿岸城市的人們，將會因為洪水和熱浪而面臨更嚴重的麻煩。依據預測，隨著南方農作歉收和極端溫度所帶來的難民潮，北極地區也將會面臨愈來愈沉重的難民壓力。[4]而薩米人大概可以就地適應。

不過，瑪瑞特並未因此沾沾自喜，她反倒為所有人擔憂。她希望大家明白，挪威當前正在發生的情形就是個警告：「你並沒有占上風，真正占了上風的是大自然。如果你和大自然唱反調，對方就會反過頭來攻擊你。現在就是這種情況。」

第 3 章

沉睡的熊

俄國

落葉松

Larix gmelinii

俄國，克拉斯諾雅
北緯 56° 01' 00"

世上最大的森林，是俄國的北方針葉林「**泰加**」（**taiga**）。那片森林覆蓋了俄羅斯一半的陸地，跨越超過三百萬平方哩，橫越兩座大陸、十個時區。那是覆蓋在永凍層上的一片樹木綠毯，形成北方遠超過一半的地球發動機，調節北半球的風、降雨、氣候與海洋環流的模式。北方森林主要是俄國的北方針葉林，而北方針葉林絕大多數是落葉松。

森林線和北方針葉林的北界始於白海，從挪威與俄國交壤的芬諾斯坎地亞馬頭下巴之下，一路前進至白令海峽的國際換日線，是由無數的落葉松屬（*Larix*）植物組成。超過三分之一（百分之三十七）的北方針葉林是落葉松——這是關鍵物種。落葉松就像蘇格蘭的松樹一樣，比其他所有樹木更能善用環境，因此成為生態系的優勢種，塑造了其他植物、動物的生活史和演化路徑。落葉松的落葉是土壤的基底，種子的豐歉年循環，調節了鳥類和齧齒動物的族群；而落葉松對光的需求，限制了在下層植被生長的植物；落葉松抗火，喜愛占據火燒後的土地，所以塑造了我們所知的北方針葉林結構。

想要思考北方森林的未來，就必須看看北方針葉林現在的狀況。而這裡的變化取決於落葉松如何因應西伯利亞各地驚人的暖化。最了解落葉松的，莫過於位在俄國克拉斯諾雅（Krasnoyarsk）這座城市，相當權威的森林研究機構——俄國科學院西伯利亞森林分部的蘇卡切夫研究院（V.N. Sukachev Institute）。克拉斯諾雅也是「**阿瑞瑪斯**」（**Ary Mas**）的所在地，這座世界數一數二的著名森林，有著地球上分布最北的樹木。

克拉斯諾雅坐落於莫斯科以東的四個時區，在哈薩克、蒙古與俄國交界稍北，那裡還有著世上最大的煉鋁廠之一。來到這座城市的第一個早晨，我在背包客棧醒來，二月依舊微弱的陽光勉強穿透天際線上的霧靄。巨大的暖爐橫跨了整面牆，使整個房裡燠熱難耐。我前一晚搭機從莫斯科長途飛抵此地，登記入住時，接待員告訴我氣溫**不過**零下十度。暖氣是為了更冷的時候裝設的。我打開兩層窗戶，立刻意識到自己犯了什麼錯——冰寒的空氣湧入，但並不清新。有股難聞的刺鼻味道。

西伯利亞和北極大多數地方在一年裡最冷的時候是二月，而非隆冬白日最短的時候。這是因為積雪覆蓋的地面持續散熱到大氣中，讓大地冷卻。雪反射短波輻射，隔絕下方地面不受陽光的暖化和冷空氣的冷卻效應影響，讓雪下世界的溫度保持穩定。不過，雪會反射短波輻射（光譜上的紅、黃光），同時又會吸收長波輻射（藍、綠光），夜晚再重新輻射回太空。夜裡最冷的空氣是最靠近雪堆的空氣，所以睡在樹下比較溫暖，樹木能把長波輻射反射回表面，不會讓那些輻射向上逃逸。這種雪堆的冷卻效應會造成能量赤字，在溫和的天氣中，可能導致逆溫，地面的空氣比上方的空氣還要冷。在長達幾天到幾星期的穩定高壓狀況下，雪繼續輻射出大地的熱，可能發生幾百公尺的逆溫，使得熱氣上升的正常過程受阻。凍原清新的空氣中，水蒸氣可能被困住、凍結成霧。在城市裡，會浮升的空氣汙染通常被困在低空，而克拉斯諾雅曾被俄國作家安東・契訶夫（Anton Chekhov）稱作「西伯利亞最好最美的市鎮」，現在卻以朦朧的霧霾聞名，許多居民的壽命更因此縮短。[1]

壯麗的葉尼塞河（River Yenisei）令契訶夫著迷，是這座城市從古至今的主要特色。西伯利亞的第三大城在一六二八年俄羅斯向東擴張時建成，當時哥薩克人（Cossack）在葉尼塞河和卡恰河（Kacha River）匯流處建立了一座要塞，抵擋原住民的攻擊。西歐國家紛紛在十七、十八世紀派出探險隊和罪犯到海外的新土地，俄國也做了同樣的事，剝削西伯利亞的原住民，按照契訶夫的說法，用上了「讓他們依賴酒精的老手段」。不過，西伯利亞還要等到一七四一年的一條道路開通，和寬大葉尼塞河上著名的克拉斯諾雅橋建成，才會開始大肆殖民——那座橋現在就印在俄國的十盧布鈔票上。發現金礦，加上一八九五年的西伯利亞鐵路建造之後，發展再度加速。一八二五年，八名十二月黨人[22]針對尼古拉斯沙皇的起義失敗之後，被流放到克拉斯諾雅。史達林時代延續傳統，在那裡設立了古拉格[23]勞改營系統的一個中心。那裡至今仍然有個流放地。二戰時期，大量的工廠從蘇聯西部搬到了克拉斯諾雅，遠離入侵的德軍，靠近古拉格的奴隸勞動力。

克拉斯諾雅身為通往西伯利亞的關口，在蘇維埃政權統治下，成為科學與教育中心，有著冶金學、航太、藥學、農業和科技機構。最大、最顯而易見的天然資源正是北方針葉林，於是最先建立的學術機構是西伯利亞森林研究院，成立於一九三〇年。戰後，這間機構擴張成西伯利亞國立科技大學（Siberian State Technological University），是這座城市的六所大學之一。而蘇卡切夫研究院一九四四年成立於莫斯科，並在一九五九年遷至克拉斯諾雅，成為俄國首屈一指的森林研究中心。

這所機構是以第一任所長弗拉基米爾．蘇卡切夫（Vladimir Sukachev）為名。蘇卡切夫是落葉松專家，也是鮮為人知的全球生態學與環境主義先驅，寫過一本劃時代的生態

22 編註：Decembrist，發生於一八二五年十二月二十六日，由俄國軍官率領三千名士兵，針對帝俄政府的起義，因而稱為「十二月黨人起義」。

23 編註：Gulag，Glavnoye Upravleniye Ispravitelno-trudovykh Lagerey 的縮寫，為「勞動改造營管理總局」，是史達林時代最殘酷的政治勞改系統。

學之作：《沼澤的形成、發展與特性》（*Swamps: Their Formation, Development and Properties*，一九二六），說服一心把農業生產最大化的列寧主義狂熱分子，不要抽乾太多沼澤。德國生態學先驅卡爾・墨比烏斯（Karl Mobius）的概念是，生態系包括大氣與岩石、土壤、植物與動物，這一切都參與持續發展的互動中。而「生物地理群集」（Biogeocoenosis）是蘇卡切夫對墨比烏斯概念的廣義定義。蘇卡切夫促成了一九五〇年代蘇聯一個高達百萬人的學生保育人士運動，而他首先發現落葉松會長出不定根（adventitious roots，由根之外的組織形成），從永凍層中吸收水分。這洞見或許是蘇卡切夫對於了解北方針葉林過去演化（進而了解其未來）最重要的貢獻——正是蘇卡切夫最早明白落葉松和冰的關係，塑造了我們所知的西伯利亞地景。

每次的冰河期都會導致一波冰河從北方而下，致使植被滅絕，物種被迫逃向冰河無法波及的角落。然後，一條條冰河融化後，植物、樹木、動物與後來的人類，會從他們的據點（科學家稱之為避難所）出來，再度開始占據地盤。這是天擇的漫長遊戲，而落葉松的策略是容易雜交，從波羅的海到太平洋、遙遠北方的森林線一路到北方針葉林在蒙古北緯四十五度南界的各種生長環境，展現出極高的生態適應性。

形形色色的適應（毬果大小、種子數量、針葉顏色和樹木花葯上紅、粉紅顏色的比例），曾於二十世紀的大半時候，在俄國林業引發了長期爭論與癡迷研究。蘇卡切夫研究院的蘇聯研究者把種子秤重、計算針葉數量、蒸餾多個樹種與亞種的精油並檢驗傳播方式，其中有個發現：樹苗要成功長成，地下水不能高過一點五公尺，這個研究發現對未來將會很重要。一位可憐的研究者艾拜莫夫（Abaimov）幾乎耗費了一九八〇年代的大部分時間，量測三萬棵落葉松的毬果，想找到區分樹種的指標，結果徒勞無功。一九二四年，蘇卡切夫發現每顆毬果的果鱗角度是物種之間最一致的差異，除此之外，非常難區別。

所有的落葉松都散發一種高貴的氣息，它們的針葉細緻，春天鮮綠、秋天亮橙，襯著帶點鱗狀的灰色樹皮（與歐洲赤松的樹皮相似）。成片的落葉松在山坡上彷彿火焰般耀眼。落葉松是少數落葉的針葉樹，樹頂呈螺旋狀，使所有枝條都能得到最大量的光，每根枝幹都以優雅的弧度下垂，看起來像是滴落的針葉。春天裡，落葉松會冒出彷彿糖果般的紫色小毬果，再隨著時間的推移緩緩變成橙色。

現在一般的共識是，北方針葉林是由四條明顯不同帶狀的落葉松種類（分類群）所構成，有如垂直條紋般畫過整個西伯利亞。[2] 從西方白海到莫斯科東方的烏拉山（Ural Mountains），優勢種是**蘇卡切夫落葉松**（*Larix sukaczewii*）這個亞種，正是由蘇卡切夫發現、命名。從烏拉山脈起，則由善變但避開永凍層的**西伯利亞落葉松**（*Larix sibirica*）接棒，直到在葉尼塞河遇見**落葉松**（*Larix gmelinii*），兩種落葉松在這裡雜交，形成八十哩寬的一道雜交種分布，稱為**切卡諾夫斯基落葉松**（*Larix czekanowskii*），向發現此物種的波蘭植物學家致意。從那裡開始，越過遼闊的西伯利亞中部高北地區（High North），起自泰密爾半島（Taimyr peninsula），一路到列那河（Lena River）的優勢種是落葉松（*L. gmelinii*），那是無庸置疑的寒冷之王。一個相關的亞種——**日本落葉松**（*Larix gmelinii var. japonica*，有時又稱 *Larix cajanderi*）在列那河以東到楚克奇海（Chukchi Sea）和白令海峽、堪察加與鄂霍次克海（大西洋鯨魚的攝食地）形成了東方的森林帶。

蘇卡切夫提出一個假設，不同落葉松之間的互相接觸與雜交是相對較新的事，而這些樹種都來自更新世初的不同避難所。蘇卡切夫提出，落葉松和日本落葉松的優勢地位與永凍層息息相關。事實上，愈朝西伯利亞內陸而去，這些樹種在森林中的比例愈高，直到遙遠的北方，落葉松純林已獨自横越數千公里的地景。只要有冰的地方，西伯利亞落葉松和其他亞種就會讓位給更年輕、更堅韌的落葉松。但現在，永凍層在融解，西伯利亞森林的力量平衡正在改變。北方針葉林和永凍層的命運一向息息相關，然而一直到最近，蘇卡切夫研究院的森林學家才開始低頭注意腳下的地面，不再只是仰望樹木。

在蘇維埃時代，常見的做法是把科學機構聚在特定的城市裡，很像一座現代的商業園區，或許是希望培養科學家、促進創新思考，也或是為了方便控制科學家。克拉斯諾雅的學術城鎮——「學院城」（Akademgorodok）大約離克拉斯諾雅八公里。我的旅館接待員堅持讓我搭計程車——她不肯把我託付給城裡的公車系統。

一路走向計程車招呼站，這座城鎮的工業取向昭然若揭——我的鼻子裏上一層黑。我越過種滿北方森林樣本的寬闊園區，鋪設的道路沿著葉尼塞河上方的峭壁蜿蜒而行。葉尼塞河還需要奔流三千公里才會從北極海岸入海，然而，此地的葉尼塞河便已經遼闊無比——距離源頭的貝加爾湖也有近兩千公里了。葉尼塞河是克拉斯諾雅的心臟，結了冰殼的黑水上方，霧氣以八字形繚繞。河水還在流動，是因為上游三十公里處有座水力發電廠阻止河水結凍，好為該地區提供大部分的電力。遠方一片結凍的冰上，戴著兜帽的人影在此鑿洞，垂下釣魚線，尋找基因已適應冰下過冬的魚類。

我在公園的另一頭，沿著縱橫的街道漫步，街上散落著十九世紀的豪華木造宅邸，門面裝飾著繁複的金銀絲線工藝。另一座公園有著冰雕的兒童遊樂場，杆子上的大眾廣播系統播放著背景音樂。小徑兩旁有樺樹、落葉松、松樹和雪杉，樹下有一堆堆破碎的種子——鳥類為了過冬，把雲杉毬果打劫一空。中央廣場上的一端矗立著戲院、市鎮廳和芭蕾舞廳，另一端則是巨大的路口，接壤著車水馬龍的八線道交通；水泥天橋上，未戴手套的遊民拿著紙杯討要零錢。根據戲院前的電子看板顯示，現在的溫度只有零下十八度。

「學院城！」計程車司機點點頭，我們在一道寬大的公路上急駛向林中。克拉斯諾雅位在北方針葉林中央。四面八方都是有稜有角的森林山丘斜向遠方的景色。學院城一邊緊鄰高聳的砂岩懸崖，俯瞰著葉尼塞河，而克拉斯諾雅正是以懸崖為名——krasnyi 是「紅色」，yar 是「懸崖」；另一邊是牢不可破的森林之牆。這裡的空氣明顯變得清新，高大的歐洲赤松在晨光中散發橙光，樺樹參雜其間，銀白色條紋有如燈光閃爍。更北處開始出現落葉松，但我在動身拜訪那些樹之前，得和科學家談談，了解自己該如何看待那片地景。

西伯利亞的改變非常複雜，不像是蘇格蘭砍伐或挪威造林那般的簡單問題，而是森林的結構與組成在慢動作轉變。有些地方的森林線完全沒移動，有些地方其實在退後；在南方，燒毀以後的森林並未重新長回來；而在中部，落葉松正在讓位給其他樹種——那些樹吸收碳、產生氧氣的效率沒那麼好。在此同時，逐漸融化的永凍層也讓一切都蒙上了陰影。

我們經過昔日的檢查哨，進入一區方方正正的水泥建築群，那些建築蹲踞在雪中，散發著工業區的氣息。區域正中央是一座正在噴出黃褐色煙霧的電廠。住宅區零星散布，像是事後才添加上去的結果——每三、四條街，就有一排公寓以及相同的冰封遊樂場（結冰的鞦韆在無風的早晨空氣中凍結掛著），放眼望去不見人影。

計程車把我放在一間平凡無奇的水泥建築外，這棟建築建於一九五〇年代，和其他所有水泥建築都很相似。

「蘇卡切夫？」我問。

「蘇卡切夫。」他點點頭，頭也不回地把我給的一疊盧布塞進口袋。

明亮陽光下的階梯上，娜婕日達・契巴科娃（Nadezhda Tchebakova）頭戴帽子，穿了手套和薄外套等著我。她留著一頭灰短髮，臉上那抹和氣但一閃而逝的笑容，像極了努力在腦內知識和外在瘋狂世界之間尋求平衡的仁慈科學家；她常常大笑，但不表示她覺得事情好笑。蘇維埃時代充裕的研究經費和崇高地位成了過去，不過，保密和懷疑的俄國文化仍然歷久不衰——由於我並未提前三個月發信申請，所以不得進入研究院。娜婕日達隨意地揮了揮手，建議我們改去散個步。

下方河道黑暗的水流，在刺眼積雪下的峭壁劃出一道痕跡。頭上是白晝的半輪月亮，低垂在現下可見的矢車菊藍早晨天空裡。河谷的另一頭，煙囪排出冉冉黑煙，紅與黑的高樓在水面投下陰影。這一側，嶄新的東正教教堂黃金圓頂在樹木間閃閃發光，見證了寡頭執政者的虔誠。一座柵欄裡的森林從研究院延伸到河邊，這是研究林場，搜集了四百種樹木，顯然那位寡頭執政者想在這裡蓋間鄉村別墅。林中含括了北方森林所有的樹種，甚至更多，樹木披蓋著厚重的積雪，針葉包裹著冰晶，一整群樹木閃著晶亮光芒。

娜婕日達看著河景說道，「我愛這裡。」她的鏡框映著朝陽。「自然、動物、森林。我就愛這些。」

但四十年前娜婕日達初來乍到時，情況與現在可是截然不同。她很抑鬱，很想念家人。娜婕日達的雙親為她的事業做出了許多犧牲，然而事業卻把她從雙親身邊帶走。他們都是農人，在一九三〇年代嚴酷的史達林時期離開窩瓦河，在比較靠近莫斯科的一座汽車工廠找到工作。之後，娜婕日達的母親成為幼兒園的廚師。父母激勵她用功讀書，而她也前往莫斯科最好的大學就讀英文。娜婕日達的母親把自己全數的薪水用來供她讀書，然而她在第一年就被學校當了，命中注定轉換跑道，改去研讀地理。

一九六〇年代，莫斯科和列寧格勒的科學院領先西方，即將成為世界知名氣候學家米哈伊爾．布迪科（Mikhail Budyko）口中「人為氣候問題」的研究中心翹楚。一九六一年，布迪科向蘇聯的地理學會第三屆代表大會提出了他的論文，〈地球表面的熱與水平衡理論〉（The Heat and Water Balance Theory of the Earth's Surface），文中指出，人為氣候變遷如今無可避免，必須處理人類利用能源的方式。一九六二年，布迪科在蘇聯《科學院期刊》（*Bulletin of the Academy of Sciences*）發表了具有里程碑意義的文章，解釋了冰層的破壞會導致「大氣環流方式劇變」。布迪科在一九六九年發表文章〈太陽輻射變動對地球氣候的影響〉（The Effect of Solar Radiation Variation on the Climate of the Earth）時，娜婕日達才剛來到科學院。文章解釋了極地海冰／反照率回饋機制如何推動氣候變遷。布迪科開創性的著作《氣候與生活》（*Climate and Life*）問世時，娜婕日達剛成為研究生。兩年後的一九七四年，《氣候與生活》譯成英文，立刻為氣候學這個新興學門定了調。那時，娜婕日達已經深深為這一學科著迷。

娜婕日達來到蘇卡切夫研究院繼續研究生的工作，研究氣候對克拉斯諾雅以南山地森林的北方植被有什麼衝擊，她沒想到，在一個滿是林務官的機構裡，只有她在預測氣候模型。其他人熱中於在夏季的林地裡進行田野調查，對氣候模組的研究不屑一顧。將近半世紀以後，做模擬的仍然只有她一人。

蘇卡切夫離開後，研究院由樹輪氣候學家（dendroclimatologist）主導，他們花了許多時間回顧，試圖重建西伯利亞過去的氣候，但似乎沒人有興趣展望未來。不過，國際間的科學家開始注意到娜婕日達的研究成果，一九八九年，娜婕日達受邀前往維也納的「國際應用系統分析研究院」（International Institute for Applied Systems Analysis），和來自世界各地的頂尖氣候學家一起工作。娜婕日達在維也納研究的是全球植被的大型模式。當她帶著急迫感與對任何可能性的好奇心重返克拉斯諾雅時，著手用「聯合國政府間氣候變遷委員會」（Intergovernmental Panel on Climate Change, IPCC）最新的場景為西伯利亞森林的未來建立新模式。她的發現令人心生警惕。根據預測，北方的森林線會微微朝北極移動，但實際改變的是北方針葉林的南界。乾旱日益嚴重，火災更為頻繁，中亞大草原將會開始擴張，同時併吞燃燒殆盡的北方針葉林，阻止北方針葉林更新——世上最大的森林將從南方開始死去。

娜婕日達說：「那正是我們現在看到的情形。」

溫暖的咖啡館供應熱巧克力和泰加茶，[24]我在那裡和娜婕日達的同事愛蓮娜・庫卡夫斯卡雅（Elena Kukavskaya）會面，她是西伯利亞數一數二的野火專家。學生忙著敲打筆電的聲音在我們周遭此起彼落，愛蓮娜・庫卡夫斯卡雅解釋，火是森林循環中自然的一部分，也正是火燒造就了北方針葉林目前的模樣。落葉松林相對開闊，樹木間隔大，落葉層緻密，因而有助於地面保持潮濕，防止長出茂密的下層植被，成為森林大火的燃料。落葉松有著落葉性針葉和厚厚的樹皮，既抗火又長壽，前提是火別燒得太旺。目前的全新世（上一次冰河期以來的時期），火燒向來只是輕輕掠過落葉松純林，燒灼樹枝、樹幹，但不會燒死成熟的樹木；只燒掉落葉層和表土，露出下層的礦質土壤——正是適合落葉松種子發芽的土壤。相較之下，北美的森林一般遠比較年輕，不到兩百歲，因為林火會摧毀整片的雲杉、楊樹和松樹林，導致成群樹苗同時長成，造成林務官所謂的同齡林分。然而，火燒的動態正在改變。在愛蓮娜研究的近期火燒裡，樹木並沒有回來。

在高緯度針葉林的森林線那裡，例如克拉斯諾雅北邊的阿瑞瑪斯，一向少有火燒發生，通常是閃電所致。火燒發生的間隔很長，可長達三百年，但愈向南方，頻率和強

24 作者註：taiga tea，通常包含針葉樹樹皮、樹葉，並混合薄荷、柳葉菜（willowherb）和野覆盆子的茶。

度都會升高。低緯度地區，火災的間隔視降雨狀況而定，原本是五至三十年，現在，有些地方年年都鬧火災。溫度升高，土壤更乾，火燒得更熱、更久、更頻繁，消耗更多土壤，也使得落葉松更難重新生長。

「人們試過植樹，但隔年就被燒掉了。」愛蓮娜說。

地面反覆火燒，樹木幾乎無法生根，喜愛貧瘠土壤的植物便取而代之。所以柳樹這類的灌木排擠落葉松，形成密生的樹林，於是隔年的火勢又更旺盛。久而久之，火燒循環為來自草原的草敞開了大門，那些草會阻止樹木發芽，讓其他的一切都透不過氣。

再往北去，克拉斯諾雅以北的中部針葉林地區，火勢變得更旺，夏季更為乾燥，火燒肆虐之後的地區，歐洲赤松開始取代落葉松。這對森林結構和其他科學家如何量化、模擬森林的「生態系功能」，有著重大意義。不同樹種有不同的輸水系統，因此對大氣與氣候的貢獻多樣且又獨特。在北方的針葉林中，儘管落葉松占了樹木總量的不到百分之四十，卻封存了百分之五十五的二氧化碳。這種樹木是地球上最主要的氧氣來源。由於落葉松是落葉樹種，蒸散的水分遠比常綠樹木多，吸收的二氧化碳比松樹多了百分之二十，覆蓋著半分解落葉松針葉的土壤，排放的二氧化碳比松樹下的土壤少了四分之一。此外，隨著氣候暖化，森林裡的碳循環、碳封存效率也正在降低。樹木缺乏光合作用所需的水分，生長便會停滯或提早落葉。[3] 然而，許許多多的全球模式仰賴森林儲存碳量的既定假設，卻忽略了森林改變的程度。一則研究指出，如果目前暖化的趨勢不變，到了二〇四〇年，全球森林吸收的二氧化碳將只剩下目前的一半。[4]

愛蓮娜提到，更令人擔憂的是到時候是否還有任何森林存在。而如今森林大火燒掉的森林規模，同樣令她憂心不已。森林將變得更為乾燥，同時，為了供應中國建設熱潮而出現的非法伐木，也帶來更大量的易燃廢材。此外，更溫暖、更潮濕的大氣環境，將使得閃電的數量翻倍，林火發生的次數也會翻倍。此時此刻，愛蓮娜關注的已不再只是學術研究——她剛剛迎來了自己的第二個孩子。二〇一九年，克拉斯諾雅就曾被黑煙籠罩了幾星期，人們幾乎無法正常呼吸。

「現在，每年的每一個林火季，我們都會做好準備。」

二〇一九年，逾一千五百萬公頃的森林陷入火海，這範圍比奧地利的國土還大；二〇一八年以前，野火每年的二氧化碳平均排放量是兩百萬噸，到了二〇一九年，數字來到五百萬噸；之後在二〇二〇年，也就是我造訪愛蓮娜之後，西伯利亞的火災便打破紀錄，光是六月就排放了一千六百萬噸的二氧化碳。但原本，科學家預計如此規模的林火，應該是要等到二〇六〇年才會出現。

我前往「科學家之家」（House of Scientists）再度拜訪娜婕日達，把愛蓮娜的觀察轉述給她，她聽完面露微笑。十年前，娜婕日達曾經用她的模組預測過這些變化。她給了我一張地圖，地圖印自她在美國期刊《環境研究通訊》（*Environmental Research Letters*）最新發表的研究。[5]她現在感興趣的，是生態系統的改變對人類有什麼意義。那篇文章之後由《紐約時報》報導，題名聽起來很有科技感（〈在二十一世紀暖化的俄羅斯亞洲地區各地，評估人類永續與「吸引力」的地景潛力〉〔Assessing landscape potential for human sustainability and "attractiveness" across Asian Russia in a warmer 21st century〕），但意義深遠。[6]

娜婕日達先前的研究顯示，即使在中度暖化的情境下，西伯利亞依舊會繼續經歷更顯著的升溫速度；如果森林沒被燒掉，就會持續向北推進。但由於北邊已無多少土地可以占據，所以最終將導致二十一世紀末時，至少有百分之五十的森林會變成草原。

一九三〇年代，蘇聯發展出一個根據氣候嚴酷與舒適程度來為人類居住條件分級的系統。這系統被用來作為評估惡劣居住環境與薪水加給的標準，由國家出資補助，鼓勵人民遷徙到俄國東部發展。這個系統共有七個等級，兩個最佳的區域——「適合」和「最適合」，目前在西伯利亞並不存在，但娜婕日達的模型顯示，很快就會改變了。

地圖上的線條代表預測值的上限（東北西伯利亞暖化高達攝氏九度），森林的南界會北移一千公里，西伯利亞將會有高達百分之八十五的土地（相當於三百萬平方公里）在世紀末變得適合農業。改變已在進行——俄羅斯農業公司「俄農」（RusAgro）正在擴張海參崴附近的集約小麥農場，鼓勵中國移民耕作黑龍江各地的土地。而北美在二〇一九與二〇二〇年的產量，也首次出現下滑。[7]

在娜婕日達最新的模型裡，西伯利亞有高達一半的土地會變成「適合」或「最適合」的人類定居處，然而，娜婕日達和她的共同作者避開了探討此一趨勢必然會碰觸到的政治結論。大部分的人類歷史中，人類只居住在地球上特定溫度範圍內一道非常狹窄的土地上，但在那道土地裡，有些區域已經到達溫度範圍的上限，到了二〇七〇年，將有超過三十億人會住在那個範圍之外——其中大都位在東南亞，距離廣袤而土地剛變肥沃的俄國東部，只隔著一、兩道邊界。[8]在未來的幾十年內，中東和東南亞的部分地區會變得過於炎熱，以至於讓人類難以在戶外安全地工作，或是在未開空調的狀況下難以入睡。顯而易見的是，西伯利亞會成為南方大量人口的避難所——那些地方將面對來自熱浪、洪水、乾旱和飢荒的龐大壓力，例如中國東部、孟加拉、巴基斯坦、尼泊爾、烏茲別克、哈薩克和中東受氣候壓力所迫的地區。

樹木和人類居住的棲位十分類似。因為沙漠和草原擴張而犧牲森林的動態，在中南美洲和非洲沙赫爾地區（Sahel）已是現在進行式。如果要像模擬樹木遷徙模式一樣，不計政治邊界來模擬人類的遷徙模式，可以預期到將會有大規模的北移。

我想多了解人類居住與樹木之間生態棲位的關聯。人類社會最近（二十世紀下半）才和所處的環境脫節——多虧了石化燃料之便，供應鏈延伸到了偏遠、不適合居住之地。在那之前，除了因紐特人（Inuit）和他們的能源來源——鯨脂與海豹，人類從未在沒有木材的情況下撐上太久。定義生態系和棲地的時候，森林線塑造了人類存在的可能性，更廣義來說，也為人類文化定了調。我們的居住地一向是在森林邊緣，和森林有著密切關係。

我那麼急於造訪克拉斯諾雅北部阿瑞瑪斯的落葉松森林線，一方面也是想看這種關係在**恩加納桑人**（Nganasan）之間如何運作。恩加納桑人是一支獨特的原住民群體，住在西伯利亞森林線以北已有幾千年歷史了，他們在世上最北的森林過冬，而短暫的夏季月份則在靠近北極的凍原獵捕馴鹿。我詢問娜婕日達，她在研究院的同事中有沒有人類學家，她說沒有，他們只研究樹。她把我介紹給其中一人，名叫亞歷山大·龐達列夫（Aleksandr Bondarev）的落葉松專家，他走訪阿瑞瑪斯幾十年了。我們很快約好了通電話。

娜婕日達通常不和同事來往。就像校園一樣，大多數的研究者都一心投入自己的工作，對其他研究室的人一無所知。娜婕日達夜以繼日地在實驗室裡做研究，回家也不得閒。她的公寓就位在校園內，大半輩子都住在那裡，家裡除了她，只有一堆貓。她的使命帶著一種迫切感，或許多少是因為社會中的其他人太安於現狀。

「在模擬植被變化模型的領域裡，找不到年輕的學生接班，他們沒人有興趣。可能是我這老師沒教好。我沒什麼耐性。」她淡淡地說。「這項研究將會終止在我手上。」

模擬模型是非常寂寞的工作，彷彿凝視著複雜氣候模式的水晶球，試圖窺探來自末世災難的啟示。情緒的負擔想必很重，不過娜婕日達就處之泰然得非常像俄國人，或者像一位足夠無動於衷的科學家，不允許情感介入（儘管她的名字是「希望」之意）。

「我對未來毫無感觸。我什麼也改變不了，我只是在警告大家。解決問題的責任並不在我。」她毫無笑意地說。

我們討論到其他可能與我的寫作計畫有關（也與未來有關）的研究者，她提議邀一個相識五十年的老朋友共進午餐，那人以他自己的方式問了同樣的問題（似乎也情有可原）——大家以後將何去何從？

亞歷山大．季霍米羅夫（Alexander Tikhomirov）教授是位沉默謹慎的男人，與我們約在俱樂部的員工餐廳碰頭，他慢條斯理地吃著東西，擦拭光潔下巴沾到的羅宋湯。他頭髮雪白，濃眉下的灰色小眼睛閃爍著一種帶著揶揄的幽默。季霍米羅夫穿著毛衣、襯衫和寬鬆長褲，我們談話時，他黑色的軍靴穩穩地踏在地上。

亞歷山大和娜婕日達一樣，在克拉斯諾雅的事業大約始於五十年前。起初他待在森林研究院，研究樹木在昆蟲、風或動物的過度啃食和傷害後如何自我修復——他對細胞如何重建深感興趣，後來轉而研究培養植物，被生物物理研究所招募，在維生系統部門參與一個名為 Bios-3 的極機密計畫，目前這個計畫由他現在任教的西伯利亞國家航太大學（Siberian State Aerospace University）主持。Bios-3 關乎人類長期在太空生存的問題——包含了太空站或是計畫中的火星任務。那是所謂的封閉生態系實驗，有點像是縮小版的氣候變遷。

一九七二到七三年之間，三名太空人在 Bios-3 的密閉室裡待了一百八十天。他們吃藻類培育箱長出的小麥和蔬菜，培育箱用氙氣燈模擬陽光，每人僅靠八十五平方公尺的小球藻（chlorella algae）產生所需的氧氣。整個設施有三百一十五立方公尺，包含三間艙房、一間廚房、廁所和控制室。人體排泄物被乾燥、儲存起來，不過肉和水是由外界輸入。Bios-3 實驗達到大約百分之八十五的效率。之後在美國亞利桑那州，也曾由民營的「太空生物圈公司」（Space Biospheres Ventures）執行過類似實驗，聲稱達到百分之百的效率，不需要額外的水和氧氣。然而，在發生一場爭執後，史蒂夫．班農（Steve Bannon）這位主管（之後成為唐納．川普〔Donald Trump〕總統的首席策略長）闖進密封艙，危及身處其中的太空人，實驗功虧一簣，大部分的研究數據也都毀了。該設施先是由哥倫比亞大學接管，隨後是亞利桑那大學。那裡現在仍用於研究棲地模型。這個研究項目還有一個計畫，是在一個極高溫的玻璃金字塔裡種植半英畝雨林，如果二氧化碳比例不變，只要水分充足，有些森林或許能在溫室地球上存活。這可真是個大膽的假設。[9]

Bios-3、亞利桑那設施和歐洲太空總署（European Space Agency）之間的聯合實驗，正在為植物與人類身處二氧化碳充沛的環境中會發生什麼事，貢獻了極為重要的資訊。這項研究顯示，酸化會摧毀海洋和珊瑚礁，更重要的是，有些生態系統存在二氧化碳的飽和點，如果二氧化碳的濃度持續增加，植物似乎無法應對。光合作用要正常運作，必得仰賴某種平衡；如果植物無法得到充足的水分、光線來利用可以取得的二氧化碳，很有可能會招架不住。當然，有些物種比較能適應，那些還留著石炭紀記憶的史前蕨類和銀杏，或許能在它們的基因裡發現幫得上忙的模糊線索。至於人類，亞歷山大的團隊發現，大氣的二氧化碳濃度超過百分之一（一萬 ppm）時，會明顯破壞人體功能——太空人開始變得困惑、不協調。

在解決 Bios-3 的各種問題之前，亞歷山大不打算再把人類放進控制的環境中了。首先，想要維持大氣平衡但不儲存或排出人類排泄物，這非常困難。高濃度的甲烷、氨和其他分解的產物對植物也十分不利——植物會老化得比較快。

「人類也是！」亞歷山大說著發出招牌的冷冷輕笑。

甲烷是目前讓亞歷山大非常著迷的研究重點。他的團隊採用密閉室來進行模擬人工暖化的實驗。

「我們想知道甲烷加速全球暖化的臨界溫度。那是關鍵問題！」

談到實驗的細節時，亞歷山大激動起來——他的同事搬運、冷凍一塊塊凍原土壤樣本，然後在植物標本館緩緩加熱、捕捉氣體。然而，當我問及那意味著什麼時，他卻沉默了。

「我有孫子了。」他突然變得悶悶不樂。「我希望他們幸福快樂，可是……」

亞歷山大仰望黃色的天花板，然後又望向外面結霜的校園，校園在正午剛過的陽光下閃閃發光。

「我看到三個階段。一，也許暖化會帶來好處，但那階段已經過去了。二，植物和動物會移動，我們現在正處於這階段。三，人類會努力適應新狀況——土壤、農業，然後開始爭奪土地、水和資源。如果你考慮動用核武，那……將會是很可怕的情形。」

窗外，一群連雀吵吵鬧鬧地打劫著一棵花楸樹。

「設法抵達火星是當務之急。如果全球同心協力，或許有機會在二十年內抵達那裡，設立一座工作站。但這一切取決於地球上的發展。」

✦

午餐過後，娜婕日達陪我走去公車站。午餐時的談話似乎解放了她心中更坦誠的自我，也彷彿是被亞歷山大鼓舞，現在的她能暢所欲言了。

「我相信連鎖反應已經開始了，永凍層已經在融化，而且很難看出如何能停止。」她緊了緊身上的薄外套。她沒換上更厚的舊冬衣，冬天已不再冷到能穿上那些外套了，而且娜婕日達是個節儉的人。她祝福我此去阿瑞瑪斯一切順利，建議我前往「克拉斯諾雅地區博物館」（Krasnoyarsk Regional Museum）尋找恩加納桑人的資訊，並且去看看克拉斯諾雅的芭蕾。「不看可惜。」

在公車站裡，她並不想等太久。「我有很多工作要做，相信你能理解。」

坐著開回市中心的公車，窗外低垂的午後光線透過陰森結霜的樺樹森林閃爍，黑白紋路有如西伯利亞虎，最後被市郊的廣告招牌和毀壞的混凝土建築取代。到了終點站，我聽從娜婕日達的建議，找到克拉斯諾雅地區博物館。事實證明，那是最適合搜尋恩加納桑人資訊的地方。因為恩加納桑人的語言、文化幾乎已經絕跡，所以僅存的文物或資訊確實就在博物館裡，而且博物館面對著一座著名的橋梁，正是這座橋，讓西伯利亞門戶洞開，迎來了入侵者哥薩克人，原住民才會絕跡。

博物館裡非常溫暖，人力多到奢侈。當黑暗籠罩這座冰凍、汙染的城市時，我很慶幸自己在博物館裡。精緻的埃及風格牆面，搭配著入口處的硬木門框，顯然和博物館裡從西伯利亞瀕危原住民蒐集來的珍貴文物沒什麼關係。依據某種不言而明的奇妙階層，占據入口對面整個一樓的，是一種叫作 **koch** 的大木船，這種船隻是沙俄的殖民者建造來探索冰封的北極海岸，有著強化的龍骨。共產時代則以一樓長廊的一個展覽為代表，有集體工人面露微笑和太空探索歷史的影像，再加上吊在天花板的人造衛星，向克拉斯諾雅作為火箭發射地的傳統致意。史前文化與原住民文化被關在無窗的地下室。

在光線微弱的展間裡，一系列的鋼筆畫解釋了人類在西伯利亞定居最古老的證據，最遠可追溯到七萬年前。最後一次冰河期，也就是西伯利亞稱為「薩坦斯克冰河作用」（Sartansk glaciation）的那個時期發生在五十萬到兩萬年前，冰雪覆蓋了大部分的地面長達兩萬年。在那之後，消退的冰雪露出了新的土地，蘚苔、地衣、草、灌木和樹木隨即遷入。動物隨著牧草而移動，人跟著動物移動。大多數的西伯利亞人和薩摩耶（Samoyed）前新石器時代人（又稱為尤卡吉爾人〔Yukagir〕）有著共同的傳承，他們來自中國東北山區的冰河避難所，追隨著不斷拓展的馴鹿遷徙範圍，散布到整個亞洲大陸，從太平洋到烏拉山脈，很可能越過白令陸橋，進入阿拉斯加。一方面，語言學分析發現，尤卡吉爾人和波羅的海國家與匈牙利的芬蘭－烏戈爾（Finno-Ugraic）語族之間有些關聯。另一方面，「樺樹」（birch）是西伯利亞瀕危的「凱特語」（Ket language）以及加拿大北部阿薩巴斯卡語族（Athabaskan）的「納－德內語族」（Na-Dene）之間共享的三十六個字母之一。

博物館中，各個原住民群體的文物極為相似——筒狀的游牧帳篷、以馴鹿皮縫製並以珠子、金屬和染色裝飾的衣物與打獵工具，以及落葉松和樺樹製成的獨木舟和雪鞋。謝利庫普人（Selkup）、凱特人、鄂溫克人（Evenks）、涅涅茨人（Nenets）、埃涅茨人

（Enets）、達爾根人（Dolgans）、哈卡斯人（Khakas）和恩加納桑人雖然分散在面積廣袤的土地和環境裡，卻擁有非常相近的泛靈信仰系統。**Saitan** 是達爾根語，意思是住在物體裡的精靈。精靈是北方針葉林居民的核心組織原則。在所有的文化裡，負責調解精靈和人界「上層」關係的權威人物都是薩滿。北方針葉林泰加民族相信，樹木像天線，對上、下層世界之間的溝通不可或缺。

上鎖的玻璃櫃裡展示著被充公的薩滿聖物——圓皮鼓上繪著馴鹿、鳥、人類、太陽、月亮、星星的圖樣，散發著淡淡的哀傷氣息。鼓既是可以乘著航行的船，也是可以騎行的馴鹿，因而成為薩滿長程旅行的交通工具，讓他們觀察別地方的動靜再回報回來。薩滿的器具通常是落葉松做的——那是最潔淨的樹，上頭沒有精靈。鼓象徵了宇宙的循環性，薩滿會以鼓聲搭配獨特的詩與歌，靈感來自於自然界的鳥鳴、風聲、水聲與樹的聲音，加上嚴格的格律和押韻規則組合成自然音樂，用於召喚精靈，協助上層面對世界的考驗。

地下室其他的訪客，只有一名韓國法學教授。他解釋道，韓國法律源自泛靈信仰與佛教，這兩種都是森林的宗教。他說，韓國也是北方國家。

西伯利亞的薩滿遭受蘇聯非常有系統的迫害、謀殺、囚禁，在某個故事中，薩滿甚至還被丟出直升機並被要求飛行。現今尚存的信仰系統，頂多是少數人保存下來的片段故事，不久就將散落到人類記憶的極限之外。當探索的俄國人越過鄂畢河（Ob River）和葉尼塞河，進入西伯利亞中心時，同時也擾亂了豐富的森林文化之網；文化之網如今正在衰退。許多群體已經遭到同化，其他將近絕跡。現在幾乎找不到埃涅茨人了。滅絕年代滅絕的不只是動、植物，還包括了種族、語言和文化——許多已經不復存在。

說起躲避蘇聯的控制時，就屬恩加納桑人撐得最久。他們撤退到泰密爾半島阿瑞瑪斯森林的冰封據點，在那裡崇拜住在落葉松裡的樹神。他們是最凶猛的野蠻部落，擁有最強大的薩滿，一九三〇年代以前，蘇聯官方都不知道有他們存在。政府稱他們為薩摩耶。恩加納桑人自稱為 **nanuo nanasa——真人**，這稱呼顯示他們意識到差異。

除了偶爾試圖得到「皮亞西納的薩摩耶人」（Pyasina Samoyeds）的毛皮貢品，和十九世紀作品中寥寥無幾的簡短描述，恩加納桑人直到一九三六年，才出現在俄國或蘇聯的文字紀錄中。當時，波波夫（A. A. Popov）這位年輕的民族學家接受蘇聯科學院的民族學研究院委託，研究恩加納桑人。泰密爾的游牧民族是世上最北方的原住民，波波夫花了兩年時間和他們住在一起，在凍原上旅行了逾六千哩，抵達阿瑞瑪斯以北、緯度達七十五度之地，學習他們的語言與風俗，拍攝了八百張照片，蒐集了五百件物品。

波波夫遇到的人們，過著完全自給自足的游牧生活，在遠比北極圈更北的地方獵捕馴鹿——他們的祖先已經這樣生活了數千年。波波夫遇到的婦女會在臉頰上撚馴鹿筋做成線，縫製馴鹿皮做成連帽大衣和長褲，用馴鹿前額的皮革做靴子底。他們用馴鹿厚厚的冬季毛皮製作冬衣，薄的馴鹿皮製作夏衣。波波夫也遇過不知疲倦為何物的強壯男人，把落葉松根部剝皮製成弓與箭來打獵，弓身包裹樺樹皮加強穩定度，並塗上魚膠防水。

波波夫和他們一起狩獵了兩季，在路上的幾天僅靠茶、茶壺、獸皮和一輛雪橇撐過，他見識了大規模的獵馴鹿，每年在馴鹿遷徙路徑的同個地方集體宰殺數百頭馴鹿。他描述了獵人在杆子尖端綁上白尾雷鳥（white ptarmigan）翅膀，沿著幾哩長的小路插杆劃定記號，把鹿群趕進漏斗狀的峽谷或懸崖，這些峽谷或懸崖最後會通向湖泊，獵人則搭乘獨木舟用短矛刺向動物的臀部，避免損壞毛皮。他們會把幾具鹿屍綁在一起，拖到岸上，然後這些「不知疲倦為何物」的獵人會將獵物剝皮，處理油脂、內臟和毛皮，隨後再修理打獵工具，睡上兩、三個小時，接著從頭來過。波波夫說，大規模屠殺遠比徒步獵殺一隻馴鹿簡單，否則還得獨自把殺死的獵物扛回家。

脂肪和肉會經過乾燥、燻製，鹿腦和內臟則是生吃。入冬之前，人們往往會不停進食到近乎反胃，好為漫長的寒冷做好儲備，屆時，零度以下的日子至少有兩百六十三天。春天到來，他們時常會餓著肚子，直到候鳥飛回。那時，恩加納桑人會用誘餌、網和弓箭獵殺鴨與雁，一次上千隻，接著立刻不眠不休地處理皮、羽毛和肉，提煉出的脂肪儲存在馴鹿的胃裡。落葉松薪柴保留下來作為燻製和醃製之用。為了節約燃料，他們會盡量生吃，三月開始，內部襯著毛皮的帳篷裡就不再生火，只和狗兒抱在一起取暖。

不過，波波夫的造訪，也成為這種古老生活方式的最後一瞥。一九三八年，波波夫自豪地寫到他的田野工作造成什麼影響：

> 社會主義者革命的偉大十月前，恩加納桑人是西伯利亞北方最被人忽略的少數人種之一，注定滅絕。他們消失在遼闊的凍原上，和外界隔絕。文明的元素可說不曾滲透到他們的生活方式。〔現在〕……恩加納桑兒童在遠方聚落開設的學校學習。凍原上出現了最早的鐵路，河裡也出現駁船和蒸汽船。農業正在發展，而北極圈以北已經有蔬菜生長了。[10]

波波夫表現得太出色了。「注定」讓恩加納桑人滅絕的不是「忽略」，而是國家的

「關注」。不論是社會主義還是資本主義，殖民讓人類疏遠自然的力量都十分殘酷而且有效，以至於人們僅用了短短一輩子的時間，便讓一個花了數千年與森林線攜手演化的文化幾乎消失無蹤。

依據二〇一二年的普查，剩餘的恩加納桑人不到五百人，其中許多人已經不再說著自己的母語或奉行自己的文化，而且，全都被趕出祖祖輩輩居住的土地，住到遠方的城鎮裡。只有一些小家庭仍在泰密爾半島的哈坦加河（River Khatanga）沿岸，在阿瑞瑪斯南方逾一百公里處，遠在他們的歷史領域以南。我花了筆可觀的費用，由一間客製化旅遊公司做好安排，派給我一輛專門的極地越野車和一名翻譯，讓我可以訪問、造訪他們逾八千年來當作家園的凍土落葉松林。於是，隔天清晨四點，我得要在機場和口譯迪米崔（Dmitry）碰面，準備下一階段前往遙遠北方的旅程。

但我仍然忍不住想起娜婕日達勸我去看克拉斯諾雅的芭蕾。博物館和國家劇院之間只隔著一座大廣場，劇院位在高高的河流北岸，俯望橋上垂掛、倒映在幽暗水面上的一串紅光。厚厚的窗後，一個女人戴著狐狸皮毛帽和眼鏡，面帶微笑打了手勢，設法讓我知道還買得到票。我躋身城中身穿毛皮和靴子的中產階級，坐在現代主義的圓頂水泥劇院裡的淡藍天鵝絨座椅上，欣賞一場完整的管弦樂版《天鵝湖》，擔任白天鵝和黑天鵝的舞者都是男性。我不懂得如何欣賞芭蕾舞，但最後深受其他觀眾感動，跳起來瘋狂鼓掌，不只是因為表演（表演本身確實是樂事），而是驚嘆在如此嚴酷之地，居然能延續那樣的文化。

俄國，烏查泰——睡夢之湖
北緯 73° 08' 81"

西伯利亞占地極廣，由克拉斯諾雅市南方和蒙古的邊界，直到北方北極的港都哈坦加（Khatanga），相當於莫斯科到克拉斯諾雅的距離（三千公里，四小時航程，飛越四個時區）。我和迪米崔（以下稱為迪米）似乎無止境地飛越中北部西伯利亞無光的大地。前座塞滿貨物，人人都在睡覺；直到航程最後一刻，北方針葉林才在下方現身——凍結的蜿蜒水系之字繞行，細小的樹木點綴了河床。跑道上，我們在早晨過半的朦朧晨光中瞇起眼，看著螺旋槳飛機、噴射機和 Mi-26 直升機的航空墳場覆蓋在冰雪之下。

我們在一棵冰封的落葉松下和地陪阿列克謝（Alexei）碰頭，他燦笑的臉龐環繞著附耳蓋的狐狸毛帽，跨坐在一輛雪上摩托車上，車後拖的鐵籠裝著我們的行李。此刻紮紮實實的冷到睜不開眼，零下四十四度，輕輕一陣微風就會吹得你眼淚直流；淚水在皮膚上凍結，如果持續眨眼，眼皮就會黏在一起。冰寒的空氣像砂紙一樣刷過喉嚨，寒意如針一般刺進衣物，只要沒戴手套超過六十秒，皮膚就會疼得像火燒灼。戴上兩頂帽子，穿上兩件外套、兩件褲子、襪子、雙層手套很正常，衣物可能是毛皮做的，也可能填了羽絨。

我發黏帶淚的雙眼速速瞥了眼哈坦加，這座中等規模的城鎮遍布著方方正正的大型建築，一排排淡綠色的組合屋街區和一棟紅磚公寓，所有建築都由龐大的管道相連，管道包裹著閃亮的鋁箔，有橋梁和走道穿越——那是公共熱水系統。天際線的一端，閒置的油井架懸在河港上；另一端的電廠，伸出兩根閃著紅光的細長煙囪，彷彿點燃的香菸把煙霧吐向一片黃色尼古丁天空。一切都被一層薄薄灰雪覆蓋著，宛如細塵。但我們沒逗留。

阿列克謝直接把我們交到司機柯里亞（Kolya）兄弟手上，見識讓這對兄弟自豪的一輛巨大白色 Trekol 全地形越野車，碩大無比的輪胎就和我一樣高。引擎正在運轉著，後方的拖車載著裝滿柴油的巨大油罐，車頂綁著又大又圓的備胎。其中一個柯里亞長著一頭金髮，另一個是黑髮，兩人都叼著菸，咧著嘴笑。金髮柯里亞用他沒戴手套、油膩的手指夾著菸，揮揮香菸示意我們先進去車庫。

車庫門是破爛的鐵片，被風雪吹打得泛白，彷彿控訴著極地冬季無盡的黑暗與風暴。三條凍得硬邦邦的大魚被隨意扔在門邊，落在機具和雪墊上兩顆結凍的馴鹿心臟之間，每條魚都有我的手臂那麼長。車庫一端有一只鐵爐散發光芒，但暖意十分有限。昏暗中，四下堆著沾滿油汙的長凳、油布、輪胎和工具，還有一顆髒兮兮的電燈泡，沒有窗戶。

柯里亞兄弟大張旗鼓地走進來，甩著手，因我不理解的事而發笑——迪米只翻譯必要的事。阿列克謝和迪米長談一番，阿列克謝握了握我的手，跟我道別。我們很快就爬進全地形越野車後座，柯里亞兄弟坐到鋪著軟墊的兩個前座，音響播著俄國的流行樂。扳手排檔桿打到一檔，巨大的卡車顛了一下，然後緩緩前進。

全地形越野車是特別為西伯利亞設計的，龐然的充氣輪胎能對付夏天的沼澤和冬天的冰雪。這種越野車裝備精良，行進時猶如坦克一般在地面緩慢前行，時速很少超過三十公里。我們經過市郊一座廢棄的地質學營地和一座煤礦，全地形越野車在那裡顛簸一下便離開了大路，嗚咽著嘎吱傾斜開上哈坦加河冰凍的河面，向東朝拉普提夫海

（Laptev Sea，北極海的一部分）而去。

迪米解釋道，我們的第一站是努伏利拜恩（Novoribyne），位在哈坦加河旁，名列俄國最北的兩個聚落，住著恩加納桑人的一個小家庭。之後，我們會往北向阿瑞瑪斯森林而去，然後造訪達爾根游牧民族，他們仍在森林線以北放牧馴鹿，與森林有種獨特的關係。

「距離努伏利拜恩有多遠？」我問。

「一百六十公里。」

接下來的八小時，我和迪米在黑暗中面對面坐在平行的長椅上，兩人之間塞著我們的背包和一個裝滿伏特加的大金屬桶，為了小命，被甩來甩去的我們緊抓著周圍的一切，有如身在暴風中的船上。

我盡可能專注在顛簸翻騰的景色上，但太陽在黑暗的極地冬季之後剛剛回歸，我們一出城就在我們身後落下，化為橫越地平線的一道黃光，這時才剛要下午三點。暮色中，我透過結霜的擋風玻璃，分辨出一道平靜寬廣的白色河流，兩岸都是矮丘。我們正在循著森林線而行，南岸是落葉松的林緣，但北岸沒有。河的那一岸是泰密爾半島，這塊突出的土地長達一千公里，始自西伯利亞北端，分隔了拉普提夫海和喀拉海（Kara Sea），幾乎位在挪威與阿拉斯加的正中央。貝加爾湖位在南方幾千公里處，同經度更南的地方有蒙古首都烏蘭巴托、香港和雅加達。泰密爾是所有大陸陸地最接近北極之處，除此之外，最接近的就是北極海中的島嶼。要不是阿瑞瑪斯的古怪樹叢，哈坦加南岸應該是世上最北的森林線（阿瑞瑪斯是達爾根語，「樹島」之意）。

漸濃的夜色下，森林、凍原、河流、天空都不過是一道道深淺不同的灰。車頂豎著鐵杆，上面裝了可轉動的探照燈。某個時刻，金髮柯里亞打開探照燈，我看到了前面的路——河流好像在暴風雪中凍結了，高低起伏的冰與雪宛如波浪。全地形越野車不斷嗚咽，在雪波上顛簸起落，確保我們不會睡著。

晚上十一點左右，昏暗中出現亮光，彷彿河流解凍了，我們正從水裡看著河港。如釋重負的感覺似曾相識。全地形越野車離開河面，爬上積雪的陡峭河岸，河岸上布滿其他車輛的軌跡。鐵杆上的探照燈照出形形色色的建築，尖尖的屋頂在厚達幾公尺的積雪下悲咽。當室外就連空氣都帶著危險的時候，房屋就不僅僅是房屋，而是庇護所、聖地和太空站，對生存至關緊要。房屋深深埋在雪下，但仍承載著溫暖的希望。這或許不可思議，但努伏利拜恩這座幾百人的村子有一座教堂、一間商店和一間學校，學生超過百人。

全地形越野車來到小山坡與一排房子交會的街道上，引擎突然熄火。忙亂的柯里亞兄弟口中爆出一連串話語，一邊跳下車，我猜想是髒話。若是不趕快重新啟動引擎，油管就會結凍；萬一油管結凍，他們就得在引擎下生起營火——這是常見但危險的西伯利亞做法。我和迪米穿上雪衣、手套和帽子，爬下來站到街道上。黑髮柯里亞激動地指向最近的房屋，朝迪米大聲指示，但風吹走了他的話。我們走在似乎遭冰雪掩埋的車庫旁，車庫之間串起的鐵鏈裹著冰。我們朝著從雪堆鑿出的一道階梯走去，階梯通向一間木屋，門口的黃光在暴風雨中閃爍。

門廊積著薄薄的雪，牆上結了毛茸茸的冰，掛著一大箱冰凍的馴鹿肉。我們敲敲門，不久就進了廚房，主人康斯坦汀是個親切的男人，穿著無袖白汗衫和運動褲。他帶著孩子、香菸和一大條冷凍的魚在屋裡忙進忙出，把魚放在鋪了塑膠布的桌上，動手把魚剖成結凍的長片——這是當地的珍饈，稱為 **kyspyt**。我們配著茶、芥末醬、鹽和一小碟辣椒粉享用。美味極了！

一小時後，柯里亞兄弟得意地回來了，全地形越野車在外面溫順地隆隆作響。康斯坦汀的妻子安娜此刻站在鍋爐邊，穿著牛仔褲和花拖鞋，喋喋不休地和客人說話，同時努力拿著平底鍋和夾子在電磁爐上煎魚。不久就出現了另一餐——煎北極紅點鮭佐麵包和更多的茶。時間已過午夜，我們卻仍舊不知道今晚要在哪過夜。我和迪米清晨四點就起床了。康斯坦汀的小兒子跑來跑去，看起來壓根沒要上床睡覺的意思。

用餐過後，所有煙槍（包括安娜和康斯坦汀）都坐在主客廳陶爐旁的地上。盤子裡有兩條正在解凍的鮭魚。半小時過去了。在那半小時裡，他們就只是看著手機和GPS，以及聊天。最後，迪米解釋道：「這個恩加納桑家庭有一場葬禮，是他們的家族事務。」直接決定我們會前往下一座城鎮——欣達斯科（Syndassko，達爾根人就在那裡），在返回哈坦加的旅程中造訪恩加納桑人和森林。

「明天嗎？」我疲憊無力地問道。

「不是，是現在。」迪米說。顯然我不懂在西伯利亞是怎麼做事的。

「欣達斯科！」金髮柯里亞站起來伸伸懶腰，眼睛瞥向屋頂。

「欣達斯科有多遠？」

「一百四。」

我的心沉了下去，而柯里亞兄弟似乎很享受辛勞，好像正在展現這世界某種根本的真理給嬌生慣養的西方人看。這麼北方的地方，日夜毫無意義。

康斯坦汀和安娜向柯里亞兄弟說起海冰的危險。靠岸邊近一點，別走出去太遠。有些冰脊冰谷太高，開不過去，而且可能會困住。前一個冬天，海水結凍得太厲害，加上有些裂縫，湧起的鹹水濕雪使得冰脊與冰谷彼此交疊。裂縫是新出現的現象。

「好啦！」金髮柯里亞大喊著，全地形越野車向前衝入黑暗，駛下坡，再度回到冰凍的河川。

夜裡個某時刻，在風雪中隆隆前進幾小時之後，全地形越野車停了下來。我們下車小解。月亮消失在朦朧中，海岸線沒了蹤影，放眼望去只有霧，以及卡車前方幾公尺的雪。在欣達斯科，哈坦加河在寬度近五十公里的哈坦加灣流入拉普提夫海。我們此刻就位於這片曠野中，但更像是在太空中。

大海現身於飄移的雪下，有如一面黑色玻璃，帶著不透明而有裂痕的光澤，有時又像板塊般擠進冰谷。柯里亞兄弟注視著GPS良久，這畫面讓我感到憂心。兩噸重的大車停在在一、兩公尺厚的冰凍海面上，離岸邊好幾公里遠。一個柯里亞笑著跳上跳下，彷彿在測試冰層。直到不久前，人們還覺得每年有半年時間可以開車到海上是理所當然的事，但在這個冬天的一次北極探險，幾名科學家在穿越脆弱的冰層時開始穿起救生衣，就連最牢靠的信任突然也瓦解了。

「我們迷路了嗎？」我問。

「我們在北極耶。」迪米開玩笑說。我們確實離北極不遠，即使是保持這樣的速度，開上三天也會到北極（前提是冰撐得住）。

3 沉睡的熊
俄國·落葉松

當我們終於開進欣達斯科這座港口村莊時，天空逐漸亮起，我在天光下終於看得出哈坦加灣的規模。地平線上依稀可見白色的丘陵——那是遼闊冰凍之海對岸的泰密爾邊際。河口南岸的沿岸盡是一堆堆幾層樓高的原木，整棵的樹木堆在一起，彷彿一輛巨大的推土機剛鏟除了一片森林丟來這裡。這些樹都是落葉松，來自遙遠上游的森林，大約是夏季冰雪融盡時，被洪水沖了下來——過去紀錄大約是七月二十日，但時間愈來愈早了。我們在夜裡離開了努伏利拜恩的森林（現在已在我們南方一百哩外了），不過，遙遠的內陸森林仍影響許多下游數哩遠的人文地理——漂流木困在灣流中，河流在那裡轉向大海，所以努伏利拜恩這座城市才會出現在這裡。在森林線以北，既非軍事基地也非礦場的聚落很少，這是其一。

鵝卵石堤岸後方，一排房舍在夜色裡浮現，覆蓋著一層冰霜的房子半埋在雪裡。我們駛入一條彷彿美國蠻荒西部小鎮的大街，寬闊的大道兩旁是木結構房屋，其間有堆滿積雪的電線相連，但建築、汽車和油槽難以區分，看起來都是雪裡的一塊突起。我們停在一棟屋子外，很快就和一名叫謝爾蓋的男人一起坐在小早餐桌旁。他把一塊冰塊丟進水壺裡，從冰凍的魚身上切下一條條魚肉，菸一根接著一根抽，同時向柯里亞兄弟盤問起哈坦加的資訊。我們剛從寒冷的地方進來這裡，得吃點東西。謝爾蓋正在為我們準備食物，進而要求以哈坦加的資訊作為回報。

謝爾蓋動不動就咯咯笑，圓臉容光煥發，說話時會揉揉自己的大肚腩。他解釋道，今天大家都有點醉。直升機在週四帶來補給品，其中就有伏特加。現價是一公升換二十五公斤冰凍的魚，而他們正好有很多魚。謝爾蓋想知道海冰的裂痕是怎麼回事，我們有看到嗎？這是新的災難。今天天氣太暖了！一夜之間上升到零下二十七度。男人們都對著自己的茶點點頭。直到最近，二月出現零下三十度這種事還未曾聽過。

不過，天氣確實也還夠冷，冷到出去上廁所必須速戰速決。在謝爾蓋家的門廳有座斜頂小屋，裡面裝滿邊長半公尺的大塊方形冰塊，另一邊的箱子裝滿大塊大塊的煤炭。這麼北邊的住家少有自來水，因為水管會破裂。相反的，每間屋子周圍都散布著黃色的雪和褐色的糞便。沒人試圖把東西集中在一處。那些東西就這麼留在原地，直到夏天來臨。

謝爾蓋聽說了我對樹有興趣，就在我返回屋子後，得意地讓我看看他燃料籃裡的「石化樹」，那是像阿瑞瑪斯那種森林的遺跡，從前曾在比較遠的北邊。新的黑色煤炭來自山裡的一道裂隙，位在小鎮南邊大約五公里處。欣達斯科是俄國最北邊的聚落，原本是達爾根游牧民族夏季的捕魚營地；到了冬季，達爾根人會向南遷徙，回到波皮蓋河（Popigai River）畔的森林線。在一九五〇年代以前，欣達斯科一直是商業貿易前哨，游牧民族會帶著毛皮和馴鹿來找「俄國人」做生意。欣達斯科只有一間船上商店，沒有永久的建築，直到二戰後加入「古拉格群島」。是囚犯發現煤炭，告訴達爾根人怎麼使用，才開啟了那地方全年有人的可能性。石化燃料（史前樹木）仍是人類能在哪裡生存、如何生存的關鍵因素，在這極北的地點也不例外（甚至格外重要）。隨著古拉格而來的是蘇聯與國營農場（sovkhoz），這些國有的公營企業放牧馴鹿，完成了欣達斯科從臨時帳篷營地轉型到擁有學校、市長和石油發電機的永久聚落的過程。

共產政府透過配額和固定土地，重新打造了放牧的生活方式，由於國家的支持，使其成為整個社群的主要生活方式，並持續到一九九〇年代蘇聯垮台，放牧不再符合經濟效益。從前在這裡投入放牧的人口，曾經比資本主義的挪威還多，不過，這年頭已很少有人放牧了，就好像官僚體系的浪潮載著達爾根人，讓他們留在老地盤的北境，然後浪潮退去，他們滯留在那裡。近年，捕魚變得比較有利可圖，而且遠比較輕鬆，以單位卡路里的養分而言，生產力也比較高——你可以在冰上挖出一連串的洞，將魚網串在一根杆子上，杆子插進河床，然後離開，等待。相較之下，放牧馴鹿的工作量大得誇張，不過地位仍然比較高。等到冰雪融化，無法再捕魚的時候，大家都想當米夏（Misha）的朋友。「他們都想要肉！」謝爾蓋哈哈笑。

整個欣達斯科只剩下米夏和他岳父阿列克謝還在放牧馴鹿。我們安排了拜訪他們的行程，前往他們冬季位在凍原上的放牧營地。

「我們可以先睡覺嗎？」我開口問了迪米。我已經連續醒著四十七小時了。

「我們是客人。他們要我們做什麼，我們就做什麼。」說完，三輛雪上摩托車呼嘯過窗邊，在一陣雪霧中停下來。該出發了。

迪米示範了如何穿上有大腿高的馴鹿皮靴，這種靴子最能抵擋西伯利亞的酷寒。靴子用馴鹿蓬鬆的毛皮做成，輕得像是棉花，也像室內拖鞋一樣暖得不可思議，在雪裡行走更不會留下足跡。米夏只穿了一件聚酯纖維材質的滑雪外套，他的妻子安娜和女兒塔妮亞從頭到腳包著馴鹿毛皮，戴著狐狸毛帽和連指手套。安娜的父親阿列克謝開著第三輛雪上摩托車，馴鹿毛皮外還罩上一件綠色的帆布斗篷來擋雪。米夏或阿列克謝既沒戴護目鏡也沒蒙面，他們瞇起眼凝視著凍原，神情就像是看著一位既熟悉又狡猾的老朋友一樣。

我和迪米穿戴了保暖頭套、護目鏡和雙層皮手套，坐上木製雪橇，準備讓米夏的雪上摩托車拉走時，謝爾蓋走過來用手指搓搓我們的帽子，又捏了捏我載著手套的手指，然後笑出聲。

「不重要。」他說。「反正連零下三十度都不到。」

接下來兩小時，雪上摩托車的履帶持續揚起風雪朝我們撲面而來，雪橇在結凍的凍原表面顛簸而行，低垂的紅色太陽在地平線上緩緩燃燒。我們正在飛翔。凍原之海延伸到視線盡頭的朦朧黃色地平線，上面是羽狀的雲，雲後襯著粉紅色與藍綠色的背景。這種開闊的感覺令人暈眩，我們彷彿迷失在另一個次元，在真實世界之下或之上的一個白色世界。

我們的帳篷稱作 **baloch**，由落葉松製成的支架搭建在雪橇上，設計用來讓一隊馴鹿拖行。帳篷半埋在一堆雪下，四周散落著比較舊的支架。baloch 是他們夏天的住所，但眼前顯然已經有幾季沒移動了。

安娜為他們家的缺乏游牧精神而道歉，「帳篷非常重。」要八頭馴鹿才拉得動。「我們現在都丟在這裡了。」

阿列克謝和米夏沒使用傳統的落葉松支架搭配帆布與獸皮，而是用夾板搭起營帳——傳統的做法比較溫暖、牢固，但較難移動。不過，移動不再那麼重要了，因為 baloch 現在比較像鄉間的週末度假小屋。安娜不記得他們家上次是何時隨著季節遷徙了。她小時候，父母會在夏天住在這裡，而她在欣達斯科上學；待她年紀較長時，便前往哈坦加就讀寄宿學校，坐小船或直升機回來過節，一家人一起待在凍原上。冬天，他們會和許多其他家庭一起前往波皮蓋河旁的森林線，不過，其他家庭也陸陸續續放棄了這樣的生活，轉行開始捕魚。

Baloch 的入口是個門廊，屋頂上丟著冰凍的馴鹿皮、當柴燒的落葉松原木和凍魚。在 baloch 裡，安娜用一片落葉松點燃鑄鐵火爐。裡面的空間大約四乘三公尺，剛好夠我們六個人併肩而臥。安娜將獸皮鋪到地上，把一塊冰放進壺裡煮沸，又從架子上拿下收音機和汽車電池，開始整理火爐旁一只箱子裡的餐具和零碎物品。沒幾分鐘，baloch 就變得舒適溫暖；雙層玻璃窗上的冰雪開始融解，沿著內部的夾板流下來。我脫下外套，躺到馴鹿皮上，一頭栽進深沉的睡夢中。

當我醒來時，看到阿列克謝脫下外套，坐在爐火邊喝茶，吃著燉馴鹿肉。他高及大腿的靴子上有雪，光頭上淌著汗珠。米夏去找他們的馴鹿時，阿列克謝都在外面工作，劈著他去年夏天拖來這裡、凍了整個冬天的木頭。他把湯匙指向我，彷彿是在指控。

「你說森林在北移嗎？太好了。我們會有很多柴火了。」但阿列克謝的表情絲毫不見任何笑意。在他年輕的時候，尋找木柴就是折磨人的重擔，辛苦的工作常常是持續數天的旅程。達爾根人不只尋找薪柴，也用落葉松製作帳篷支架、船、槳與各種工具，幾乎所有東西都是木頭做的，除了孩子的玩具——那會冒犯精靈。玩具通常是用鴨喙或骨頭製成，畢竟木頭的意義特殊。不過，現在所有的玩具都是塑膠製，來自中國。

「以前，樹木離得很遠！」阿列克謝回憶道，他年輕時會和馴鹿遷徙到波皮蓋河過冬。那樣的生活艱辛許多，卻讓阿列克謝充滿懷念，因而產生迷惘困惑。如果全球暖化會讓生活變得比較輕鬆，他當然全力支持。但他也不希望放牧馴鹿的生活方式消失。他喜歡煤炭、石油、直升機和雪上摩托車省力的好處，同時又抗拒學校、伏特加、市場和智慧型手機。某方面來說，阿列克謝是壞脾氣老祖父的原型，這憤世嫉俗的普通人同時接受、否認，然後又歡迎全球暖化。我們碳氫時代的改變猶如電光石火，這樣的錯亂，或許正是這時代更普遍的症狀？我們還沒來得及哀悼一種生活方式，就已被要求要哀悼另一種。

儘管幾乎已無人遷徙了，但放牧仍是這種語言與文化的關鍵。達爾根人和許多轉型中的文化一樣，處於不同世界的交界之處，浸淫在已經與根源脫鉤的文化當中，就像緊抓著一根已從根部被砍斷的枝條。沒有放牧，就沒有理由前往凍原或向南去往森林，沒理由關心雪的細微變化，氣候、植被、物種移動的微小變化怎麼稱呼，去理解徵兆與訊號，以及學習精靈與自然界的語言，並與之對話。正是因為如此，阿列克謝說他絕不會去捕魚，但他不會怪罪女婿米夏去捕魚（他用力眨眨眼，眼旁深深的皺紋擠出淡淡的笑），只要米夏也還放牧馴鹿就好。阿列克謝是十四個孩子裡最小的一個，如今七十二歲了，手足都已不在。他的孩子除了安娜之外，全都搬走了。在欣達斯科，安娜與米夏是達爾根放牧馴鹿傳統最後的繼承人，而阿列克謝努力掩飾著自己對他們的期望。

曾有一段時間，安娜受到「進步」誘惑。她在諾里爾斯克（Norilsk）參與一個師資培訓課程，那座城市是為了在泰密爾另一頭、世界上最大鎳礦的八萬名工作者而建立；而那座鎳礦，因為汙染害死了周圍幾百公里的森林而聞名。籠罩著白煙的城市「像朵香菇」，聞起來「像瓦斯」。安娜說道，那些煙霧填滿口腔，就像「吃粉筆」。她開始頭痛，討厭極了。那裡搭直升機很貴。她不懂有什麼意義。現在的她寧可不在辦公室工作，盡可能常來乾淨、充滿生氣的凍原。她說，凍原對她的孩子很好。

「當我們還是孩子的時候，沒有手機，爸媽也老待在凍原上……」她向我們說起阿列克謝拒絕把孩子送去學校的舊事，而蘇聯官方在凍原上追捕他們，最後，她還是被帶去了哈坦加。如今的她回歸父親的世界觀，而阿列克謝顯然也很欣慰。不過，當他們這一家更常前來凍原的時候，卻開始察覺到變化。他們沒看到溫度或植被劇變，卻注意到一些小事，是大事發生前的輕微震顫。西伯利亞從全新世冰封的休眠中醒來，第一波震動的展現，是看到陌生的鳥類、蟲子和蝴蝶，還有冰下古怪的泡泡。

晚餐後，安娜在火邊替塔妮亞梳頭編辮子，塔妮亞看著抖音，用光了母親手機剩餘的電力。安娜似乎意識到季節流逝，所以把女兒留在身邊。這一年是塔妮亞在小學的最後一年，之後，她會和哥哥姊姊一樣前往哈坦加的寄宿學校。

「去年春天真的很奇怪。」她說。「我們看到大隻的蝴蝶，以前從沒看過那一種。小孩子都在抓蝴蝶。」

接著，雛菊、燕子和蜻蜓開始出現在凍原之上。去年夏天，人們可以跳下海裡游泳的時間足足有兩星期——過去的夏天通常只有幾天能這樣做。莓果長得更大了；冬天裡，欣達斯科的海冰花了更久時間才結凍。然後氣象站旁的海岸坍到海裡！安娜說，他們也注意到其他事情，例如渡鴉開始出現了，還有鶴。這兩種都是他們從沒見過的鳥類，繁殖地通常在比較南邊的遠方。

「她說得沒錯。」阿列克謝說。「海鷗來得比較早，雁和鴨也是，因為湖裡沒有冰。

還有『克斯塔奇』（kystaatch）那種小鳥——這個達爾根名的意思是『冬天留下的』，但現在不再留下了。」

安娜從女兒手裡奪過手機，在上床睡覺前最後一次把她趕到了外面。25

✦

天空清朗無雲。映照雪上的月光把凍原變成一片泛著光的乳白海洋。塔妮亞裹著毛皮，從一個雪堆跳向另一個雪堆，往一條結凍的河而去。我信步走向另一頭，前往一個小斜坡，在雪裡撒尿。我選定的地方有隻黑尾白身的雷鳥從牠的洞中衝出來，朝夜晚咯咯叫。更遠處是一片平坦的土地，我隨著足跡走向一座深穴，洞穴裡插著一根冰凍的鋼釘，裡頭都是冰雪。我站在一座湖上，拂開積雪，出現有如灰色大理石的表面，裂紋向下延伸到黑暗之中，我們煮茶的水就是從這裡來的。冰的深處可以看到凍結的小泡泡，彷彿珍珠一樣浮在黑暗中。稍後查詢地圖時，二維空間的凍原看起來像一張網，或是布滿坑洞的瑞士乾酪。夏天裡，凍原有百分之八十是水。

我返回屋裡時，阿列克謝說：「凍原上每座池塘都有自己的名字。那座在達爾根語是叫**烏查泰**（**Uchukhtai**）。」意思是「沉睡之湖」或「睡夢之湖」。他不知道緣由，不過通常有個故事。

湖確實在沉睡。湖底那層有機質處於休眠狀態（suspended animation），因為低溫、無氧而無法進行分解作用。冰凍的凍原土壤是地球上最大的有機碳儲藏——除了活體生物之外，尚未完全腐化或腐化速度極慢的動植物，在此被完整保存下來或成為化石。所以柯里亞兄弟才會每年夏天都在泰密爾的凍原挖掘猛瑪象牙——融解的永凍層把尋找史前象牙變成某種淘金熱了。

隨著溫度升高，永凍層開始解凍，厭氧性分解（anaerobic decomposition）釋放出甲烷。最近，凍原池塘與河口外的海冰裡開始出現甲烷氣泡，這些珍珠正是沉睡湖泊緩緩甦醒的徵兆。

米夏挾著一陣冰凍的霧氣進屋，他嘴脣凍傷，兩眼冷得瞇起，年輕的臉龐皺著眉。繞著圈圈開了六小時車，卻找不到馴鹿，他看起來不怎麼高興。阿列克謝看了他一眼，喃喃自語。

25 編註：應該是去外面上廁所。

米夏的失敗可能有很多層意義。劍橋大學的人類學家皮爾斯・維捷布斯克（Piers Vitebsky）寫到附近的伊維尼（Eveny）游牧民族——居住在距離此地東邊一個時區的凍原，是關係相近的原住民馴鹿牧人——以及他們的**「巴亞奈意識」（bayanay）**，這是一種人類融入地景，對地景產生調和的感知，是遼闊而共通的意識領域，包含了生命世界與其中的人類。[11]米夏鮮少踏足凍原，或許是因為他一直無法融入。隔天早上，阿列克謝會自己開著雪上摩托車進入刺眼的雪中，但他也將無功而返。

安娜在火旁試圖緩和氣氛：「捕魚簡單多了！」

米夏挑起眉頭，但依舊沒有微笑。現在什麼事都不再簡單了。他說，甲烷讓冬季捕魚更加棘手，氣泡讓冰層變得脆弱，一切都得非常小心。

「愈來愈危險了！」

一九七〇年代，喀拉海、拉普提夫海和東西伯利亞海一年只有兩個月（八、九月）會沒有冰。二〇二〇年，四月就開始融冰，大海直到年底都未曾再完全凍結。二〇二〇年五月十八日，一艘俄國船隻克里斯多夫・德・馬哲里號（Christophe de Margerie）在泰密爾湖的亞馬爾（Yamal）半島另一側駛離薩貝塔港（Sabetta），右轉往中國而去，並在六月十日停泊到中國河北省的京唐港。那是北海航線有史以來最早的航程，以往，這條路線只有七到十一月能夠行船。

西伯利亞大陸棚形成泰密爾海岸外的海床，因此靠近北極的海並不深。在上一個冰河期末期，這裡是一片凍原。隨著冰河融化，海水淹沒了陸地，致使所有分解到一半的土壤和植被都被困在全年有大半時間凍結的冰冷海裡，形成甲烷水合物，也就是含有氣體（甲烷）的冰結構。但現在，那層會反射的海冰幾乎融光了，黑暗海床吸收的陽光多出百分之八十，淺水快速升溫，全年維持溫暖。海床上的永凍層正在融解，釋出水合物——石油和天然氣公司興奮不已，氣候科學家則陷入恐慌。幾個夏天前，一座鑽探平台出現在欣達斯科灣（Syndassko Bay），打算開採比較軟的海床。

湖泊讓我想起我來西伯利亞之前，和庫烏・凡・惠斯特丹（Ko van Huissteden）博士的一段談話。庫烏是位舉止溫和從容的荷蘭科學家，也是世界首屈一指的永凍層權威。他告訴我，甲烷的釋放量很難量測，科學家直到最近才有辦法記錄甲烷。「歐盟哨兵衛星」（Sentinel）可以量測大氣中的甲烷濃度，但很難找出從何而來。有些研究指出，不穩定的海床可能釋放出五千億到五兆噸的甲烷「嗝」，相當於數十年的溫室氣體排放量，這會導致溫度驟升，而人類無力阻止。[12] 庫烏並不確定，但他強調，這正是重點。

西伯利亞只有四座陸地觀測站，嘗試收集永凍層釋出甲烷和二氧化碳的數據，然而，面對融化中的海床，卻還沒有任何的永久監控。

「至少要十年的數據才能檢測出任何變化，以及確認你的基礎數據是什麼？」

西伯利亞並不是那麼容易到達，所以大部分的歐洲研究者都會聚集在斯瓦爾巴群島（Svalbard）。庫烏說，官僚文化真是令人頭疼。

「沒人知道現在究竟發生了什麼。」儲存在永凍層中的溫室氣體（二**氧化碳**、**甲烷**和一**氧化**二**氮**）是目前大氣中的兩倍之多，如果所有的氣體同時釋出，足以讓全球暖化指數加速，並極有效率地終結地球上的所有生命。然而，正是因為數據不足，大多數的氣候模型都忽略了永凍層——雖然科學家已預測到本世紀末將會有百分之四十的永凍層消失。

這一切都令庫烏挫敗不已。政府不願意挹注資金於數據收集也令他灰心。「投入經費少得誇張。」還有媒體。「大眾依然覺得氣候變遷是緩步漸進，他們沒意識到氣候變遷會發生得很突然，以及這意味著什麼樣的氣候災難與孩子的苦難。」其他科學家把冰封於永凍層的溫室氣體稱為「**潛伏的怪獸**」，庫烏則把西伯利亞稱為「**沉睡的熊**」。

湖泊雖然美麗，卻突然顯得險惡。在baloch裡，大塊晶亮的湖泊冰片浮在鍋裡，懸掛在火爐上的桶子裡還有更多冰塊等著解凍。米夏吃著燉菜，阿列克謝看著報紙，而母女的手機早沒電了，所以玩起了骨牌，低聲唱著歌，享受用老方法做事的短暫時光，直到明早我們飛越冰凍的凍原，回到人類文明最後的前哨站——欣達斯科，就像太空人在外面的虛空中漫步一段之後，回到他們的太空站。

——✦——

四個月後，二〇二〇年六月，破紀錄的熱度將讓欣達斯科的溫度飆到前所未有的攝氏三十度，過去該月份的平均溫度是十到十二度。該地區的野火規模比前一年大了十倍——而前一年本就創了歷史新紀錄。永凍層融解，導致諾里爾斯克附近的地層塌陷，油槽爆裂，兩萬一千噸柴油外洩到泰密爾半島基部的湖泊與河流系統中，從外太空中看去，彷彿遍布大地的紅色血管。根據《西伯利亞時報》（*Siberian Times*）的報導，泰密爾的溫度「打破所有的氣候紀錄，讓老人家也嚇一跳」，並引用了一名官員的話：雪通常是在七月融化，但現在的「凍原上連一片雪花也不剩，白兔一臉困惑，在青翠的土地上跳來跳去」。[13]北極的極端暖化將嚇壞世界各地的科學家。當我打電話到荷蘭給庫烏，請他對二〇二〇年異常夏天發生的事發表意見——當時歐洲出現四十度的高溫，西伯利亞的溫度也差不多。庫烏稱之為災難，他說：「**沉睡的熊快甦醒了**。」

俄國，阿瑞瑪斯
北緯 72° 28’ 07”

這一次，當我們沿著河流返回努伏利拜恩時，發現那戶恩加納桑人在家。從欣達斯科出發，沿著愈來愈狹窄的河口緩慢爬向上游，今天得開上一整天的車。幾小時下來，藍色穹頂下都是大片大片的白，偶爾會被架設在冰雪中央的 baloch 灰色帆布給打破——那是達爾根的冰釣營地。黑髮柯里亞在幾座冰釣營地停下，想用他們那桶伏特加換取冷凍的魚，但那些營地荒廢了，冰上的洞凍結起來，魚網和魚獲被凍在河流冰層下的冰屑之中。當我們再度看到努伏利拜恩的樹木之前，天色早已刷黑了，落葉松矮刺的影子讓世界的邊界顯得毛茸茸的，黑影後方襯著深藍夜空。

我們敲敲另一座結凍的木造門廊，走進門廊下，雪水逐漸積聚在地板上。一名年長的女人身穿天鵝絨睡袍、拖鞋，戴著厚厚的眼鏡，透過眼鏡困惑地注視我們，然後催我們進去廚房。迪米解釋我們的來意，她似乎聽不懂，一堆孩子瞪著我們瞧，她派出一個去外頭的夜裡把鄰居找來。

牆上蜿蜒著巨大的藍色管線，足足有我的腰那麼粗。後面爐灶上的燉鍋發出咕嘟輕響，她讓我們坐在木桌旁，倒了北方特有的泰加茶——柳葉菜和薄荷。

「Grande Bretagne?（英國？）」她透過迪米，用結結巴巴的法語朝我大喊，然後又改用俄語。「你們的總統是布希，還是那個女人？你在莫斯科見過普丁嗎？」

她指了指自己，說她叫瑪麗亞。就在我們等待鄰居的時候，瑪麗亞的丈夫進來了。

「尤斯塔皮（Yevstappi）。」隨後，她指著丈夫對我們說道：「札斯塔（Dzhasta）！」

札斯塔的個頭極高，格子襯衫掩不住壯碩的肩頭。他的一頭白髮理得很短，淡色眼睛閃爍著凍原冰雪的光澤。瑪麗亞和札斯塔是在最近十年才住到努伏利拜恩的這間木屋。此前的六十年，他們都住在凍原上的一座帳篷裡，或是住在阿瑞瑪斯森林裡。在我眼裡，努伏利拜恩就是地球上最偏遠的地方，不過對瑪麗亞和札斯塔而言，那裡卻代表著文明（有學校、診所、政府機構的地方），而他們盡可能避開那裡。

過去，在二戰以前，大部分的恩加納桑人從不越過哈坦加河——那是半島的南界。一代代人在北緯七十二度以上的世界之巔活著、死去，隔絕於這片大陸其餘地方的事件，追求他們自己傳統的生活方式，幾乎不受沙皇、哥薩克、蘇維埃或其他任何人影響。他們乘著落葉松製的雪橇恣意在凍原上移動，隨季節追趕泰密爾豐富的野生馴鹿群——就如蘇維埃人類學家波波夫描寫的那樣。他們需要的一切，都在哈坦加河灣以北，而南邊有不少可怕的東西。

不過，現代的優先考量推翻了從前的地理格局。從治理和通訊的角度來看，哈坦加灣並非邊界，而是可通行的主要公路，毛皮商、稅務員和史達林送去古拉格的囚犯，正是沿著那裡而行。當國家在游牧民族的兩座漁村裡立威時，努伏利拜恩、欣達斯科和達爾根人妥協了，但泰密爾的恩加納桑人沒有配合。在隨後針對「無前景」（non-perspective）村莊的行動中，許多人被迫遷居，而從前的生活方式也確確實實終結了。

札斯塔的父母是被送去哈坦加南方城鎮的**麻煩**游牧民。但他們逃了出來，回到盡可能靠近泰密爾原野的地方，波波夫破壞性的造訪時期，他們就在那裡出生、成長。他們能找到的最近官方聚落是努伏利拜恩的達爾根漁村。

「我出生在這裡。」札斯塔說著，伸出手，明確地指向廚房的油氈地板，聲音帶著挑釁。「我拿到的身分證上寫：我出生在一九五一年。」

札斯塔用恩加納桑語對瑪麗亞這麼說。瑪麗亞有一半的達爾根血統，她再把札斯塔的話翻譯成達爾根語；安娜是達爾根人鄰居，過來把達爾根語譯成俄文給迪米，迪米接著幫我把那些話轉成英語。

起先，札斯塔好像不肯跟我們說話。

「我只是個野人，野蠻人。我知道的不多，我沒上學！」然而，只要提起任何凍原的事情，似乎就能解放他的記憶。

「在蘇聯之前，這一切——」他說著指向窗外的世界。「——都是我們的地盤。泰密爾！」他深情地說出那個名字。

「完全開放！可以打獵！」相反的，樹木對他們而言是種必需但令人厭惡的壓迫。他不喜歡。森林裡黑暗而封閉。他們每年冬天都前往阿瑞瑪斯，因為馴鹿比較喜歡那裡——森林比較有遮蔽，有柴火，也有馴鹿可以食用的地衣。恩加納桑人採用一種依循月亮週期劃分的年曆，可以切分成兩個「年」——夏年和冬年，與各種動物的季節性遷徙一致，而他們正是依此為月份命名，例如「馬鹿月、無角鹿月、換羽雁月、小鵝月」；他們的月份也反應了樹木的循環，例如「霜樹月」（Sjesusena kiteda）是二月底和三月初，而「樹黑月」（feniptidi kiteda）則是三月底到四月初、樹枝上不再有雪的時節，意味著不久後就該離開林子的蔽蔭。然後，到了夏天，便是高原的季節！魚、鳥、野兔、駝鹿、馴鹿……要不是他十年前中風，如今很可能還住在一種叫 **chum** 的帳篷裡（很像薩米人的 laavo）。他的十個孩子和他一樣，都是在 chum 裡出生。瑪麗亞鄭重地點點頭。

一九一七年十月革命之後，蘇聯的殖民主義和西歐的殖民主義有著不同的調性。蘇聯並未剝奪原住民的土地所有權（蘇聯主要的目標不是土地，土地已經夠多了），而是試圖讓他們「具有生產力」，把他們納入共產經濟，同時聲稱將他們從原始的風俗和過去的封建關係中解放出來。當札斯塔回到北方時，他的父親加入了努伏利拜恩的國營農場，而在蘇聯帝國的這區域，國營農場是在放牧馴鹿。西伯利亞各地的馴鹿牧人都以「旅」的形式被納入蘇維埃的經濟體系，這些「旅」有領導者、路線、地盤，全都奠基於傳統的作風與遷徙，但往往缺乏老作風的彈性和家庭結構。旅和蘇維埃系統的其他部分一樣，牧人都有目標和配額，超出配額的牧人會得到獎勵。而國營農場的總部在一座城鎮裡，設有辦公室，那是重組的游牧生活與二十世紀工業基礎設施之間的接觸點。努伏利拜恩是札斯塔父親領導的那一旅的總部，而他在之後也成為那一旅的領導者。

他們家在城裡很有名。他們一年會去國營農場一次，其餘時候都回歸凍原和森林。札斯塔和他父親一樣，力氣大得出奇。他可以獨自抬起五十公斤的馴鹿屍體。他母親是嚴格的傳統主義者，嚴守恩加納桑人對編織衣物的禁忌，而且只說恩加納桑語。努伏利拜恩的人無法理解她。她一生都穿著馴鹿皮，一九九〇年葬於城裡的墓園，陪葬的還有她的雪橇以及三隻領頭馴鹿。札斯塔是城裡最後一個會說恩加納桑語的人，但說也奇怪，他對自己的文化即將滅亡一事看得很淡。

「凍原和森林有許多聖地。經過一座聖地，就要停下來獻上貢品。但我的孩子不知道那些地方，因為他們不再遷徙，現在沒人知道那些地點了。而我們已經不再放牧，所以這下子永遠不會有人知道了。」

恩加納桑人的神祕世界分成三層。**落葉松**，又被稱為「**世界樹**」，是所有西伯利亞原住民薩滿信奉的女神，也稱為「**母樹**」，連接三界——上界、中界和下界。北方、地下與厚厚的冰下是死者的國度，疾病與精靈之地。南方是雷神溫暖的家園。英雄住在上界，而地形中顯著的地點（泰密爾的溪流、樹木、林子、山谷與岩石）則是連結三界的通道。千萬要小心，別冒犯那些住在出入口的生物；那些地方都是聖地，但如今已不再有人造訪。

落葉松連結不同的世界，而波波夫的人種學解釋了為何以落葉松為中心：

第七天，薩滿迪烏亥德（Dyukhade）來到最高的天界。帳篷裡豎著一根長杆。他爬了上去，探頭到排煙口外。長杆象徵著樹，立在正中央。杆頂住著一位臉上帶著斑點的神……然後迪烏亥德被帶到九湖之岸。一座湖的中央有座島，島上有棵長到天頂的落葉松，那是大地女主人之樹……這時，他聽見一個聲音：「現已決定，你將得到這樹的枝條做的一只鼓。」

薩滿的工作是在各層之間調解，確保維繫平衡與尊重。他們會用鼓與歌聲來和萬物交流，與孕育生命的靈性世界溝通。所有生物（包括人類）都有自己獨特的自傳式歌曲，這些歌曲在儀式進行召喚或溝通時至關重要。札斯塔記得阿瑞瑪斯有薩滿，他們的住所是由落葉松原木和泥土建成，並遠離其他帳篷。小時候的札斯塔曾被大人叮囑過，不能在那些屋子附近喊叫吵鬧，要以斜角走過那裡，絕不能直視薩滿和他們的住所。

「你認識柯斯特爾金（Kosterkin）嗎？」我問。

柯斯特爾金是著名的薩滿，也是恩加納桑最後一位薩滿，已於一九八〇年代過世。

他曾讓愛沙尼亞一間電視台拍攝他長達一週的降神會，以及恩加納桑人泛靈信仰的教誨，[14]這是恩加納桑薩滿信仰少數的紀錄。恩加納桑人的神話世界非常複雜，精神和物質世界沒有區隔，而各個植物、岩石、人或動物體內的生命，都是沒有被束縛在其所屬實體的神靈，每一組神靈都有八種規則、風俗、語言和服裝的規範。除此之外，氣味也很重要，暴露在某種事物的氣味裡太久，就可能吸收那種事物的特質。所以人在樹旁坐了很久，可能讓樹變成人。但就在我提到這位薩滿的時候，札斯塔卻生氣了。

「我聽過柯斯特爾金，但我沒見過他。那些東西早沒了。俄國人呦！」

我再度問起傳統醫藥時，依舊得到一樣敷衍的回應。

「我們有最好的獸醫和醫生；蘇聯用直升機把他們載到凍原來！」

這些長者的身上似乎掀起了某種內在戰爭。他們早年的記憶仍保持著冰河時期以來不曾改變過的生活方式，然而成年後的經驗卻是電光石火的進步，那樣的進步讓他們的生活變得輕鬆很多，卻也造成許許多多的破壞。他們受到碳氫思維殖民，縱使痛苦，也不得不接受浮士德般的魔鬼交易，以及他們後代的處境。阿列克謝的困惑昭然若揭，既渴求失去的，又接受了代價，左右兩難。但札斯塔比較僵化，堅持蘇聯散布的進步故事，不顧那對他的傳承有什麼影響。

札斯塔的十三個孫子和三個曾孫將不再會說恩加納桑語，當我問起他們時，他聳聳肩，像是在說：「那又怎樣？」臥室門後隱約能看到他們的身影，電視咕嚕說著俄語，散發的藍光照亮了阿瑞瑪斯自豪林務官後代的小臉。

札斯塔的態度令我想起一篇恩加納桑文化的研究。漢堡的赫利姆斯基（Helimski）教授在文中稱「恩加納桑人的冰文化」就像永凍層裡保存的遺物，這是一種在無數漫長冬季發展而成的精緻口述文化，重視述說故事、精準的文法和隱喻技巧。赫利姆斯基引用了不願對抗改變潮流的長者之言，說他們的孩子，「寧可他們別說我們的語言，也別殘害我們的語言」。[15]

乍看之下，這處境看似古怪，但那種拒絕妥協的驕傲態度，確實有種高貴的感覺，而且和死亡的關係不同。原住民與浩大且難以預測的自然力量比鄰而居，死亡如影隨形。或許接納能夠蘊含某種自由，讓心智超脫於單一生命或物種之外，讓人的自我能完全融入一個包羅萬象的宏大整體——畢竟我們什麼都不是，卻又無所不是。這是一種令人驚嘆又有挑戰的可能性。札斯塔的時間感來自類似的觀點，是種地質學的感性，而我們其他人很快就會發現那樣的感性很有用。

「你說樹木往北來了，是嗎？那科學家有說，以前這裡有森林嗎？」

他們有說，不過時間尺度還有爭議。把札斯塔的口述歷史和地質紀錄連結起來，會是真正的科學寶藏，但我懷疑那種對話不大可能發生。人類不過是紀錄裡的一個小點，而札斯塔對他們毫不留戀。他完全接納自然嚴酷的手腕，這導致了一種謙卑——勇敢地期待挑戰，而毫不妥協地排斥感傷。

「全球暖化？跟我的孫子說吧，到時候我已經不在了。」

✦

隨著訪談結束，柯里亞兄弟決定，如果我們想在白天看到阿瑞瑪斯，就得「早點」出發。

「早點是指四點嗎？還是三點？」我滿懷希望地問。

「不，是午夜。」

於是，和安娜與康斯坦汀又吃了一頓冷凍魚、芥末和辣椒粉之後，我們在夜色中出發，循著另一條冰凍的河流——新河（Novaya River），哈坦加的支流——往北向半島的中心而去。全地形越野車把我們像鈴鼓裡的豆子一樣拋來拋去時，除了身上隱隱作痛的瘀傷，我什麼也看不見、意識不到。

九小時後，我們在月落時分到達。蒼白的月輪飄浮在靛色的天空裡，色調和下方覆著雪的凍原幾乎相同。野草形成的深色斑點和偶爾出現的孤樹形成標記，為此處的遼闊提供了尺度感。少了那些植物，起伏的白波向四面八方延伸，有如白色的撒哈拉沙漠，令人迷失方向。我們在這片廣大無垠的地景中尋找森林。樹在哪？柯里亞說，應該在這裡才對。

柯里亞注視著手裡一小台用膠帶固定的GPS裝置，另一手抓著我們古怪越野車的方向盤。月亮投下詭異的光線，越野車隆隆駛去，隨著河道而行，我們透過朦朧的擋風玻璃，看向河岸堆著的起伏積雪。接著，森林突然從凍原冒了出來，巍然出現眼前，填滿下方山谷的低窪與凹處。說也奇怪，我們雖然開在一條冰凍的河上，卻又位在森林上方。然而，時值二〇二〇年二月十一日黎明前不久，在這麼北邊的地方，身處於零下四十四度的冷冽，少有事情是合理的。我整晚在車內後座翻來滾去，壓到柴油箱、工具箱、備用零件和五公升金屬桶的伏特加，從未合過眼。但現在的我清醒得不得了，朝著黎明微笑。旅程的艱辛全被拋在腦後。我們終於來了。

樹木在我們視線中消失片刻，然後繞過另一個河灣，又爬上了山脊。一排又一排細瘦的莖幹聳立在我們上方，背後襯著黎明漸濃的泛黃霧靄。這裡只有落葉松，結霜的枝條細瘦，針葉纖細，看起來非常脆弱，但這是錯覺。其實，落葉松是凍原上最堅韌的樹木，甚至說得上是全世界最堅韌。落葉松是唯一演化成在這麼北邊、極端寒冷中生存的物種，這裡的永凍層厚度超過兩百公尺，一年有九個月的氣溫保持在零度以下。

我跳到前座，看到森林在黎明前的淡藍光線中升起，心裡興奮極了——幾個月來，我反覆讀著、夢想著森林線的這個極相。俄國流行樂繼續在車內回響，目的地就在眼前，全地形越野車的搖晃在此刻變成了勝利的節奏。金髮柯里亞無法理解造訪這座森林有什麼意義，幾度想勸我繞道。但這下子，就連他也露出了微笑。

森林在我們左邊繼續蔓延，在河流高起的南岸陪著我們。我們繼續往西前去，直到北岸出現更多樹，還有各式各樣飽經風雪吹襲的小屋，一條曬衣繩，一座裝著天線的氣象站，地上插的金屬標誌用俄文寫著：「阿瑞瑪斯：世上最北的森林」。

金髮柯里亞彎腰伸手抓向充作排檔桿的扳手，把卡車打到空檔，但沒讓引擎熄火，引擎已經持續運轉了四天。他的手機整晚都播放著刺耳的音樂，這時他關掉音樂，坐進椅子裡，大聲呼口氣。他沒抱怨，但睡眠不足，而且只靠著一小盞提燈越過毫無車痕的冰封凍原，即使像他經驗這麼豐富的人，也毫不輕鬆。他額頭靠在方向盤上，距離儀表板不過幾吋，淺溝裡放著鑰匙、電氣膠帶、安全別針、火柴、打火機、一只隨身碟、五枚子彈和一個開罐器。他伸手在駕駛座車門的置物槽裡掏出一包壓扁的香菸，然後點燃一根菸，打開門，一股寒風隨即灌入。他轉向坐在副駕的我，淘氣地微微一笑。

「阿瑞瑪斯！ＯＫ？ＯＫ阿瑞瑪斯！」他不會說英語，我不會說俄語，但我們完全能理解對方。他的意思是：「這下你滿意了吧？」

我們穿上雪靴、帽子、兩雙手套、保暖頭套和防寒夾克，然後爬出卡車。下車的過程非常複雜，得扶著門，先踏上越野車的橡膠巨輪，然後從一點五公尺的高度往下一跳，落到凍結的河面上。

陡峭的河岸通往上方的研究站。天空逐漸亮起，雪逐漸變成相應的粉橘色，雪堆裡冒出結了冰殼、半透明的野草，種子懸在清新的空氣中。結冰的河流彎向西邊，讓北岸這叢樹島顯得孤零零，舉目無親。那是森林之島裡的一座島，大約有一萬五千六百一十一公頃的樹木，此外，四面八方都是凍原。誰也不知道為什麼這片森林會在這裡存活下來。最熱門的理論是，上次冰河期特別猛烈，把地球大量的水凍結成冰，大幅降低了海平面，使得北極海的海岸退到北方幾百公里之外。因此，泰密爾半島的平原被不均勻的冰河覆蓋，而阿瑞瑪斯正是前一次冰河期的孑遺。也有人認為，樹木是相對較新的成員，利用適宜的土壤結構，非常緩慢地向更北方移動。不過，樹木的生長、死亡都極為緩慢，這兩種理論都很難在人類的時間尺度證實。

我和迪米嘎吱踩過亮晶晶的雪面。小屋荒廢了，整個冬天都沒人來過。樹木動也不動，沒有一絲微風。曬衣繩鬆鬆地掛著。月亮落到地平面下，太陽剛剛升起。雪閃爍著粉紅色，針葉彷彿著了火。落葉松會在冬天落葉，不過早霜顯然在樹準備好之前就來了，死去乾枯的針葉冰凍在枝條上。我擦過一棵落葉松，針葉一碰就叮咚落地。纖瘦的枝條覆蓋著極細緻的絨毛，類似毛樺的絨毛，這種毛茸茸的外套能捕捉熱能，調節寒冷。細枝裡完全沒有水分，像輕木一樣應聲而斷。所以落葉松才是冬季完美的薪柴，而且能在這種溫度下生存——落葉松演化出一種機制，能避免樹木的活細胞內形成致命的冰晶。

阿瑞瑪斯首屈一指的落葉松專家，是娜婕日達的朋友亞歷山大．龐達列夫，他很嫉妒我們在冬天造訪那座森林。亞歷山大和其他大部分的科學家一樣，從來只在夏天做研究。「我的樹！他們會記得我！跟他們打招呼！」他在電話裡敦促我。他二十年來斷斷續續和落葉松熟識的過程中，對落葉松產生了罕見的熱忱。「落葉松這種樹非常聰明。比你聰明！」

落葉松是自然界的奇觀。隨著冬天逼近，樹木開始從木質部（樹幹中的毛細管）中吸取水分，輸送到樹皮和活細胞外面的其他空間。這麼一來，細胞的細胞膜就能瘺掉，冰在細胞外形成，不會傷及細胞。當空氣溫度掉到零下五、六度時，樹木會緩慢冷卻，莖幹中的溫度保持在零度。細胞內液體和細胞外的冰之間的溫度梯度會造成玻璃狀化——水不結冰而固化。如果把樹放進液態氮，就會發生這種事：過冷（super-cooling）把水變成類似玻璃的東西，而不是冰。冰是由結晶組成，會割傷、切開細胞，導致凍傷。玻璃化的水摸起來滑順結實，而這樣緩慢的冷卻，能讓水從活細胞裡排出。在此同時，也發生了其他改變，樹讓細胞裡充滿離層酸（abscisic acid），增加細胞膜對水的通透性，讓細胞膜「滲漏」。糖和蛋白質會在低溫時變成解聚合的糖（depolymerised sugar），和結凍的水結合，讓樹木避免脫水。隨著溫度變得更低，落葉松會產生葉綠體脂質（chloroplast lipid），進一步降低含水量。隆冬時節，休眠落葉松所含有的水分極少，甚至無法分辨落葉松是死是活。

正是這種能以水與冰形式管理水分的能力，使落葉松得以在這片相對乾燥的西伯利亞生存。冬天裡，即便落葉松的根系被凍硬了，但只要有短短一天的冬日陽光照在枝條尖端，就能活化根部，從硬邦邦的地裡把水分吸進枝條和針葉。在低溫的環境裡，水分稀少，但以永凍土形式存在的冰卻非常多。落葉松十分喜愛寒冷，研究者認為，落葉松是隨著永凍層擴張而共同演化，也難怪這片凍土森林裡——北方冰凍的針葉林裡——會由最懂得與冰雪共存的物種主宰。

科學站的簡樸建築裡，金髮柯里亞正在查看一扇被砸碎門板上的爪印，顯然是狼獾的傑作。那些建築外的樹木矮小，逐漸稀疏，在及膝的雪裡止步。我的目光從升起的旭日轉向在黎明中逐漸展露的凍原，以及美麗、難忘又清晰的森林邊界。那是一條突兀的森林線，在黎明長長的影子裡，樹木有如受到吸引的人影，三兩成群遊蕩，最後幾棵孤零零的離群者佇立數百公尺外，獨自待在凍原上，踉蹌朝北極而去。然後，隨著太陽一點一點爬上森林樹冠，似乎點燃了纖細落葉松的短枝，突然間，橙與紅的火焰在淡紫雪上閃爍，襯著後方淡到不能再淡的粉紅與藍色天空。

晨光中顯露的樹木輪廓，似乎顯現出北方針葉林朝北極海邁進的先驅，派出斥候在前面偵察地域。然而，與亞歷山大的談話，讓我開始用新的目光看待這部分的森林線和阿瑞瑪斯的森林。

亞歷山大在一九九五年開始研究阿瑞瑪斯的樹木，卻在五、六年後被派到西伯利亞的另一區，主持阿爾泰山脈的保育工作。在中斷了將近二十年以後，他在二〇一九年回來，然而他發現，親愛的落葉松既沒有遷走，也沒長大。

「我覺得不太尋常。」亞歷山大說道。直徑最多增加兩公釐，而他用生長錐鑽孔、取得樹芯計算樹輪的樹，大都不到那個數字。樹木高度不變，風景也和那麼多年前一模一樣。

亞歷山大的發現，推翻了森林線前進的所有模式，也打破了我研究初期對森林向北飛躍的認知與形象，而那些根據溫度分析而過分簡化的模式也是這麼預測的。一個由劍橋主導的計畫，整理了過去二十年所有森林線的研究成果，在二〇二〇年發表結果，顯示樹種在不同生態系反應了不同的矛盾情形。[16]亞歷山大的觀察和另外兩份報告一致，這兩份報告的地點分別是西伯利亞西部和阿拉斯加東部，那裡的森林線似乎非常穩定，甚至在撤退。樹木並非簡單的機器，不會僅因為比較溫暖就進行更多的光合作用，生長得更快。落葉松擅長適應環境的ＤＮＡ，也可能是在適應其他反應。身處在這種極端環境，生存並非取決於生長、個體大小或種子數量，而是策略性思考。所以亞歷山大說，那是非常聰明的樹。

阿瑞瑪斯落葉松緊密的年輪裡，目前尚無明顯的暖化跡象。雖然冬天愈來愈暖，夏季均溫緩慢升高，但是從海冰吹來的風一直壓低著夏季溫度（直到最近才失效）。然而，如果森林線停止前進，可能還有其他原因，例如土壤貧瘠，能取得的養分不足，或菌根菌族群不足以支持樹木數量增加，那麼亞歷山大預期森林裡應該會有更多填補、更多演替。不過情況並非這樣，下層植被和二十年前一模一樣，很少有樹木死去。亞歷山大將這個問題歸因於札斯塔的游牧班，因為直到一九七九年，那片森林才劃為國家保留區，禁止游牧班進入、砍伐森林。

「他們是優秀的林務官！」

但下層植被仍然稀疏得不尋常。

「真搞不懂，阿瑞瑪斯是非常有趣的森林。」他說。

這裡的森林很開放。要不是冰雪拖著我的膝蓋，我可以輕鬆地在低矮的矮盤灌叢裡漫步。矮盤灌叢並不是傳統意義上的鬱閉森林——那些樹的枝幹沒有彼此相觸。不過在其他方面卻是鬱閉的——我指的是地下。樹木之間的間距是由根系決定的，樹根在永凍層上方非常淺薄的土壤活躍層裡蔓延，這三十公分的土壤會在每年夏天大約解凍一百日。能用的土就只有那麼多，而落葉松似乎會阻止其他灌木在落葉松之間站穩腳步。亞歷山大在研究這種策略時，對阿瑞瑪斯獨特的本質有了新發現。

更南邊的北方針葉林裡，另一種落葉松的根系相對之下比較有限，地面上的植物量（活細胞）比較多。但在阿瑞瑪斯，幾乎有半數的植物量都在地下，半數在地上。白雪覆蓋的地面在冬天產生了隔絕、保護作用，不受暴風吹襲，所以樹在地面下的部分比較多。而且地下比較靠近永凍層，那是養分和水分的來源。亞歷山大發現了這奇妙的地下樹木的和睦關係，注意到阿瑞瑪斯的落葉松會在未分解的針葉和地衣的苔蘚層之下，進行營養繁殖——也就是不靠授粉而繁殖。根系會萌生新芽，而地面上新的枝條與現存樹木的根系和樹樁相連，所有的樹木似乎都在合作。

此外，亞歷山大也注意到，所有成熟樹木不論樹齡，高度似乎都以五公尺為上限，找不到比五公尺更高的樹了。在更南方的落葉松森林裡，樹高參差、樹種混合是很平常的事。如果鳥瞰落葉松，會發現落葉松有種特性，枝條由高而低呈螺旋狀輻射展開，因此枝條可以盡量捕捉光線而不會遮擋到其他樹木。雖然無法確定，不過看來阿瑞瑪斯樹木高度和間距均一，因此即使光線角度低，也能大量穿透森林，照到每棵樹木。樹梢結冰的針葉捕捉到些微粉紅的黎明時，樹景（treescape）的圖案悄悄暗示著一種集體智慧的運作。這裡的森林花了很長時間才形成，並以獨特的方式適應，演化出為極端環境量身訂作的系統。會想出如此充滿智慧的分布形式，想必這種物種也不會輕率做出任何改變。合情合理。

二〇二〇年的西伯利亞，溫度異常嚇人——升溫速度比全球平均高了四倍，成為全球最高。在北緯七十五度線以北，到了二〇二〇年，整體北極暖化的速度將變得更快，達到全球平均的六倍。[17]不過，若是暖化起於極低的基準，便可能很難注意到。今日是零下四十四度，剛好落在二月零下四十到六十度的正常範圍內，然而達爾根人和其他天天住在戶外的人很清楚，這年頭氣溫低於零下四十度的機會少了許多。要為大塊的土地和水體加溫是十分費時的歷程，氣候崩壞的前緣，最先開始有感的是對氣候模式波動敏感的近海地區，例如挪威，或是接下來我們會看到的阿拉斯加。不過，在酷寒的西伯利亞，一切都發生得遠比較慢。

所以，就像我的口譯迪米說的那樣，人們很容易認為全球暖化是騙局，意圖在經濟上重挫碳氫藏量富裕的俄國。俄國有個說法：「石油是俄國之父，天然氣是俄國之母！」

「格蕾塔（Greta Thunberg）只是傀儡，她背後有人指點，不是嗎？」

今天早上原始的景色看起來毫無令人警覺之處。黎明時分，萬籟俱寂，表面脆弱的雪殼覆蓋著一層精巧交織的足跡。這裡的風會在每晚把舞台抹乾淨，雪上寫的是一個早晨的全新劇情。一隻北極兔挖出冰凍的漿果，雪上濺了斑斑痕跡，彷彿猩紅色的血。當幾隻北極狐、雷鳥和一匹狼出現時，北極兔倏地朝河的方向跳去。狼的腳印龐大結實，長長的腳趾幾乎和我手掌一樣大，足足把雪踩實近一吋深。狼不慌不忙。就在片刻之前，這裡還有一整個森林的群落與各式各樣的動物，牠們想必就躲在不遠處的樹木間窺看。矮壯的一排排落葉松並不被動，那是長了眼睛的森林。我感覺自己像闖入一個私密的世界，粉紅的雪、動也不動的樹、人類建造的可憐小屋彷彿只是偶然。

契訶夫曾寫道：「北方針葉林壯觀而不容侵犯。『人類是自然的主宰』這說法，在這裡聽起來最虛假無力。」[18]

✦

幾小時之後，越野車往下游前去，天空隨著短暫冬日的結束而化為橙色。再度接近哈坦加，發電廠一道道冉冉的煙霧在大氣高處被照亮，一道道金黃與紫羅蘭色顯示了溫度逆轉的高度，在半哩高處畫出天際的線條。看到這熟悉的汙染畫面，金髮柯里亞立刻興奮起來，打開窗戶，點燃香菸。

「歡迎來到我美麗的現代城市！」他大笑說著，口沫橫飛。

阿瑞瑪斯的樹沒移動，迪米得意極了，彷彿證明了我所聲稱的氣候變遷確實是陰謀。

「就說吧！」

我已懶得再說服他了，因此只是微笑以對。不過，就在隔天，我們最後一次前往哈坦加的「泰密爾國家公園」（Taimyr National Park）辦公室，拜訪龐達列夫的朋友時，迪米反常地很安靜。樹木的動作或許很慢，但還有其他暖化的跡象，還有其他物種有腿有翅膀，移動得更快。

在一間位於自然歷史展覽室上方，暖氣微弱的木造辦公室裡，我和阿納托利・加夫里洛夫（Anatoly Gavrilov）見到了面。為了「優化成本」，政府把科學家的數量從六十七人削減成十三人，然後是十一人，最後是一人，而加夫里洛夫正是泰密爾國家公園碩果僅存的科學家職員。這樣的安排頗具深意——他是一名鳥類學家。

泰密爾是最北方的大陸區域，也是地球八條候鳥主要遷徙路線中，五條路線的頂點。在澳洲、西非、南非、英國、地中海、印度、中國和中亞過冬的鳥類，都會來到世界的頂端繁殖。北方森林是五十億隻鳥類的家園，而泰密爾更是全球鳥類密度最高的地方。每年夏天，阿納托利會在我們造訪過的阿瑞瑪斯小木屋待上整整六十天，搜索森林和凍原，尋找鳥類（他就是在那裡認識龐達列夫的）。他每年都會記錄到數十個他從沒見過的新鳥種。阿納托利桌上有一根渡鴉的羽毛，那是半島的新成員。不過這已經是舊新聞了，過去幾年，阿納托利看過許多比那更令人意外的景象，愈來愈多南方鳥種出現在阿瑞瑪斯北邊的森林與凍原。

「森林愈來愈擁擠了！」新的草種帶來了新的昆蟲，進而又帶來新的鳥類。例如中國來的熱帶鳥種，大西洋來的新種海鷗。最令他震驚的是看到戴勝，那是棲息於地中海與黑海溫帶森林的鳥種。

「我不敢相信！怎麼也料不到。」

樹木或許不動，但森林的其他部分卻在北移。正當阿納托利拿出地圖，準備尋找物種的英文翻譯時，迪米打斷了我們——我們的飛機就快要起飛了。眼看著我們即將離開，阿納托利似乎真的很難過，好像他再也不會有多少專業的訪客了。他的訊息沒什麼聽眾：**鳥類在警告我們**。

「我是這荒漠裡孤獨的聲音！」俄國人很奇妙，總覺得他們的作為不大能改變世界。迪米翻譯了最後這句話，然後難為情地別過頭去。

在機場，迪米想知道：「情況有多糟？」

我解釋道：「我們其實並不真的清楚。」

「那我該搬去哪？」

「鳥兒飛去的方向——北方。」

飛機延誤了，我們被困在機場建築這酷寒的錫盒裡，一隻屁股沾上了結凍大便的狗兒不停繞著我們打轉。我感到一陣反胃，但不僅僅是氣味的關係。機場就像恩加納桑世界之間的出入口，看得到我們脆弱生命的各種可能性與威脅——許多事情在未來都有可能發生。迪米的問題和我的答案，讓人注意到我們目睹的真相有多麼沉重，我們並非在遠處觀察著這一切發生。即使回到了家中，也不會就此安全。突然間，我感到四肢輕飄飄的、胸口發緊，這種感覺與我在戰地工作那時很像——火箭呼嘯飛過頭上，槍林彈雨就在身邊，還有檢查哨的民兵舉起手時。就是這種感覺。我的直覺叫我快跑，但要跑去哪裡？

俄國，切爾斯基
北緯 68° 44' 23"

二〇一八年夏天，一名不願因循守舊的地球科學家謝爾蓋・季莫夫（Sergei Zimov）震驚了科學界。季莫夫頭戴貝雷帽，留著鬍子叼根菸，看起來不像物理學家，倒像是巴黎左岸的哲學家。《國家地理》雜誌刊登了謝爾蓋在氣鑽的控制裝置前咧嘴而笑，那裡是謝爾蓋位於西伯利亞東北角切爾斯基（Cherskiy）的研究站，氣鑽正在鑽透永凍層。[19] 切爾斯基位於森林線上，處於連續永凍層的區域，泰密爾東邊四個時區的地方。以產金聞名的科力馬河（Kolyma River）在那裡平坦廣闊的三角洲入海，科力馬河是古拉格的一座堡壘，也是西伯利亞最東邊的大河，河口則是一片凍原、永凍層和稀疏樹木覆蓋的三角洲。堪察加和紐西蘭也在同一個經度上，再往東一個時區，就會來到白令海峽。

造成轟動的不是氣鑽本身，而是謝爾蓋發現的事（他以獨特的研究方法聞名）。大約一公尺的結實地面之下，正如謝爾蓋所料，土壤成了爛泥——永凍層不只從上融解，也從下融解。幾乎所有人都以為，永凍層因為氣溫升高，致使頂層未結凍的土壤活躍層加厚加深，逐漸從上方融解。但謝爾蓋的發現指向一個不同的未來——永凍層迅速瓦解。也就是說，以永凍層為基礎的任何冰凍生態系統即將大難臨頭，更不用說將排放出難以計量的甲烷和碳了。

落葉松不喜歡蹚渾水，而是把根水平長進永凍層表面的淺土，吸取下方的水分。夏天裡的活躍層（表面三十到一百公分）會融化八十天左右，落葉松尚能短暫忍受水分，但落葉松的根部活動需要氧，於是長期淹水等於判了落葉松死刑。另一方面，多虧了結凍的冰在土壤結構裡撐開氣穴，冰也帶來了生命。在泰密爾的嚴寒中，永凍層原封不動，落葉松也很穩定，不過，在遙遠的西伯利亞東部，太平洋的暖流流入北極盆地，帶來更溫暖的環流模式，森林線遠從泰密爾經過拉普提夫海，越過列那河、雅納河（Yana）、科力馬河和印第吉卡河（Indigirka）的廣大集水區，其實正在後退。

有些永凍層融化的案例中，水分流失，土地下陷，留下巨大陷穴，這現在在西伯利亞各地是常見的景象，比較大的陷穴看起來像巨大隕石造成的隕石坑。不過在低窪地區，水沒地方去，地下水位節節上升。蘇卡切夫研究院的科學家發現，一點五公尺或更高的地下水位，對落葉松來說是致命的。土壤積水會「淹死」樹木。少了永凍層，落葉松會變得脆弱，也競爭不過其他植物。在永凍層解凍最明顯的科力馬河岸，如今柳樹、楊樹和樺樹正在站穩腳步。

謝爾蓋・季莫夫的兒子尼基塔（Nikita）現在掌管「東北科學站」（North East Science Station）。尼基塔保證，之後會在夏天用小船載我去親眼看看融冰，看其他科學家測量永凍層的甲烷、二氧化碳排放，與河川帶入海洋的有機碳量。荷蘭永凍層專家庫烏博士提過，目前有四間機構正在設法為釋放的甲烷定量，而季莫夫的機構正是其中之一。不過，由於新冠肺炎流行，俄國目前暫停所有航班，何況切爾斯基的機場也停止運作了——林火讓那個地區籠罩在煙霧中。所以當我終於見到尼基塔的時候，他是在螢幕裡。

「落葉松？我討厭落葉松！你找錯人了。」尼基塔大笑著說。「落葉松對爐火而言可是個好東西。」

尼基塔和謝爾蓋對拯救森林毫不在乎，他們關心的是永凍層。說來奇妙，想要減緩解凍，甚至保存一部分的北方針葉林，最好的辦法似乎是把樹砍掉。

———✦———

螢幕裡的背景是一間木造辦公室，尼基塔正坐在一張黑色大皮椅上轉來轉去，這是他和同事建造於一九七〇年代的研究機構。他背後的牆上有顆犄角完好的野牛頭骨，門框靠著一整根猛獁象象牙，象牙比他還高。他頭戴的棒球帽寫著「佛羅里達州」，帽子下是鼠褐色的馬桶蓋頭，身穿紅色的耐吉T恤。當時是二〇二〇年六月。西伯利亞的野火登上了世界各地的頭條，尼基塔在附近山丘上拍攝到的影片，顯示火焰席捲過地平線，濃煙不斷地飄向城鎮，遮蔽了北極夏季永晝的陽光。尼基塔獨自隔離在研究站，他的妻女都「在大陸」——西伯利亞南部的新西伯利亞（Novosibirsk）。他的父親則住在莫斯科附近。總得有人監督大氣數據和長期實驗，而這座研究站正是他們在後蘇維埃時代的家族事業。通常每年的這個時節，都有十多位客座科學家前來拜訪。

尼基塔生於一九八二年，在世界各地的科學家陪伴下，於研究站長大。他童年的冬天比較寒冷，河口的冰總是在六月一日到十日之間破碎、流入大海。二〇二〇年創了新紀錄——這日期變成五月二十四日。蘇維埃時期的科學家都是菁英，派駐到切爾斯基是令人羨慕又報酬豐厚的工作，而且城裡的學校很好。不過，就在改革重建、蘇聯垮台之後，一切開始走下坡。尼基塔在研究站完成他的教育，他的化學是父親一位同事的妻子教的。他在新西伯利亞拿到了大學獎學金並研讀數學，但他不喜歡。「那所大學有二十七個數學領域，二十六個就已經太多了。」

他發現自己可以用數學模型來研究生態系統和環境變化，而父親也說服他回歸家族事業。二十年後，他還在那裡，延續謝爾蓋的願景和科學計畫，但他不認為自己的女兒會想繼續這個傳統。

一九七七年，謝爾蓋．季莫夫前往海參崴的遠東聯邦大學（Far Eastern Federal University），在切爾斯基成立東北科學站。尼基塔說，他去北方是為了待在自然中，逃避蘇維埃的官僚體系，沉浸在他對打獵的熱情中。

「只不過，等我意識到切爾斯基並不是打獵的好地方時，已經太遲了。」

二〇〇六年發表於《科學》期刊的一篇文章提到，謝爾蓋．季莫夫是世上第一批警告西伯利亞「葉德瑪永凍土」26 裡的碳與甲烷含量，以及這些土壤對暖化具有高度敏感性的科學家。[20] 葉德瑪永凍土是含有部分分解土壤的永凍層——森林的枯枝落葉由於缺乏足夠的溫度與真菌來進行分解，因此腐化極為緩慢或甚至完全不腐化。葉德瑪永凍土的碳含量是雨林地表的五倍，而永凍層覆蓋的地域也遠比雨林遼闊。在永凍層開始衰退之前，永凍土原本占據了地球陸地表面的四分之一，其中超過一半位於西伯利亞，而目前永凍層融解的速度遠超過模型預測的速度。[21] 樹木在其中所帶來的功能與重要性，不只是產生氧氣、封存碳排放，也在減緩或加速永凍層融化時發揮關鍵作用。

謝爾蓋靠著大膽的實際實驗出了名，例如用推土機清除了一英畝永凍層上的活躍層，看看永凍層會如何衰退。十年後的今天，那片土地成了一個坑，坑裡有著巨大的泥柱——是水和土壤融化之後所殘留的全部。謝爾蓋也提出了一些和北方森林落葉松有關的激進想法，這些想法當初乍看矛盾，但現在成了主流。

蘇卡切夫在將近一百年前提出了洞見，而謝爾蓋更進一步，指出兩千萬年前發生了一場生態革命，高大的植物——即今日樹木的祖先——學會了產生毒物，防止自己被啃咬。而草則和植食動物結盟，所有植食動物都以草為生，草則演化成依賴植食動物施肥、繁殖——傳播種子、促進發芽。這種由森林、草與植食動物形成的三角生態系統，不僅高效而且持久——維持數百萬年之久。根據地質證據顯示，一萬五千年前的西伯利亞，樹木比現在少了十倍。正如塞倫蓋蒂（Serengeti）的非洲經驗，以及歐洲的一些生物多樣性實驗（例如荷蘭的東法爾德斯普拉森〔Oostvaardersplassen〕和英國的奈普莊園〔Knepp Estate〕），這些研究似乎顯示樹冠鬱閉的森林時常不是極盛相的生態系（climax ecosystem）。相反的，大型動物（象、猛獁象、馬鹿、駝鹿與原牛）的啃食，創造了樹

26 審訂註：Yedoma soil，富含有機物的永凍土。

林與草原交雜的環境。季莫夫提出，北方針葉林實際上曾經是一片稀樹草原。然後，一種被稱為「智人」的超級掠食者出現了，消滅了食物鏈中太多的植食動物（猛瑪象、野牛、馬鹿、馬等等），少了那些動物，草競爭不過灌木和樹木——尤其是落葉松。落葉松演化得太成功，在永凍層上欣欣向榮。這理論很有趣：看似永恆的落葉松北方針葉林，其實是地質上的新貴——人類活動解放的雜木。

尼基塔說：「人類把北方針葉林視為野生的生態系，但在最早的人類到來之前，這地方的樹木非常稀少。落葉松是無用的生態系，沒有人吃落葉松，只有齧齒動物吃落葉松的種子。」

後續的研究證實了蘇卡切夫對北方針葉林幼年期的洞見，以及謝爾蓋對過去狀態更宏大的理論。上一次間冰期結束以後，凍土落葉松林就在它們與永凍層的對話中演化，在下方冰凍大地以上的活躍層裡長出水平的根，悄悄朝北前進，形成從南方西伯利亞與中國邊界一路向北延伸兩千哩的純林，直到北方森林線。依照謝爾蓋和尼基塔所說，人類造成的這種狀況既危險又脆弱。

落葉松會攔截積雪，所以長著落葉松的永凍層，在面對暖化的反應會更加脆弱。尼基塔在工作站每日記錄溫度，繼續著謝爾蓋在他小時候就開始的工作。在尼基塔的一生中，永凍層的溫度從攝氏零下六度升高到零下三度。同時，平均氣溫從零下十一度升高到零下八度。

尼基塔解釋：「土壤溫度上升三度，是受到雪的影響。」有雪覆蓋，所以冬天的寒意不會穿透到土壤內。

謝爾蓋認為，稀樹草原從前的動物會踐踏積雪找草吃，或徹底撥開積雪，大大降低雪的隔熱特性，讓冷空氣冷卻土壤。我在挪威芬馬克看過，風也能做到同樣的事——前提是沒有樹。謝爾蓋假定，森林下方的永凍層會比稀樹草原下的永凍層再溫暖幾度，只是他需要找到一個辦法檢驗。於是，他在一九八八年從俄國政府手中取得了六十二平方哩灌木叢生的森林凍原森林線，成立「更新世公園」（Pleistocene Park），這座野生動物實驗公園就位在切爾斯基城外。

公園中有六種大型植食動物（馬、駝鹿、馬鹿、麝香牛、麋鹿和野牛），以模擬更新世稀樹草原畜群的放牧活動，證明把北方針葉林變回凍原草原是最能減緩永凍層融解的方法，從而為人類多爭取一點時間，避免災害型的全球暖化。那些動物一如預期，毀壞灌木、蘚苔和樹苗，促使草變多，而數據顯示公園的土壤溫度確實比森林低了兩度。僅僅兩度之差，便可能帶來天大的差別。

二〇一八年，也就是氣鑽實驗那年，活躍層根本沒有重新凍結。二〇一九年，雖然再度凍結，但情況也很驚險。

「這在我們地區有很深遠的含義。很快就會突然出現大規模的永凍層衰退，那將會……該怎麼說呢……不大好。」尼基塔輕笑著說。

西伯利亞的所有城鎮、道路和管線都建在永凍層上，如今已經開始塌陷。以目前的基礎建設而言，西伯利亞的生活不可能持續下去，屆時會需要重新建立一整套基礎設施。土石流把家園和一片一片的土地捲入河中；河裡大量的融化土壤改變了水文，影響水生生物；魚類不再遷徙，科力馬河的原生高白鮭[27]完全消失，海豹大量出現。改變的不只是河中生物，西伯利亞河川排入海洋的水量，比十年前多了百分之十五，而且數字每年持續增加。這情形似乎在改變北極海的鹽度，而在許多方面影響了「北極幫浦」（Arctic pump）。北極幫浦是鹽水沉入海底的過程，會造成海水循環，把較深層的海水和海床的養分混合，再度升到海面，餵養浮游植物。在這個初級生產的過程中，養分會轉化成有機物質，是海洋食物鏈的基礎。這種刺激浮游生物生長的過程，也導致北極海的入口（白令海峽和巴倫支海）成為地球上海洋動物與鳥類最豐富的覓食地。

尼基塔繼承了父親對他們研究結論的黯淡看法。「從個人角度來看，我不會為現代生活終結而流淚，但如果魚沒了，確實非常可惜。」

研究站建造在一座從前的採石場上，算是向他父親的遠見致敬。尼基塔不會有事的。「但如果當地城鎮從我窗前滑過，那就太哀傷了。」

謝爾蓋預測人類文明不久就會崩毀，因為他無法想像該如何阻止暖化。

尼基塔說：「但我不覺得他會因此灰心。他希望事情愈早發生愈好，才能證明他的假設是對的。他是科學家！」

雖然季莫夫父子顯露出厭世的態度，卻沒因此憤世嫉俗，更沒有打算放棄。尼基塔計畫在今年稍後雇一艘船，帶著一隊法國電視製作團隊前往白令海夫蘭格爾島（Wrangel Island）這個偏遠的野生動物庇護所，為更新世公園收集麝香牛。而謝爾蓋在莫斯科著手成立另一座勝地——「野性原野」（Wild Field），設法教育民眾、改變態度。儘管季莫夫父子在科學上取得成功，但公園的示範卻不曾激起大規模的緊急方案來複製其降溫的效果。尼基塔並不意外，「如果在政府能夠掌控一切的俄國都難以實行了，那麼在其他國家一定會更加複雜！」

27 編註：white fish、Coregonus peled。

砍掉幾百萬英畝的森林，並以草取而代之，這種解決全球暖化的辦法實在過於違反直覺，尤其身處在一個努力植樹、阻止毀林的世界，這做法被接受的機會微乎其微。

然而，我們仍極度需要那種瘋狂念頭的挑戰，來理解當前的危險與可能性：眼前的景況正是我們推波助瀾後的傑作，所以我們應當也可以撥亂反正，或是再創新局。季莫夫父子的努力顯示，人類和落葉松一樣，都是推動北方針葉林演替的關鍵物種，人類的重要性甚至更甚於落葉松。就像蘇格蘭或恩加納桑人的記憶，我們必須學著用古老的眼睛去看、去了解。我們短短幾代人所習以為常的地景，實則並非永恆；是人類塑造的須臾片刻，是一顆被氣體籠罩、在宇宙一隅旋轉的岩石球體上，藍色海洋、白色冰層與綠色森林持續變幻的動態過程。

第 4 章

邊疆

阿拉斯加

✦

白雲杉

Picea glauca

✦

黑雲杉

Picea mariana

阿拉斯加，費爾班克斯
北緯 64° 50' 37"

俄國和阿拉斯加之間，只有五十哩的淺水相隔。大約兩萬年前的上一次冰河時期巔峰期，地球大部分的水都被存在了冰河裡，海平面比現在低了一百公尺，而白令海峽是乾燥的陸地。在地質學上，阿拉斯加和育空被稱為「**東白令陸橋**」（Eastern Beringia）——基本上被視為東西伯利亞的延伸。當陸橋完整的時候，植物、動物和人類可以自由在凍原－大草原生態系來去，那裡的優勢物種是禾草和三齒蒿（sagebrush），還有散落的楊樹叢，隨著冰雪從歐亞大陸席捲而下，數百種生物（包括早期的人類）從西到東越過這些低地，進入阿拉斯加和育空的死巷。布魯克斯山脈是阿拉斯加和加拿大落磯山脈南方的山巒，冰河在那裡止步，不再向內陸移動，使得今日的阿拉斯加和育空名列北極凍原帶生物多樣性最高的地區之一，擁有超過六百種物種。相較之下，泰密爾只有一百一十八種。

當氣候變暖，海水切斷陸橋，連接了太平洋和北極海，從此改變了地球的生態史。幾十種生物發覺自己已被白令海峽分隔在兩側。這兩個分離的生態系就像雙胞胎，有許多共同的特徵，但在暖化的氣候裡，只需要一、兩個物種的差異，就能讓生態系往截然不同的方向演化。阿拉斯加有兩個東北西伯利亞沒有的關鍵物種：雲杉與河狸。

阿拉斯加似乎能證明季莫夫父子是對的。他們的理論是，北方針葉林的落葉松林是年輕的地層，很可能是人類消滅大型動物的結果。而大海另一端沒有落葉松，則支持了他們的理論——落葉松想必是在大海淹沒白令海峽之後，從更遠的南方來的。阿拉斯加這一側的森林完全沒有落葉松，優勢種是雲杉（白雲杉、黑雲杉），起源似乎也是更南邊的地方，顯示著和內陸的關聯。

雲杉是耐寒的針葉樹，有著堅韌的蠟質針葉、高高的尖頂，側枝短小，根系淺，能從最貧瘠的地域中吸收水分，或是忍受沼澤般的淹水環境，是地球上生存能力最強悍的物種之一。雲杉也容易令人想起矮壯的百夫長形象。雲杉屬（*Picea*）這種植物可以追溯到白堊紀，經歷過極端的高溫與寒冷，以及缺氧和高濃度二氧化碳的大氣環境。研究顯示，上一次的冰河期，雲杉似乎是待在落磯山脈的避難所，隨著地球逐漸溫暖，雲杉也開始向北擴張。

在西伯利亞和阿拉斯加，雲杉與落葉松都到不了北極海。截至目前為止，幅員遼闊的海冰依舊讓大地與氣候處在過於寒冷的狀態。標示夏季均溫的七月十度等溫線，從白令海峽之後大舉南下，在北太平洋描繪出一個寬大扇形，那裡曾是冬季海冰的南界。海冰讓沿海平原保持涼爽，限制了樹木的生長（尤其是俄國那一側），而親潮則從北極海南下，冷卻海岸，使得海參崴成為冬天需要破冰船的最南方港口。所以，在楚克奇半島（Chukotka peninsula，俄國最東邊的地區，像箭矢一樣指向阿拉斯加），森林線向南轉了九十度，沿著堪察加半島的內側蜿蜒，繞過鄂霍次克海邊緣。氣候崩壞並沒有讓俄國這側的凍原空隙閉合。相反的，我們看到了土壤淹水，落葉松被迫退後。不過，白令海另一側的情況又不同了。

阿拉斯加的森林線混合了黑、白雲杉，白雲杉喜愛排水良好的乾燥土壤，而黑雲杉性喜谷底積水的沼澤，寬廣的生態棲位為雲杉提供了驚人的適應範圍。雲杉雙雄悄悄爬上育空三角洲，越過蘇厄德半島（Seward peninsula），和海岸保持不遠不近的距離，循著西阿拉斯加的海灣、半島與河口，只在科布克河（Kobuk River）和諾亞塔克河（Noatak River）彎向內陸——森林在那裡遇上了布魯克斯山脈這道跨越不了的高牆。森林線從科布克集水區開始，隨著山脈南側一路往加拿大邊境而去。

最熟知這整條線的，莫過於肯恩．泰普（Ken Tape）。幾年來，他的冬天都在辛苦穿越冰雪，沿著「森林－凍原生態推移帶」北上到蘇厄德半島，繞過布魯克斯山脈，沿著科策布（Kotzebue）以北的諾亞塔克河岸，來到北坡地區（North Slope）希望角（Point Hope）、巴羅（Barrow）和戴德豪斯（Deadhorse），他透過這個路線進行一系列橫斷面的調查，切開積雪層以調查其特性。

肯恩是阿拉斯加大學費爾班克斯分校（Fairbanks）的研究生，在馬修．斯特姆（Matthew Sturm）博士的指導下，研究雪的隔熱性質。他在協助證實斯特姆的假設——溫度升高時，凍原上的灌木會困住雪，而雪會為地面隔熱，延遲凍結，促進土壤裡的生物活動。因此植物容易取得養分，促進灌木進一步生長，以此類推——這個植被的回饋循環，有潛力改變氣候變遷的模型。[1]不過這概念還很有爭議，需要時間證明。接著在一九九九年，他們偶然發現了相當於科學寶藏的東西——一九四〇年代美國地質普查拍攝的照片儲藏。來自衛星年代之前的大量資料，把他們的基線遠遠推向過去。

這詳盡調查的地點，正是阿拉斯加的整個北坡地區，屬於探勘石油繪製地區地圖的部分工作。馬修和肯恩從空中重新拍攝那個地區，比較兩組照片，量測差異——五十年間，凍原冒出了灌叢。他們二〇〇一年在《自然》期刊發表的論文，引起了全世界的報導。因紐特長者說了幾十年的過程，首度有了明確的科學證據——北極正在變綠。

二十年後，我和肯恩談話時，電話中的他聽起來仍像許多年前做出劃時代突破的那個年輕研究生。如今他已不再於冬天進行田野調查，最近和孩子住在費爾班克斯，但他對發掘新事物仍保持著渴望和興奮。我打去的時機非常湊巧，他正要發表另一篇開創性的研究，這份研究將讓他在這一生中二度登上世界各地的頭條。

當他在講述這個研究過程時，好像仍舊在為自己的發現而感到驚奇，即使在電話裡，我都聽得出他總是面露微笑。打自首次發表開創性的發現之後，肯恩數十年來仍舊繼續研究灌木動態，觀察凍原上的變化。不過他說，他花了太多時間「埋首在叢草裡」，以至於一開始忽略了全局，「左外野出現的古怪東西。眼睛必須放亮才行。」

阿拉斯加是研究北極最多、最深入的地區，美國也擁有其他國家缺乏的資源和科學實力，而且，那裡和西伯利亞截然不同。西伯利亞是比較隔絕的大陸地區，就像我們在阿瑞瑪斯看到的，暖化過程需要花上更多年的時間。然而，暴露在太平洋溫暖海流的影響下，將導致白令海峽的海冰消失，溫度躍升得更劇烈，而在阿拉斯加，這些影響會更加明顯。此外，美國以設備精良的試驗站和定期航班為傲，所以在阿拉斯加，氣候變遷的效應比地球上其他地方要更早被顯現出來，而且記錄得更完整。這個最北方的州，是我們在地質學與科學上理解變化的前線。研究北方地區改變的最大科學計畫由美國太空總署執行，稱為「**北極與寒帶脆弱性試驗**」（Arctic-Boreal Vulnerability Experiment, ABoVE），目標是結合各層級地球系統的已知研究，設法模擬發生中的變遷。

肯恩說：「但我們知道的還是好少。」遙測的幫助有限，必須靠著「實況」輔助。然而，有時候從太空得到數據會比地面觀測簡單。我們從某個有利視角看到的，可能與另一個視角看到的相差極大。

「很難設計不是在野外試驗站之外進行的研究計畫。」拓里科湖（Toolik Lake）位在布魯克斯山脈的北坡地區，和諾姆（Nome）其他設施一樣，是目前大多數進行北極研究的地點，肯恩以前在那裡待了很久，還研究了由於暖化導致灌木增加、夏季變長，從森林遷徙到凍原的野生動物，例如北美野兔與雷鳥的族群變化。然後肯恩又開始想像，接下來還會發生什麼事？駝鹿、熊……河狸。

「我靈光乍現，想到我們或許能從衛星偵測到這些變化。」在生態學這門領域，尋找動物或計算動物數量通常非常困難，但河狸在陸地上留下的足跡十分醒目，從太空都看得見。

「我心想，我們可以追蹤這些傢伙。天啊，這可能是大事！但我跟河狸不熟。」不過肯恩也沒花多少力氣，他和一位同事談了談，同事幫他與一位專家牽線，不久他們就瀏覽起谷歌地圖，計算凍原上的河狸池塘。

他追溯到二戰時的老空照圖——沒有河狸池塘，改變顯著而驚人。德國同事正在研究環北極冰融喀斯特湖（thermokarst lake）的變化（這些河因為甲烷溶於其中而不會結凍），並繪製出水域面積增加的地圖，但他們沒思考那些池塘是如何形成的，他們以為是融冰。沒人意識到，僅僅一個物種就能在地景上造成那麼大規模的改變。

肯恩說：「他們很震驚，自問怎麼會沒注意到這種事？」

拓里科湖的研究站是靠道爾頓公路（Dalton Highway）對外聯絡，這條公路有時稱為運輸路，是北阿拉斯加唯一的鋪裝道路。道爾頓公路讓阿拉斯加輸油管公司（Trans-Alaska Pipeline company）從普拉德霍灣（Prudhoe Bay）穿過布魯克斯山脈，來到美國中央的費爾班克斯，一直到南方的瓦地茲港（Valdez）。在山區的沿路，凍原與森林的過渡帶非常狹窄，僅僅只有幾呎寬，而不是幾哩寬。樹木在谷地一側結束，之後便不再出現。這裡的坡度很陡，森林和凍原之間並沒有像西伯利亞、加拿大，或是隔白令海峽與俄羅斯相望的阿拉斯加西部苔原那樣廣泛、多樣化的交互作用。在北坡地區的路邊，有人用符號標記一棵樹，稱作「最後的雲杉」，但那棵樹是例外，很可能是種子搭乘油罐車而來，萌發而成。

「從運輸路線來看，河狸產生的效應其實不明顯，所以我們不曾注意。」

不過，自從肯恩開始尋找之後，處處都看得到河狸的蹤跡。他在巴德溫半島（Baldwin peninsula）數了九十座河狸池塘，二十年前只有兩座。肯恩在凍原上，總共數到一萬兩千到一萬三千座一九五〇年不存在的河狸壩。肯恩做了些模擬，推導出一個假設以及一篇科學報告——我們談話時正在審查中，幾個月後一發表，登上了世界各地的報紙。原來，河狸對阿拉斯加地表水域的影響比氣候還要大，河狸能控制凍原上百分之六十六的水，為樹木鋪路。[2]

河狸不需要一整座森林就能繁衍壯大；過去三、四十年來，凍原上灌木增生，矮柳和赤楊就已經足以供河狸建造水壩和池塘了。水比土地更能導熱，所以當你創造出更多水體、讓水域變得更深時，你同時也會讓環境變得更溫暖，把熱量帶往更靠近土壤、更靠近永凍層的地方。河狸池塘為更多的樹，以及更多仰賴樹木的其他物種（兩棲類、昆蟲、魚與鳥）創造了立足點。河狸是最厲害的地質工程師。

所以，阿拉斯加的森林－凍原生態推移帶有個新的關鍵物種——美洲河狸（*Castor canadensis*）。北美河狸的數量遠多過歐洲河狸（*Castor fiber*）。一九二二年，當蘇維埃政府開始執行保育措施時，歐洲河狸在歐洲與亞洲已幾乎絕種，即使現在重新引入族群，也只在西伯利亞南部和烏拉山脈以東繁衍出少量的個體。相較之下，北美的河狸數量反彈回升，現在超過五百萬之多，而且數字仍在成長。

我纏著肯恩，請他指點我在哪兒能看到「河狸效應」以及怎麼樣才能看到。他建議，可以觀察布魯克斯山脈西邊森林線後方的凍原。在山區以及通往另一側的某些隘口曾有河狸出沒，而北坡地區目前尚未發現河狸蹤跡，不過，用不了太久就會出現了。阿拉斯加的西部凍原，預示了河狸到北坡地區時，北坡地區會是什麼模樣。

肯恩本人正在為二〇二〇年夏天稍晚的研究做計畫，是這個專案的第一個野外調查季，而他有一支團隊準備前去架設相機，收集魚類、汞、水生食物網的數據，以及對狩獵、設陷阱這兩種原住民維生方式的影響。想到有可能加入這趟開創性之旅，我就興奮不已，不過肯恩對此倒是不置可否，沒立刻許下承諾。他提議我前往科布克河到處看看，也提到科策布一名在河上長大的作家賽斯．坎特納（Seth Kantner）。我們聊了一下交通方式，怎麼前往那裡，以及叢林航班的困難（與費用）。除了道爾頓公路之外，北阿拉斯加就是個沒有道路的鄉間。我們承諾在我到費爾班克斯之後要見面。不過，幾個月後爆發了新冠肺炎大流行。

阿拉斯加，科策布
北緯 66° 53’ 53”

我致電賽斯．坎特納，問起造訪科策布的可能性。

「啊，不知道。」賽斯說。「你是怎樣的人？我是說，你是白人嗎？」說完，他輕笑一聲。我也笑了。

「好吧，那可能很辛苦。」

上一次全球大流行的疾病在一九一九年侵襲阿拉斯加的時候，幾乎消滅了當地因紐特、因紐皮雅特（Iñupiat）和阿薩巴斯卡的人口。賽斯在他的回憶錄《買隻豪豬》（*Shopping for Porcupine*）寫道：「飢荒和流行性感冒——搭乘雪橇犬隊伍的旅行者在擠滿凍僵死者的冰屋裡，發現餓得半死的孩子」的老故事。[3] 邊疆的歷史仍在塑造著當下——憂心的原住民議會、當地的市政當局，自行對訪客執行更嚴格的封鎖，包括科學家與記者。所以我必須解決遙測的兩難：如何僅憑著太空中的視野，了解地面上的情況。

賽斯自己是白人，不過他說（而且大家都知道），只是某種意義上是那樣，而他不適用那些規則。按賽斯本人所說，他成長的過程「比很多原住民小孩還要原住民」，他在雙親建造的一棟鋪草冰屋長大，這棟冰屋位在科布克河一處壯麗的河灣上，最近的其他聚落都在幾哩之外。這裡的景色涵括了南方林緣，一道稀疏、矮小又瘦長的雲杉森林線橫過雪中。一九六五年，賽斯剛從大學畢業，一心避開常規的工作，他的父母霍華德和娥娜．坎特納（Howard and Erna Kantner）正是在這裡，把平凡的傳統現代生活換成荒野與自給自足的生存，靠大地生活。

《紐約客》記者約翰．麥克菲（John McPhee），在他一九七六年之作《走入荒野》（*Coming into the Country*）中寫過「下四十八州」的人追尋簡單生活的運動，而坎特納家人正是其中一員。賽斯和他哥哥靠著函授上課，書是從幾天路程外安布勒（Ambler）的郵局用狗拉的雪橇送到他們的冰屋。不過，他們真正的教育是順應大地的季節循環，奮力求生，夏天捕魚，冬天設陷阱。他們學會用雲杉根和柳樹皮做魚網和陷阱，用樺樹做雪橇和雪鞋；他們知道秋天哪裡能找到莓果，也學會追蹤、射殺馴鹿、駝鹿、熊、狐狸、鼯鼠和狼，以及剝皮，也學會用那些動物的毛皮、皮革和筋做衣服。賽斯發現，跟著狐狸蹤跡找到柳樹，是尋找紮營地點最好的辦法。如今柳樹已隨處可見，而且不只是在小溪邊。

一九七五年，賽斯在科布克河長大時，約翰．麥克菲划著獨木舟沿鮭魚河（Salmon

River）而下，那條支流在賽斯家族據點下游一小段距離的地方和科布克河匯流。麥克菲陪同美國國家公園署（National Parks Service）、土地管理局和山巒俱樂部的官員，在《阿拉斯加原住民權利法》（*Alaska Native Claims Settlement Act*）頒布之後進行土地勘測，以及評估納入國家公園的保育潛力。麥克菲寫道，他們是「另一個世界的軍團……像羅馬人在視察外阿爾卑斯山的高盧」。他們和麥克菲關心的問題是：這片土地的命運將會如何？

五十年後，我們開始得知答案了。《阿拉斯加原住民權利法》給予阿拉斯加原住民十億美元和四千四百萬英畝的土地，讓他們放棄所有進一步的土地索賠主張。這措施為阿拉斯加油管鋪路，劃定另外八千英畝的「國有」土地以研究其保育潛力，最後形成一座三千兩百萬英畝的新國家公園，面積相當於紐約州，比美國其他所有的國家公園加總起來都還要大。理查・尼克森（Richard Nixon）總統在一九七一年簽署《阿拉斯加原住民權利法》時，可說是史上和原住民最大、最進步的交易，這是試圖敉平二十世紀的競爭需求：石油、保育和殖民時代的終結。阿拉斯加成了現代工業社會悲劇的縮影。雖然世上最富有的國家已盡可能在保育與原住民權利上做正確的事，但對於第三種需求——碳氫化合物——的持續承諾，卻削減了其他努力的可能性。

麥克菲沒提到氣候變遷，但我們現在知道，這個過程已發展許久。賽斯五十歲了，全球暖化是他一輩子的背景。

「老愛斯基摩人會說，你不能在遠比我們家北邊的地方紮營。」他在電話裡跟我說。紮營需要兩棵柳樹彎在一起做成棲身處，還要木柴燒火。龐加托古魯（Paungaqtaugruk）是河灣，這裡以北的柳樹向來不多，雲杉更是少得可憐。賽斯在《買隻豪豬》裡拜訪了他雙親的老房子，發現小徑下沉了兩呎，山丘的整個正面因為永凍層融解而下沉。凍原的景色令人困惑，所以他在抽屜裡翻找老照片，比對以前的模樣。那本書裡有張照片，照片中是一九六五年賽斯父母和他們的朋友，這些人的臉頰紅潤，是理想主義的先驅，而無盡的凍原蔓延向遠方陰鬱灰暗的山巒。另外還有張照片——是四十年後同樣位置的地景，翻騰的綠色指狀延伸向天，賽斯稱那是一片「快樂的雲杉」。氣候變遷和賽斯一樣大，但事實是，更古老。

「白雲杉像草一樣長了起來……才一不注意，它們就移動了！」

植被大爆發，使得在熟悉的地域尋找方向也變得困難，即使如賽斯這樣在當地長大的季節性獵人和陷阱獵人也不例外。

「現在沿著一條河開車，幾乎都分不出自己在哪裡了。」賽斯說。

「大家都很震驚，我們一向覺得自己就身處在這裡的森林線上。」他脣中溢出一聲輕笑。「所謂的森林線啊。」

樹木帶來了其他生物：鳥類、駝鹿、熊和數量驚人的魚類，牠們正在逃離其他變暖的水域。鮭魚的遷徙陷入混亂。賽斯九歲以來就在釣魚賺錢，但事態的發展早已失常。三年前，漁民在科布克河捕到的鮭魚是十萬條，兩年前是二十萬，去年是五十萬。鮭魚成了難民。不過，這條通常寒冷的河，有時也沒冷到讓鮭魚能在這裡找到適於產卵的安全港灣。二〇一四和一九年，河裡的死魚比活魚還多，水溫有一整個月都高於攝氏二十一度。一架「阿拉斯加漁獵部」（Alaska Department of Fish and Game）的飛機沿著河飛了兩百哩，發表了鮭魚腫脹屍體像漂浮木一樣堆積在淺灘，以及熊在大快朵頤的影像。河岸堆滿魚屍，石礫上魚卵鮮血橫陳，彷彿一道道橙與紅的顏料。棕熊族群迅速擴張，隨著熊開始排擠其他掠食者，食物鏈也隨之變動。

整個生態系統在五十年來一直經歷慢動作的轉變，不過，從前依賴那個生態系統的人們並沒有上街抗議，而是設法適應。

賽斯不再住在上游，而是住在科策布港口。港口位在一道狹窄的岬角，距離海平面幾公尺，就在科策布海峽（Kotzebue Sound）這座大海灣中央。這座城鎮分布在岬角受侵蝕的海岸線周圍，小棚屋、碼頭以及滿滿擠在前方的鵝卵石海灘上的小船，前方是價值三千四百萬的海防工事——海岸大道（Shore Avenue）。海灘面對著西北方的海，坐擁白令海峽富足的漁場。依據傳統，因紐皮雅特原住民向來都是從那裡取得食物，白鯨與海豹幾千年來都是因紐皮雅特人的主食，不過，科策布海峽大量的白鯨現在已成為民族的記憶了。無人知曉這些極為聰明的動物為什麼不再回來。

賽斯告訴我說：「二十年前，談論全球暖化是有政治風險的。但近年，大家都接受了，那只是生命的真相。」畢竟現在的改變太過明顯，否認無濟於事。

現在科策布海峽的海冰在春、秋兩季也不一定可靠了。十幾年前，在海冰應該要非常結實的時節，幾輛駛過冰上的雪上摩托車讓數個家庭痛失所愛之後，冬季的舊路線便被棄之不用。這或許也是其他地方在未來氣候政治時代的一瞥。我們的進化成功，也是我們的策略弱點。

在科策布，人類長久以來與環境劣化共存，所以見怪不怪。我無法前往，於是讀了科策布二十年來關於氣候的媒體報導，被壓倒性的認命心態所震驚，因紐皮雅特人哀悼生活方式的逝去，並以令人心碎的優雅風度接受自己的無能為力。鯨魚離開，他們就獵捕海豹；海豹離開，他們聳聳肩，轉而尋求政府協助，而政府從石油賺取的輕鬆收入，既是問題之源，也是立即的解決之道。

石油勘探租約包括了分給原住民企業的紅利，而阿拉斯加從前的生活結構就像永凍層一樣，已經遭到致命的破壞。賽斯父母搬到科布克河谷所追尋的自給自足理想，如今不再可能達成了。不是因為自然不再給予（還沒到那種程度），而是人類已停止收穫了。賽斯的父母力抗商店販售的加工食品，但他們的堅持撐不了一代。相反的，石油和進口的消費品表示生活支出水漲船高，人們開始依賴社會福利補助、免費住所、霰彈槍彈藥，現在還包括刺激經濟消費的津貼，這和科策布老人口中所說的「病痛」——社交媒體一樣，侵襲著昔日的作風。

飢餓驅策的生存帶有一種激烈之美，如今遭到碳氫文化遏止。這樣的飢餓不再被緬懷，而且也已無路可退。關於生存的知識仍在，仍然活躍，擁有這些知識的人，一生中見識過的劇變多過任何人一輩子所見。但這些知識也在消逝。

賽斯說：「現在幾乎什麼東西都是由飛機運來的。」他的聲音帶著一絲失望。他的這一生中，眼睛和耳朵曾經掃視凍原，尋找馴鹿、野雁、狼或雪橇犬隊的蹤跡，現在則等著螺旋槳的嗡嗡聲和電話鈴聲，為他們帶來食物與消息。

阿拉斯加，諾亞塔克國家保護區，阿加沙肖克河

北緯 67° 34’ 92”

衛星從太空確認了肯恩．泰普所言不虛——阿拉斯加的景象逐漸綠化。過去二十年來，這導致了森林線北躍的模式與預測。然而，事情的發展不如預測。

賽斯幫我和一對科學家牽線。他們每個夏天會前往內陸的樣區監測白雲杉生長，路上都會經過科策布。當我打電話去時，羅曼．戴爾（Roman Dial）和他同事派帝．蘇利文（Paddy Sullivan）正陷入沮喪。十五個夏天以來，他們一再回到森林線上的同一個位置，那裡位在「諾亞塔克國家保護區」（Noatak National Preserve），是諾亞塔克河支流——阿加沙肖克河（Agashashok River）上一座偏遠的谷地。一九七九年，羅曼前往阿里戈奇峰（Arrigetch Peaks）攀岩，在森林線上紮營。他在那裡遇到科羅拉多州立大學的一位植物學家大衛．庫伯（David Cooper）。庫伯正在尋找白雲杉，這裡比雲杉應該出現的地方高出了幾百公尺。羅曼加入他們，從此無法自拔，一生對森林線的癡迷於焉展開。

派帝和羅曼的「國家科學基金會」（National Science Foundation）研究計畫，是北極為期

最久的生態實驗之一，得到了植被動態改變的寶貴資料，尤其是阿拉斯加雲杉的命運。不過，這年夏天他們不去了。他們會錯失一整年的資料，為這項科學研究帶來損害。

派帝最擔心的是肥料問題。每年，他都會在阿加沙肖克為一片白雲杉施肥，隔壁則是一片不施肥的對照組，目的是了解極端海拔和緯度的樹木生長會受到什麼限制。森林線的改變還有一個未解之謎：為什麼有些地方的森林正加速往北去（斯堪地那維亞的速度是每年一百公尺），有些則慢慢來（加拿大中部一年不到十公尺）。倘若僅根據溫度模擬的電腦模型，預測大多數地區的森林都會迅速推進，不過，現實狀況有點微妙，不同樹種反應暖化的方式也各異，在阿拉斯加，其中一種物種便同時存在前進和停滯的例子，這正是派帝和羅曼在研究的事。

在運輸路東邊，白雲杉似乎沒要往哪兒前進，但低地比較靠海的西邊，白雲杉則快速衝上凍原，彷彿拚命逃離更南方的火災與乾旱。如果派帝的團隊能了解這個關鍵物種的限制因素，就更能預測未來地景將會是什麼模樣，能封存多少碳，或能吸收多少輻射。施肥中斷一年，會毀了一切。

我拼湊起阿加沙肖克河谷的遙測照片，像舊世界的薩滿在夢中遊遍地景一樣，從科策布「飛」向上游。在科策布所在的那片岬角後方，科布克河和諾亞塔克河在縱橫錯綜的三角洲裡，融入科策布海峽中。在這裡，森林線遇上了鹹水，形成遍布黃沙的詭異地景，看起來不像在北極，反倒像是撒哈拉沙漠。科布克三角洲的南岸由二十萬英畝的沙地組成，那是冰磧石的殘餘物，被吹進有掩蔽的谷地裡。粉狀的金黃風積沙（aeolian sand）在遙遠的北方很常見，這是上次冰河期以來就在作用的兩種地質力量——退後的冰河與前進的樹木相遇。陸地的背風處是樹木喜愛的地方，所以也是風把沙吹過平原之後落下的地方。沙丘的景色陰森：巨大的黃、紫色陰影起伏波動，讓人聯想到的不是冷，而是熱，聯想到沙漠的多肉植物和駱駝，而不是偶爾的柳葉菜花朵從沙裡冒出，或矮小的雲杉出乎意料地站在一片遼闊的沙丘前。就好像它們知道自己不該出現在這裡。

在海灣周圍與諾亞塔克河的三角洲上，流向大海的一道道小溪從一片片泥巴和沙子裡冒出來，匯流到主流開始蜿蜒，那正是森林規律演替的驅動力。從空中看來，一道道綠意沿著河灣分布，有如向外擴散的漣漪，森林彷彿一次次在平原表面畫出S型曲線；從比較低的角度來看，樹木的高度、密度明顯各不相同，每一道條紋與線的交錯，形成了如同編織物的視覺效果，像是反覆鋪展開來的絲線被細密拉緊。

河川的水流侵蝕河灣的凹岸，挖去雲杉混合林下方的土地——那裡是白雲杉與黑雲杉的老熟林，現在已有一百五十到兩百年的歷史，處於所謂的極盛相狀態。水流沿著凸岸沉積出一道石礫，緩慢被柳樹、草和薛苔占據。那後面是彎彎一道比較高，與河流平行的柳樹、赤楊和樺樹，而在這一道年輕森林之後，是一片比較開闊的林子，主要由黑雲杉的細瘦尖頂組成，間或穿插更高的白雲杉。黑雲杉偏好沖積平原潮濕的沼澤土壤，而白雲杉喜好谷壁的岩床。

當河流沿著河谷蜿蜒而上，森林演替也隨之並行。這是一幅河流的筆觸在千百年來緩慢又從容刷出來的景致。沿著谷底，排水良好的土壤有利樹木生長，不過在山谷邊緣，山壁上的雲杉邊緣之後，永凍層阻礙了排水，低地凍原欣欣向榮——有地衣、薛苔、莓果，而湖泊池塘的靜水形成鑲嵌的草叢。再度往更高處去，岩石穿透薄薄的一層泥土，雲杉又回來了。這稱為反轉的森林線。上方是濃鬱的森林，下方是高山凍原，還有一道森林追著河流的路徑。最近，白楊開始移動了，一開始是灌木，然後在秋天像一道道火焰般竄上谷地。

「對啊，白楊瘋了！」羅曼說。不過，僅僅年復一年地回到同一片樣區是不夠的，任何試圖順應樹木時間（或地球時間）的人，都會遇到這個困難。羅曼說：「就像看著小孩長大——其實根本不會注意到。」他期待不久之後成為祖父。

他們看著以前的照片。當他們把樣區拿來和一九五〇年代的空照圖比對後，發現森林只擴張了一點，沒有模型預測的那麼多。真正驚人的是，先前貧瘠的生態系統（高大的灌木和偶爾出現的白楊樹等等）增長了百分之四百。暖化改變了森林線的生態系平衡，過渡帶的擴張，有利的似乎是灌叢，而不是森林。[4]

綠化未必會使森林線前進，反而演變出阿拉斯加全新的地景。此外，凍原整體的植被正如火如荼生長。這不是一條樹木或樹種之線加速前進的問題。用火柴點燃紙片的時候，閃爍的紅色餘燼會爬過紙頁，但把一張紙丟進火爐裡，整張紙會同時燒起來。阿拉斯加的「凍原」很快就將成為歷史名詞。羅曼說，北方針葉林的鳥類和灌木，已經出現在北坡地區的「北極國家野生動物保護區」（Arctic National Wildlife Refuge）了。

所有研究問題都會導向另一個問題。派帝和羅曼想知道，灌木發生了什麼事？柳樹和赤楊有什麼雲杉沒有的特性？這問題的答案，能不能幫忙解釋布魯克斯山脈東、西側雲杉之間的差異？

派帝解釋，為何暖化導致有些樹木長得茂盛，有些樹木死亡，他們知道的少之又少：「我們只有七十八個資料點。我們什麼也不知道。」

他們靠著森林地下專家蕾貝卡．休伊特（Rebecca Hewitt）的幫助，開始研究雲杉與真菌的共生關係。

雲杉和大部分植物一樣，高度依賴菌根網絡和地衣來提供氮與礦物質——有超過百分之九十的植物種類都仰賴真菌而生。真菌纖維的一端會伸進樹根裡，或包在樹根周圍，另一端的纖維稱為菌絲，可能比最細的根再細五十倍，長度則可達數百倍，如此大大拓展了樹根的可及範圍。以全球來看，這些菌根菌的纖維組成土壤三分之一到二分之一的活生物量。[5] 土壤其實是由龐大而脆弱的細小微物連結交織而成。

布魯克斯山脈東部屬於乾燥寒冷的大陸型氣候，派帝和羅曼發現此處的真菌活動比較旺盛，即使是連續永凍層的冰冷土壤中也不例外。東部的那些樹木沒有在道爾頓公路以東生長或前進，卻為了生存而選擇大量投入資源在它們的真菌夥伴身上。然而，在布魯克斯山脈西部，白令海峽的海洋影響則讓一切比較溫暖而潮濕，與真菌的連結較不緊密，不過生長與前進卻又都比較顯著。他們的假設是，樹木不用投入那麼多在真菌關係上，就能得到所需的養分。

蕾貝卡．休伊特有一頭亮眼的紅髮和一雙藍眼睛，眼中散發追尋者的穩定光明。休伊特是一位極具耐心的溝通者，在我們的視訊訪問中緩慢而清晰地對我解釋，植物如何需要氮來建造光合作用機制，而氮又是如何在凍原和北方針葉林限制植物的生長，以及當這一關鍵元素出現時，凍原如何迅速被植被覆蓋。休伊特在凍原觀察到植物似乎從地下深處提取出氮，透過真菌調解的複雜共生關係，從而與其他物種分享氮和各種礦物質。固氮植物本身並沒有表現出生長增強的跡象，其他植物（例如柳樹）則長得很好。那麼，氮是哪裡來的呢？植物有辦法從衰退的永凍層中提取氮嗎？在土表之下糾纏不清的交換網絡之中，誰在和誰分享什麼？又是誰決定資源和權力的平衡？

我們知道真菌網絡能在樹木和其他植物之間運輸碳、水和礦物質，甚至能跨越物種而運輸。「**樹聯網**」（wood wide web）的概念來自蘇珊．希瑪爾（Suzanne Simard）劃時代的研究。希瑪爾研究的是北美太平洋西北地區樺樹和花旗松共享碳的開創性題目，這個概念在提出之初引起不少討論，如今也變得廣為人知。[6] 隨後的研究顯示，在一公頃的土地上，有幾百公斤的碳在樹木之間透過真菌網絡搬來搬去。不過，依據梅林．謝德瑞克（Merlin Sheldrake）所言，真菌網絡被動傳導物質與資訊的概念，是非常「植物中心的觀點」。謝德瑞克提醒我們，真菌也有自己的利益。他指出，把菌絲體在土壤中的角色想像成掮客可能比較好。不過，當我聽著羅曼和派帝談論灌木層在暖化時對樹木產生的不利影響，腦中冒出了另一個類比：如果真菌比較像農民（碳農和糖農），為了因應不確定的氣候而讓作物多樣化呢？

分解、形成土壤與真菌遷徙的過程，對於「促使大規模的植被移動進而改變地表」，可能就和溫度上升一樣重要。這麼一來，在心靈上和生物學上都說得通——先前生命的模式塑造了後來生命的模式。

我們才剛開始窺見林地之下，對於正在發生的事情仍然所知甚少。我們只知道，森林和所有生命一樣，是共生系統，是動態的過程，而不只是一些事物或不同個體的集合。我們愈仔細檢視，就會愈發現森林的神祕。下方的菌絲、根尖與永凍層的網絡中，極有可能是森林的邊疆。看來，了解森林線在哪兒、森林線是什麼，以及如何因應暖化與融化的關鍵，不是在地面上活躍雲杉發綠的尖頂，而是在腳下潮濕的黑色有機層。

不過，凍原綠化僅僅是衛星照片透露的一半實情，更往南去，森林正變成褐色。[7] 蕾貝卡的朋友兼同事布蘭登·羅傑斯（Brendan Rogers），是麻薩諸塞州伍茲霍爾（Woods Hole）一間機構的氣候模型專家，參與了許多「北極與寒帶脆弱性試驗」的研究計畫，尤其是估計土壤和森林的碳儲藏。他在電話裡解釋，小規模的衛星影像起初沒照到健康森林林林分裡褐化的個別樹木，不過，景色在二〇一〇年開始改變，到了二〇二〇年，大範圍的森林劣化過程似乎已進行一段時間了。現在從北美北方太空拍攝的衛星照片，顯示出翠綠的谷地、黑色的燒痕和一道道褐色——那是經歷熱逆境（heat-stressed）或昆蟲損害的雲杉。地球不再覆蓋均質而脈動的綠毯，看起來像是得了皮膚病。

某方面來說，綠化和褐化有關聯，布蘭登說，生長季延長，植物進行更多的光合作用，所以「預期暖化會增加森林的生產力」。不過，所謂的二氧化碳施肥效應很短暫。[8]美國太空總署科學家發現，光合作用不只有溫度限制，也有濕度和養分的限制，較暖的空氣能攜帶更多水蒸氣，增加蒸氣壓力差，這機制會促進植物的蒸散作用，把水蒸氣釋放到大氣中。基本上，較溫暖的空氣會讓葉子散失更多水分，樹木為了避免在更高的溫度中失去水分，會開始關閉氣孔，停止光合作用。即使土地裡有許多水分，如果樹木失水的速度超過吸收水的速度，就會出現合理的反應——停止生長，限制自己產生葉片與封存碳的能力。[9]

雲杉的針葉是捲起的葉子，葉上覆蓋著蠟質的角質以避免水分散失過多，而氣孔也經過改造而更能保存水分。這種強韌的北方森林針葉樹在經過演化後，能用非常少的水分生存，卻不能完全沒有水。[10]想到我們對「樹木如何死亡」的了解有多麼貧乏，就覺得不可思議。雲杉枝條末端的細細針葉會變褐、落下，而且這種情況在每年夏天愈來愈嚴重，是缺水、維管束受損？或是碳飢餓？[11]就算有驗屍官，大概也很難判斷死因。

雲杉很強韌，水分逆境（water stress）對木質部的傷害不大，所以適合做成木漿。強壯而厚壁的細小管胞（tracheid）負責輸送、餵養生長中的樹木，這些正是紙纖維的來源。不過，極端的高溫讓白雲杉與黑雲杉都承受了壓力，不論冬夏，遇上了乾旱都一樣——樹木缺水會升高管柱中的張力。於是雲杉演化出一種獨特的機制來處理這種張力，可以升高到每平方英吋九百磅——汽車胎壓最高不過每平方英吋四十磅。雲杉的細胞之間有小型的前室（antechamber），彼此連接以維持整體的完整性，同時又允許個別細胞的水分組成保有彈性。看似對於結凍沒有下限，但在溫暖的天氣裡，就連雲杉也有其破口（breaking point）。根部沒有水，樹木中的水分在緩慢消耗時會產生張力，把水分從根部拉上木質部。最後，木質部把氣泡導入細胞壁中，致使木質部空洞。當氣泡聚集起來，就相當於人類血管的栓塞，或是像潛水者得到「潛水夫病」。

雲杉和大部分的北方樹種一樣，演化成大半年都處於休眠狀態，僅利用短暫的生長季為嚴酷冬季累積儲備。但如果雲杉在夏季也得休眠，在高溫或乾燥逆境中求生，那根本就沒什麼機會長大了。夏季生長也成了奢侈。

在此同時，這種水循環的加速，代表了所有植被的蒸散作用都在增加，進而增加系統中的對流能量，因此導致暴風雨增加，雷電變多，從而引發更多火災，燒毀的面積加倍，幾乎年年的排放量都以指數增加。布蘭登說，二〇一九年，阿拉斯加的林火排放了七十太克[28]的二氧化碳，相當於佛羅里達州人類活動的排放量。

雲杉不用枯死就是很好燃燒的木材了。黑雲杉的樹脂可燃，所以被消防員叫作「**木柴上的汽油**」（gasoline on a stick）。雲杉的落葉含有樟腦——是煙火的一個成分。之所以如此，是因為黑雲杉只會在火燒之後再生——黏乎乎的黑色毬果會處於休眠狀態，直到樹脂被火燒融，釋出種子。不過隨著每年燒毀的面積愈來愈大（如同俄國的情況），傳統的演替方式被打斷，黑雲杉也不再更新了。[12]

二〇一六年，一位阿拉斯加研究者說過：「北方森林正逐漸瓦解。失去了雲杉，就失去倚賴雲杉生存的一切，這也意味著失去了北方森林。」[13]這不只是森林居民的問題，也是我們所有人的問題。森林系統、水循環、大氣環流、碳儲存和永凍層融化之間的回饋和交互關係，既複雜又影響廣泛，複雜到沒有哪台電腦能獨立模擬。

布蘭登說：「我們只能確定，未來的氣候干擾會增加許多。」要一窺我們失去一座森林會造成什麼改變，首先要了解森林在維持現狀上扮演的角色。

一片完整的雲杉森林就和任何森林一樣，主要關注的重點都是創造、維持自己的棲息地。我們知道樹木會造雨，雲杉尤其擅長這種事。這種樹木有著強力的揮發性有機物，會和水蒸氣的分子結合，讓水蒸氣凝結成水，使之變重，變成雨水而落下。此外，水蒸氣本來也就是樹木造成的，每棵樹都是迷你的獨立造雨工廠。樹木吸收、蒸散的水分，比它們用來行光合作用的更多；它們吸收的水分中，百分之九十都沒用上。那麼樹木為什麼要吸水？套一句科學記者弗瑞德·皮爾斯（Fred Pearce）的話：「樹木釋出水分，讓這世界適合更多樹木生長。」也適合更多人。[14]

落在陸地上的雨水，百分之五十源於樹木的蒸發散作用。樹木持續吸收、蒸散水分，回收自己造成的雨水，所以大片相連的森林帶似乎是雨和風的重要公路，落在森林的雨水會蒸散，然後變成雨水再度落回陸地，就像幫浦一樣，被稱為「**飛河**」。29 [15] 其他

28 編註：teragram，或稱兆克，為一兆公克。
29 編註：flying river，樹木吸入地表的水分，把水蒸氣傳進高空中。當水蒸氣在大氣中凝結，就會變成低氣壓，吸引更多潮濕空氣從海上移入內陸，就像一條飛在空中的巨大河流。根據研究，這些樹每天將兩百億噸的水送入亞馬遜雨林的雲層中。

研究稱這現象為不同大陸的森林間的「**遙相關**」（teleconnection），就像亞馬遜雨林和西非季風的關聯。阿拉斯加和北加拿大的雲杉林，似乎和美國的麵包籃——美國中西部大平原——的降雨有直接關係。[16]關於遙相關的研究才剛展開，不過，俄國的北方針葉林和烏克蘭的小麥田之間似乎也有同樣的情形。[17]

森林也幫忙製造風，但其中的機制還有爭議。極鋒（polar front）是北極上空冷空氣團和溫帶暖空氣之間的劇變接合點，會隨季節移動。在冬天裡，極鋒常降到較低的緯度並帶來冰雪，不過夏天則通常穩定，所在位置多少會和森林線重合。一九九〇年代以前，一般咸認樹木的位置受到風影響，然而羅傑．皮爾克（Roger Pielke）和皮爾斯．維戴爾（Piers Vidale）這對英國科學家的研究，顯示實情可能恰恰相反——樹木決定了極鋒的位置。

雲杉會呈深綠色，是因為針葉含有高度濃縮的葉肉組織，能吸收輻射。就像蘇格蘭的高大松樹，顏色可能非常濃重，而針葉上的蠟質角質層極厚，使針葉呈現藍色或近乎黑色。陽光照在雲杉的針葉上，雲杉的微結構（莖與針葉）讓輻射在其間反射，吸收短波輻射，使其波長增加，盡可能多吸收光子。樹木吸收光線，因此被釋放回大氣的紅外光輻射減少，被二氧化碳層捕捉並轉換成熱能，進而加劇全球暖化。北美最大的雲杉林，不只產生大量的氧氣、吸收碳，同時也為地球降溫。夏天裡，一棵樹每蒸散一百公升的水，就能貢獻七萬瓦的冷卻，相當於兩台傳統冷氣的效果。[18]

冬天裡，這種吸收輻射的能力讓雲杉樹幹旁的積雪融化。雲杉為周圍的土壤加熱，為雪下世界的昆蟲、齧齒動物和真菌提供有利的棲地。雲杉把從光裡吸收到的能量重新輻射到下面的雪堆，枝幹間和樹下的溫度可能遠高於外面的氣溫。所以北方森林的居民常常在雲杉下紮營，把高大的雲杉視為帶來庇護的神聖之地。

不過，雲杉的深色會在夏天導致凍原和森林的反射容量（albedo，或稱反照率）存在極大的差異。北方森林吸收大量的輻射，因此像陽光下的黑色路面一樣升溫。相較之下，附近的凍原把大部分的輻射直接反射回太空。凍原和森林的溫度差異極大，因此產生陡峭的溫度梯度。皮爾克和維戴爾指出，這梯度造成了風，決定了極鋒的位置。[19]

然而，後續的研究顯示，溫度梯度並不是全貌。十多年前，俄國物理學家安娜斯塔西亞．瑪卡利娃（Anastasia Makarieva）提出了一個新理論，直到二〇二〇年「北極與寒帶脆弱性試驗」舉辦研討會時，這個理論也受到了更多關注。

瑪卡利娃關注的，是樹木蒸散的水蒸氣冷凝成水滴時所形成的真空。身為一位物理學家，她從水（液體）占有的空間遠少於水蒸氣（氣體）的定律著手。從氣體轉變成液體會產生部分真空、壓力陡降，而更多充滿水氣的空氣會從下面被吸上來。濕空氣上升，隨後會被水平移動到森林樹冠上的空氣所填補。瑪卡利娃和同事維克托·戈爾什科夫（Viktor Gorshkov）稱他們的理論為「**生物泵**」（biotic pump）。造雨的過程也會把空氣吸到森林上空，讓雨水移動。只要有水蒸氣凝結、樹木持續進行蒸散，這陣風就會持續吹動。[20]

生物泵的概念或許有助於解釋，為何極鋒和森林線的位置在夏季相關（樹木在進行蒸散作用），冬季卻不相關（樹木休眠）。北風的精靈（希臘文是boreas）或許就在北方森林之中。瑪卡利娃告訴弗瑞德·皮爾斯，森林「不只是大氣之肺，也是跳動的心臟。生物泵是地球大氣環流的主要動力」。[21]

如果瑪卡利娃說得對，就可以把森林視為最重要的天然資產，至關緊要，不只能讓人類棲地維持在目前的位置，也是生物發動機，有著跨越國界和陸塊的地緣政治重要性。隨著人們愈來愈關注氣候變遷的科學研究，當我們視為順理成章的「生態系功能」開始失靈時，更多的問題也將會一一浮現，民族國家（nation-states）是否也會開始關注其他國家砍伐森林的問題呢？未來，會不會不再派遣軍隊維持石油供應，而是改由保護造雨並輸送雨水出來的森林？

生物泵理論似乎也解釋了阿拉斯加森林正在發生的變化。森林蒸散減少，降雨和造風也隨之減少，導致環境變熱、變乾，更容易產生乾旱和火災。阿拉斯加夏季的風已顯示出逐漸減弱的跡象，導致為時更久、更乾燥的高壓系統徘徊不去，加速了乾旱進程。[22]北方森林是過去幾百萬年來氣候系統的基礎，然而，隨著樹木向海洋前進、乾枯或消亡在綠化凍原的灌木叢中，原本在世界之巔穩定吹拂，默默調節著北半球的風系，也即將亂了套（其實正在、已然發生）。

阿拉斯加，科尤庫克，胡斯利亞
北緯 65° 42' 7"

「**在鄉鄉愁**」（Solastalgia）是愈發陳腔濫調的新詞。描述的是人雖然在家，卻有種思鄉的感覺。那是一種失落感，但也是困惑：我們自以為活在那個星球，但那星球已不復存在。在暖化的世界裡，詞語脫離了原本的意義。人類學家表意的象徵和意義本身之間的差距，擴大成危險的鴻溝。「凍原」不再能夠準確描述凍原如今的狀態。在世上許多地方，「春」、「冬」和「秋」很快就會競爭相近的概念。大部分人類在不久的未來便會體驗到那樣的感覺，不過，那些親近大地的人們，早在一個世紀前就已經體驗到了。

未來，阿拉斯加的石油歷史可能會被視為一種糟糕的諷刺。一九七五年，約翰・麥克菲和同事沿著鮭魚河而下。讓他們踏上探索之旅的原因，追根究柢就是石油。石油的發現，促成了《阿拉斯加原住民權利法》的出現；對油管的憤怒與強烈反對，促使法案納入了「國有利益土地」的條款，並導致「國家公園署」派出巡林員和偵察員，調查評估從北極海到太平洋的土地，以及其間的所有大河與山巒。

國家公園署主持計畫的一個主要組成部分，是人類學家蘇洛・布拉德利（Zorro Bradley）在阿拉斯加大學費爾班克斯分校成立的「公園合作研究單位」（Cooperative Park Studies Unit）。布拉德利招募一群研究者，詳細記錄了住所被視為國有地的原住民族群的「生活方式」。國家公園署致力於管理所有未來的國家公園，符合當地原住民的文化與社會經濟利益。這個開創性的計畫帶來豐富的成果，然而，四十年後卻因為私人土地的大規模交易與《阿拉斯加原住民權利法》代表的碳燃料消費，導致該計畫成果的持續流失。這個計畫還具有另一個珍貴意義——由於石油開發，開啟了隨後對於原住民智慧與世界觀的紀錄，也為擺脫石油所帶來的困惑與混亂提供了很大希望。

在科布克河的源頭，河水流域止步在一處大陸分水嶺，那片藍色山丘的低矮山脊向北連接布魯克斯山脈的山壁。落在山脊一側的雨水，沿著科布克河流入科策布和楚克奇海；落在另一側的雨水則成為阿拉特納河（Alatna），然後是科尤庫克河（Koyukuk），最後匯入育空河，抵達南方幾千哩外的太平洋。賽斯是在科布克河岸一座冰屋長大的作家，他年輕的時候，大陸分水嶺曾是森林真正開始的地方。科尤庫克河的居民——科尤康人（Koyukon）和因紐皮雅特人不同。因紐皮雅特人著眼於大海，科尤康族則完全是森林民族。一九七五年，麥克菲順河而下的那年，一名三十五歲的人類學家和他的雪橇犬隊進入科尤康族的領域，踏過初春新覆的雪地。這次旅程促成的相遇，對這位人類學家和科尤康族都有深遠的影響。

理察．尼爾森（Richard K. Nelson）二十二歲時，在溫來特（Wainwright）為美國空軍效力，初識了阿拉斯加的風情。後來他攻讀人類學，在夏威夷成為北極生物的講師。一九七四年，他把握機會進入蘇洛．布拉德利新成立的「公園合作研究單位」工作，返回阿拉斯加。布拉德利派他前往安布勒和申納克（Shungnak），那裡是賽斯從前沿著科布克河谷的落腳處。一段時間之後，尼爾森往東前去，深入內陸來到科尤庫克，在胡斯利亞（Huslia）待了一年。不久之後，那一年的時光便轉化為戰後最重要的民族誌作品之一，《向渡鴉祈禱：科尤康人眼中的北方森林》（*Make Prayers to the Raven: A Koyukon View of the Northern Forest*，一九八三）。這部經典而後被改編成電視影集，至今仍在印行。

尼爾森關鍵的洞見和成就，是以科尤康人的方式來理解他們的「生活方式」與世界觀，並用尼爾森的語言描述。他寫道，《向渡鴉祈禱》是「原住民的博物誌，處於西方科學的領域之外」。這本書的附錄詳盡地附上科尤康族為物種和概念取的名字，本身就是十分重要的貢獻，不過更重要的是，尼爾森也展示了科尤康族的自然觀點是多麼實際而且真實，儘管已經超出了我們情感理解的範圍。尼爾森寫道：

> 科尤康人住在以森林之眼關照的世界。在自然中活動的人，不論那地方多麼蠻荒、偏遠，甚至毫無人煙，都永遠不會真正感到孤單。周遭是有意識、有感覺，是人格化的。祂們有感覺，祂們可能受冒犯。時時刻刻必須懷著適當的敬意對待祂們。[23]

對科尤康族來說，這種世界觀塑造了他們在土地上的生活與生存的方式。這是一窺**真正身為生態系的一部分**代表了什麼意義：「意識型態是自給自足的一個基礎……大部分和自然實體的互動，都以某種形式受制於道德準則，這準則維持了人類和非人類之間適當的精神平衡。」對科尤康族而言（就像許多其他原住民社群），人類、自然與超自然，在「渡鴉創造的世界」裡共處於一個道德秩序之下。

這是鼓舞人心的一個有利位置，對我們目前面臨的碳氫困境有許多幫助。這本書讓我以全新的目光看待地景。讀完之後，我有一堆疑問，並搜尋了理察・尼爾森，他在離開胡斯利亞之後成為一名傑出的作家，曾獲選為阿拉斯加桂冠作家，也是「全國公共廣播電台」（US National Public Radio）裡令人熟悉的聲音，主持了一檔以聲景與自然為主題的長壽節目，名字取得真好，叫《偶遇》（*Encounters*）。令我難過的是，我發現他在幾星期前過世了，那時我正在讀著他的書。尼爾森的維生裝置關閉之後，他要求讓他獨自一人，聆聽渡鴉叫的錄音。

於是我搜尋了他主要的科尤康族老師凱瑟琳・阿特拉（Catherine Attla），結果她也在幾年前過世了。她同樣是阿拉斯加公共廣播電台家喻戶曉的人物，主持的節目《渡鴉時光》（*Raven Time*），收集、分享了原住民故事與知識。阿拉斯加大學費爾班克斯分校的這些錄音檔資料庫，是一個新歷史類別（全球暖化口述歷史）的豐富資源。[24]

凱瑟琳在科尤康語裡被稱為K'itiitaalkkaanee，她出現在螢幕上，是一位黑髮女子坐在戶外，身穿暖和的狼毛領連帽大衣，上方的樺木枯枝框著淡藍色的天空。太陽照在她光滑的臉上，在眼鏡的鏡架上閃閃發光。她面露微笑，彷彿是為自己的故事發笑。

「噓！」她咯咯笑著說。「所以他們才會說：『在冰塊的面前要保持安靜。要尊重冰。』」

時值春天，河裡的冰正在逐漸消失——大片大片移動的灰色冰塊劈啪推擠，飛快向下游翻騰而去，嘎吱擦過胡斯利亞。陽光照耀纖細的樺樹、古銅的雲杉尖頂和雲杉原木屋的矮斜屋頂。一群人穿戴帽子、墨鏡和鑲著毛皮邊的連帽大衣，聚在河岸旁，進行基督教祈禱並唱著傳統歌曲，感謝冰：「河冰啊，願明年我們還能再見到你移動。」

凱瑟琳講述了以前她和妹妹把樹枝投入冰凍的河中，長者會如何責備、阻止她們。冰裡頭住著精靈，精靈非常強大。她們總被要求保持安靜，禁止談論「你不了解的大事。你的嘴巴很小，別說大話！」她們不能談論太陽、月亮、天空和動物。萬物有靈，它們會聽見。如果某種動物不喜歡被人提起，就會帶給你厄運。

她的妹妹總說：「我想要快快長大。長大就能像他們一樣說話了！」

凱瑟琳無拘無束地說話、大笑，分享長者的故事和她自己的困惑。一九五〇年，她去拜訪牧師時說道：「牧師，我很痛苦。我學到我祖先的教誨，也有耶穌的教導，但我不知道哪個是真的。」

牧師告訴她：「都是真的，兩種都要遵守。」

「在那之後，我感覺好了很多很多，放心了！」說完，她又哈哈笑了起來。

那是一九八六年的事。在根據尼爾森著作所拍攝的電視紀錄片中，凱瑟琳正對著鏡頭說話。[25]一九七五年，凱瑟琳收留了尼爾森，她認為應該分享自己習得的長者智慧，也因為她的英文能力足以傳達。凱瑟琳在一九二七年出生於近路村（Cutoff）。那座村莊在幾經洪水之後，由胡斯利亞取代。她在青少年時期靠著閱讀罐頭和其他移居者商品上的標籤學習英文，漸漸擅長在殖民政權的機構、美國聯邦政府和她的族人——科尤康人之間調停。

尼爾森離開之後，凱瑟琳抱著相同的理念繼續在廣播中述說、分享她的知識和記憶。在一集節目中，凱瑟琳敘述一九三七年她十歲時，帶了把獵槍去「雁子的好地方」——柳樹湖（Willow Lake），天空因為飛鳥而「黑」了二十四小時之久，夜以繼日。「那裡的鳥兒就是那麼多。但現在，」到了一九九〇年代，「相比之下，鳥兒差不多都沒了。」甚至在一九七〇年代，尼爾森也曾寫到長者們抱怨黎明多麼安靜，鳥鳴少了很多，從前滿是野鳥的湖水正逐漸乾涸。

在另一集節目中，凱瑟琳說起一九三〇年代和祖母去釣魚的故事，祖母指導她如何透過觀察魚鼻孔旁的斑點來預測天氣：白斑表示冷天氣快來了。或者，一隻出現在遙遠內陸的孤獨海鷗，暗示著漁獲欠佳的一年，而一整群則代表著豐收。「任何動物知道的都遠比你多。」

他們當時很少吃魚，因為他們得自己織網，但棉線並不耐用，而用樹皮線或動物的筋做網又相當耗時。她以溫和低沉的聲音耐心解釋儀式、禁忌與傳統的複雜網絡：漁村的例行公事、該如何屠宰河狸或替雁子拔毛、宰殺後的動物應該要靜置隔夜，讓靈魂離開身體，以及熊掌必須割掉，以免熊靈到處遊蕩。動物的特性會感染人，所以每種動物都該給不同、特定的人吃。比方說，只有長者能吃潛鳥（在歐洲被稱為潛水員水禽，像馬里湖的黑喉潛鳥），因為吃潛鳥肉的人，可能會像那類的鳥一樣笨拙，而長者反正已經行動笨拙了。其他實體也是同樣的狀況：水應該省著用，否則貪嘴的人會變得像水一樣沉重。

自然界的形式與模式，塑造了人類想像的地景以及生活其中的社會關係。他們實在難以想像和自然界唱反調這種事，根本就是某種異端邪說，而在科尤康族傳統中，是要付出代價的。電視紀錄片拍攝的是一個自殺男孩的葬禮，男孩的母親在火堆旁哭泣、焚燒祭品，同儕則在一座新墓旁立起一副高大的白雲杉十字架。凱瑟琳搖搖頭。

「太多意外了。」她說。「因為我們不尊重 **hutlanee**，這是一種森林的傳統儀式和禁忌。」她對電視觀眾採用另一種說法：「最高法院應該制定一條法律，要求人們應該要像對待其他人類一樣，對待大地。」

我能找到凱瑟琳最晚近的紀錄，是胡斯利亞的吉米・杭丁頓高中（Jimmy Huntington High School）學生與「世界自然基金會」（Worldwide Fund for Nature）合作錄製的廣播節目。時間是二〇〇五年，她的頭髮雪白，戴著眼鏡，身穿羊毛衫，說話比較慢。[26]

「他們不該擾亂月亮，知道吧。我們的長者說過，把人送上月亮，會改變一些事。月亮和天氣有關。這下知道發生什麼事了吧？」

其他長者坐成一圈，點了點頭，加入其中。學生注意到雲杉受到熱逆境的摧殘，而蘿絲・安布洛斯（Rose Ambrose）說：「天氣老到無法控制自己。科尤庫克河的河水漲到了岸上，太可怕！太可怕了。」

維吉尼亞・麥卡錫（Virginia McCarthy）附和：「這已經不是我們長大的那片土地了。」

瑪麗・耶斯卡（Marie Yaska）說：「所有鳥兒都有為我們唱的歌。我們注意到真正改變的一首歌，是知更鳥的歌。知更鳥只唱了一半，然後就『哈哈哈』叫。不知道為什麼？」

我想知道科尤康人現在過得怎樣，於是打了通電話給胡斯利亞市長卡爾・布格特（Carl Burgett）。我們在六月一個陽光普照的早晨談話時，尼爾森和凱瑟琳描述的世界在我腦中浮現了出來。

「我們是幾乎沒受到影響的人。」電話另一端的聲音說著，親切地笑了笑。「上游、下游兩百哩都沒有其他村莊。只有愛斯基摩人住在更北邊。」

卡爾告訴我，他正站在他用雲杉原木建造的小屋外頭。我看過胡斯利亞的一張照片，一群結實的木屋不規則地排列著，後面有附屬建築和加高的貯藏室。這些木屋坐落在稀疏的樺樹林中，遠離科尤庫克河的寬大河灣，河流持續向西延伸。遠方，平原分裂成苔沼（muskeg）和森林的不規則圖樣，直到平原遇到北方布魯克斯山脈的黑色山脊相接，整個景象被波光粼粼的河流切割成許多碎片。科尤康語中，這地方叫 **Tsaatiyhdinaadakk'onh dinh——森林把山丘燒到河的地方**。胡斯利亞是那條溪流的原住民語 Huslee 的變形。

卡爾提到，今年六月的早晨，雪幾乎融化了，河裡殘存的冰也都消失了。樹木冒出新芽，冰塊「解體」——「綠起來」（Green up）的過程已過，直到八月都不會再看到夜晚。卡爾心情很好。

「這時節打電話過來不錯，是啊，時機剛好。」說著，他又笑了。卡爾和大部分科尤康人一樣，不看鐘錶上的時間，他餓了就吃，累了就睡。極地的夏季，時間的刻度形同虛設，孩子們凌晨三點還在外面玩，人們熬夜串門子，聊完天才回家睡覺。現在是胡斯利亞的近午時刻，卡爾要去村郊砍樹。往一個方向延伸四十哩的森林是 **ts'ibaa t'aal**（黑雲杉），另一個方向則是 **ts'ibaa**（白雲杉）。夏季是伐木時節，要為過冬做準備。人類要在刺骨的寒意中生存，溫暖比食物更加關鍵。充足的木柴庫存，是名望的象徵。

我現在不只看到胡斯利亞，更能**聽見**那裡。尼爾森的書裡充滿像卡爾一樣的聲音，語法謙卑、坦然而旋律優美，像是風在雲杉間歌唱、在樺木間窸窣撥動，也像是鳥兒的啼囀、河中鮭魚的濺水聲，或湖上船槳入水的聲響一樣，與土地的自然聲景融為一體。尼爾森引用了一名女子的話（很可能是凱瑟琳．阿特拉）：「有些人會獵捕潛鳥，但我啊，我不喜歡殺潛鳥。我喜歡盡情傾聽潛鳥，並學起牠所知道的話語。」

當然了，鏈鋸、雪上摩托車、船隻的舷外機與螺旋槳的答答聲，已成了這年頭胡斯利亞生活的一部分。卡爾得意地告訴我，胡斯利亞正在成長——現在有三百五十人以這裡為家，學校有一百名學生。不過由於此地少了道路，而且位在「北極之門國家公園」（Gates of the Arctic National Park）的保護飛地之內，禁止商業砍伐，所以世上其他地方不大關注科尤康族。直到最近，社區洗衣房（那裡位在永凍層，所以沒有自來水）才裝了無線網路。

「這裡是個倚靠飛行進入的地方，」卡爾說：「也就是與世隔絕、傳統生活、野生食物。」新冠肺炎的大流行中斷了航班，不過社群超過半數的飲食仍來自大地，因此即使飛機真的停飛，他們也過得下去。「我們的知識、我們的文化仍然強盛。」他說。

我問他，尼爾森的書是否達到作者希望的目的，為科尤康族本身提供了參考資料，讓他們的文化續存。

「什麼書？」他問。我提醒他是關於尼爾森和阿特拉的事。

「喔，那傢伙啊。」他輕笑了。「大家通常不會對外人坦白，不過那傢伙喔，不知怎麼成功了。」

卡爾迴避了我問的氣候變遷問題，轉而說起他們的恐怖大雨。阿拉斯加遙遠的北方，一年的降雨量通常不到十五吋，但今年卻是多雨的一年，也是花粉大爆發的一年。雨勢持續從山區橫掃到胡斯利亞幾個月了，降雨量是平常的三倍。樹木愛極了。在我們談話時，陽光暖化了白雲杉金褐色果鱗的樹脂。隨著樹脂融化，充滿簧壓的果鱗會爆開，同步釋放種子。在毬果釋放的日子，俯望一片雲杉谷地，就像俯望遠方的戰場。森林回響著彷彿槍響的劈啪聲，黃色的花粉雲霧乘著上升氣流飄到樹冠上方。在所有靜止的水域、河面和胡斯利亞附近的湖泊上，都浮著一道道黃色的花粉。

卡爾說，大家都很開心。十年來，湖泊逐漸乾涸，林火失控。「今年的莓果收成會很好，森林會欣欣向榮。」他滿懷希望地說。

額外的水有別的意義。河流動態的曲道會侵蝕比平常更大塊的河岸，更多房屋因而需要遷離。社群每年春天會搬遷四、五棟房子，不過有時候動作不夠快。

「是啊，這很正常。」卡爾說。

或許，我們最終都得這樣適應。胡斯利亞的長者不再像十年前維吉尼亞・麥卡錫和蘿絲・安布洛斯在電台採訪中那樣，抱怨反常的淹水。反常成了常態，末日般的災難變得稀鬆平常，融入生活背景中成為反覆上演的事件。這或許是氣候崩壞逐漸浮現的一種新現實——悲傷成了奢侈。日常生活的迫切需求，不容許那樣的喘息或漠然。總是有工作得做。

「氣候變遷的負面影響作用在自然，而不是人類身上，因為我們會適應。如果一個物種遭殃，就有另一個物種得意。」卡爾說得雲淡風清。

卡爾不那麼擔心石油造成的生態漸變，倒是比較擔心人類計畫帶來的突然變化。所以十五年來，他幫忙開礦，並為北坡地區努力。在《阿拉斯加原住民權利法》的規範下，所有土地和礦區開採權都歸屬於十來間當地公司。科尤康族沒有任何石油開採權，但他們和阿拉斯加所有原住民群體一樣，將過去四十年的物質進步都歸功於石油，因此不願批評石油工業。

羅曼說得好，「當然，是有改變。費爾班克斯有櫻桃樹了，而且每個人每個月口袋裡都有五百美元。我們有三十年沒有繳交州所得稅了，而失業率是零。看起來滿不錯的。」這也是所有現代社會都陷入的困境，不過，石化燃料在阿拉斯加的經濟產業中扮演著比較明確的角色。阿拉斯加人比大多數人更清楚，對氣候變遷採取行動，意味著必須大大改變舒適的生活方式。大多數人無法接受。套句羅曼的話，碳氫的妥協仍然幾乎不變。

去年冬天，也就是二〇一九年十月，十五歲的南妮希．彼得（Nanieezh Peter）和十七歲的昆娜．追馬．波茲（Quannah Chasing Horse Potts）兩名青少女在「阿拉斯加原住民聯盟大會」（Alaska Federation of Natives Convention）挑戰長者，要求他們通過一個宣布緊急狀態的氣候變遷決議。[27]不過大多數的當地企業仍然支持石油。兩星期後，土地管理局逕自拍賣了北坡地區四百萬英畝的鑽探權，而康菲公司（Conoco Phillips）宣布了耗資五十億美元的「柳樹計畫」——隨著暖化和河狸的擴展，柳樹將會很快在融化中的苔原稱霸。康菲現在正致力於冷卻永凍層，以阻止依賴永凍層的冰工基礎設施[30]崩塌。

卡爾焦慮的不是大氣中二氧化碳的比例加速升高，而是更為顯眼、也沒那麼陰險的敵人——美國政府。卡爾擔心，聯邦政府會藉著新冠疫情封城，強行通過不受歡迎的計畫，建設一條兩百一十六哩的道路，穿過北極之門國家公園，連接道爾頓公路和安布勒附近、科布克河畔一個頗有爭議的開礦特許權。道路的出現，會削減科尤康族控制外來

30 編註：ice-engineered infrastructure，利用冰凍或寒冷氣候條件而設計建造的基礎設施，例如在北極地區的道路、建築物和管線，便需要特別考慮到永凍層的存在與其穩定性。但當永凍層融化時，可能會導致這些結構不穩定或崩塌。

者的能力。但不只是這樣，計畫中的道路會干擾集水區的水文，改變排水系統，同時也改變森林及其生態系統的結構。過去兩年中，[31]賽斯、羅曼、派帝、卡爾和其餘十萬人簽署了一份請願書，反對安布勒路（Ambler Road）的建造。在安克拉治（Anchorage）擁擠的公開說明會中，人們憤怒地對提案喝倒采。但我們在二〇二〇年談話時，川普政府逕自推動了審核過程。

卡爾說：「我希望這些造路的傢伙來到這裡，看看他們打算破壞的是什麼。」此刻的他，再也沒了先前那樣的笑意。

他們的提議將會摧毀科尤康人世界的基礎。尼爾森記錄了一則科尤康人的起源故事：

遠古時候，渡鴉在湖裡殺了一頭鯨魚，讓鯨魚的內臟散落在湖灘上。從此以後，沿著湖畔生長的雲杉常有瘦長的根。水貂男去找樹女，說她們的渡鴉丈夫被殺了。一個樹女聽說了，哭著掐自己的皮膚，然後變成一棵雲杉，樹皮粗糙皺起。另一個樹女聽說了，哭著用小刀劃開自己的皮膚，變成一棵楊樹，樹皮有著深深的裂紋。又一個樹女聽說了，她哭著掐住自己，直到流血。她變成一棵赤楊，樹皮可以用來做紅色染料。

土地是科尤康族世界觀的基礎。土地不只是食品室，也是字典與聖經，是故事、歷史與文化的儲藏庫，極為神聖，無法取代。每個地點、每個物種都在渡鴉創造的世界故事中扮演某種角色。在那故事中，沒有礦場容身之處。

開礦計畫至今經歷了三次更名，像九頭蛇一樣，為了存活而繼續變幻，即使那條道路所服務的礦場，預計稅收遠不及那條路的造價——想把銅、鋅和黃金弄出來的道路，造價是五億美元。相較之下，那天早晨稍晚，卡爾砍下一棵雲杉之前，會和樹說話，解釋他為何要砍樹並表達謝意，因為在科尤康族傳統中，樹木的貢獻太大，不能毫無理由砍下。

除了溫暖與庇護的實際恩賜，樹木也因為藥用價值而受到尊敬。人們常在森林裡巨大的老雲杉旁紮營，而科尤康族相信那些樹能保護睡在樹下的人。每棵樹樹頂活躍的分生組織細胞，是樹木的能量與藥效匯集之處；薩滿用雲杉樹梢做成刷子，用來拂去疾病。胡斯利亞附近那兩座湖——Hudo' Dinh 和 Hunoo' Dinh，潛藏著危險的力量，渡湖時，帶著雲杉苗木的樹梢就能中和那股力量。

31 編註：二〇一八至一九年。

西方科學家也有同感。雲杉有二十一到二十五種藥用的生化成分，集中在樹木生長的尖端，以及新葉上形成保護層的樹脂。這種樹脂是強心藥，幫助血液充氧、降血壓、調節心律不整。把這些生化成分釋放到大氣中的分散劑，有抗生素和防腐特性——正是你在家使用松木消毒劑時，發揮作用的那些化學物質。北方數十億棵雲杉的分生組織，其實在為我們呼吸的空氣消毒。[28]

在令人意外的共生關係中，雲杉也促進那些生存在其枝條間的地衣進行同樣的事，進而讓抗生素的效果倍增。雲杉的針葉釋放出一種生物鹼——**乙醇胺**（ethanolamine），籠罩樹冠，催化地衣產生抗生素。接著，這些物質會乘著雲杉的其他氣膠[32]南下，順著森林帶動的風，為北半球的航道消毒。[29]在釋出的混合氣膠之中，有種黏稠的物質——β-**水芹烯**（betaphellandrene），具有黏著劑的作用。雲杉釋放出的抗生素也有自己的黏著劑，能黏著在暴露的皮膚上並被吸收到血液中。這一切都蘊含在雲杉的香氣中。也難怪日本在針葉林裡進行的森林浴，被證實了對健康和呼吸有正面影響。[30]

雲杉不只是為了人類這麼做。樹木的生化成分也吸引昆蟲用雲杉的樹脂建造家園、為家園消毒，而雲杉花粉提供昆蟲建造身體的蛋白質。花粉中含有大量昆蟲需要的必需胺基酸，而昆蟲損害樹木產生的蜜汁，為昆蟲提供了能輕鬆取得的可溶性糖類。昆蟲又為食物鏈更上層的生物提供食物，尤其是來北方繁殖的一批批候鳥。鳥類則為樹吃掉昆蟲。

這是科尤康族所屬的道德秩序——在這樣的秩序中，所有生物都有自己的地位、聲音與靈魂，而人類與每一種生物都有個別的關係。正是那樣的道德秩序，阻撓了安布勒路。尼爾森引用一名長者的話：「**全阿拉斯加就像豪豬的掌中物。**」

二〇二〇年七月二十三日，新冠肺炎肆虐美國，阿拉斯加的社區被迫在家自我隔離的同時，美國土地管理局發布了路權許可，批准那條路的路線通過聯邦保護土地。九個環境團體在阿拉斯加地方法院提起訴訟，主張土地管理局進行的該項計畫，違反了《淨水法案》（*Clean Water Act*）、《國家環境政策法案》（*National Environmental Policy Act*）和《阿拉斯加國有地保育法案》（*Alaska National Interest Lands Conservation Act*）。[31]

儘管拜登（Biden）政府審查了阿拉斯加的石油探勘，卻仍強行通過安布勒的開礦計

32 編註：aerosol，又稱為氣溶膠、煙霧質，指固體或液體微粒穩定懸浮於氣體所形成的分散體系，也是一種懸浮微粒。

畫。於是，科尤康族和反對開路的人最後將希望寄託於「**自然的介入**」；瓦解的永凍層會讓整個計畫的造價難以負擔。最後，美國政府終於體認到碳排放的問題，但至今他們還未真正了解到，這項危機不僅僅是全球暖化的問題。美國政府聽到石化業、礦業和金融業的聲音，但沒有聽到理察．尼爾森轉譯的聲音；聲音從寒冷的北方森林深處低喃迴盪，帶著另一個世界的語法：「這片土地知道。如果你對它做了不對的事，它會感覺到發生了什麼事。」我想，地底下的一切，都以某種形式連結在一起。

第 5 章

海中森林

加拿大

✦

香楊

Populus balsamifera

加拿大，安大略省，梅里克維爾
北緯 44° 55’ 06”

森林線從阿拉斯加的布魯克斯山脈，直直切向加拿大的育空。白雲杉的前緣沿著西北地區最北部的輪廓，似乎是朝努納武特（Nunavut）——加拿大的巴芬島省（Baffin Island）以及北極群島（Arctic archipelago）——而去，但未曾真正抵達。結果白雲杉反而戲劇性的大舉向南，一大片綠意翻騰拿下亞伯達（Alberta）和曼尼托巴（Manitoba），在邱吉爾（Churchill）這座城鎮的哈德遜灣與海洋相接。

邱吉爾位於北緯五十九度，和蘇格蘭北端的詹格洛（John O’Groats）緯度相同，但年均溫遠遠冷了許多。一月的每日平均最低溫是零下三十度。冬天裡，哈德遜灣幾乎完全凍結，海冰最厚達兩公尺，直到八月才會完全融化，緊接著又在十一月再度凍結。哈德遜灣是世上最大的海灣，匯聚來自太平洋與北極海的海水，和加拿大三分之一的淡水排放混合，再度經由哈德遜海峽通過拉布拉多海岸和格陵蘭沿岸流入大西洋。北極海的寒冷正是由此深入北美大陸中心，因此拉下了溫度，也把森林線拉向南方。

有三個生態系匯聚在邱吉爾——海洋、凍原與樹木。這三方的生態推移帶使得這座城鎮被稱為世上的北極熊首都。熊在夏天離開破裂的海冰，前往陸地覓食，在凍原和森林築窩，秋天生產，等到結冰再返回冰上。

我思忖，這裡是森林線的關鍵點，在這兒觀察即將來臨的變化很理想。

「不、不、不。」電話的另一頭傳來柔和的愛爾蘭口音。「不能只從一側邊緣看。沒有見識整個分水嶺，就無法理解樹木和海洋的關係。你得往上游去。」

二〇一九年夏天，新冠疫情爆發的六個月前，我前往加拿大朝聖，拜訪極為重要的一位北方森林學者。當我終於見到黛安娜·貝瑞絲佛德－柯蘿格（Diana Beresford-Kroeger）時，她顯得憂心忡忡。夏天太熱了，安大略省有整整幾個月沒下雨了。她園子裡的樹奄奄一息，但蔬菜園還能澆水。離開機場的路上，放眼望向車窗外，一排排玉米杆猶如穿著褪色綠外套的士兵般筆直而站。這些無垠的田野，在黛安娜四十年前剛搬來這裡時，大都還長著森林。

在對向的馬路上，一輛巨大的工業農藥噴灑機隆隆駛向我們，輪子幾乎有房子一樣高，長長的懸臂折在機器後方，一邊彈動，一邊把有毒的殺蟲劑滴得到處都是。黛安娜整個人一縮，動作猛到我差點以為她會從車窗跳出去。

「該死！」她罵道，「殺蟲劑。地球最好是還需要更多癌症啦。那就是精心設計來殺死植物、動物和我們的東西。」

我們到達梅里克維爾（Merrickville）時，太陽逐漸低垂。梅里克維爾是座雅致的殖民小鎮，位在麗多河（Rideau River）與運河匯合處，有著石砌的商店，一間圓鼓鼓的碉堡和昏昏欲睡的縱橫街道。那裡是舊鋸木廠、羊毛紡織廠和碾穀廠所在，也是原木順河而下的最後一站，在此連接上通往魁北克和蒙特婁的木材運輸路線。

加拿大有一半是森林，另一半大都曾是森林，不過，北方林帶的南境、哈德遜灣以北數百哩的北方針葉林帶，已逐漸被農業、工業與加拿大東部的城市和郊區吞噬。目前的森林砍伐率是每年百分之一。一九七〇年代起，黛安娜和丈夫克里斯提安照料一百六十英畝的森林，屬於碩果僅存的雪松老熟林。

當我們轉進她的車道時，太陽正好落到了路邊紅松與雲杉的的樹冠高度，另一側的路邊則長了黑莓和白樂。日落是美麗的緋紅薄霧，模糊了樹木的輪廓，但黛安娜不喜歡。

「今年的懸浮微粒汙染增加了百分之百。百分之百耶！你知道嗎？那是因為樹慢慢不在了。」她解釋道，所有樹（尤其是槭樹之類的落葉樹）的葉背都有絨毛，會從空氣中梳理、濾出微粒，然後在下雨時沖到地上。

黛安娜．貝瑞絲佛德－柯蘿格是少數能改變你看待事物的人。她改變了許多人看待森林的方式，其中也包括世界各地的林業專家和頂尖學者。理察．鮑爾斯（Richard Powers）的小說《樹冠上》（The Overstory）有個角色——派翠西亞．威斯特弗德，便是參考了她的生平和工作。她開創性的研究內容，是樹木如何利用化學物質與方式交流——利用氣膠（像微小風箏一樣釋放到空中的有機化合物）、透過根部的網絡以及內生真菌。虛構的派翠西亞是世界知名的學者，她的成果激勵了一整世代的後續研究，著作大為暢銷。正牌黛安娜的研究確實改變了人們看待、研究樹木的方式，但她並未得到該有的認可和成功。究其原因，和她獨特科學觀點的基礎難分難解。她拒絕過一次大學教授職位，因為她覺得自己在體制外更能喚起人們對氣候變遷的意識，並推動解決辦法。她自稱為「叛逆」科學家，跳脫框架思考，串聯起沒人注意的線索。

黛安娜在戰後的愛爾蘭長大，在極不傳統的養育下成長。她八歲失去雙親，差點被送回科克（Cork）聖日之井（Sunday's Well）惡名昭彰的抹大拉庇護所（Magdalene

Laundry）。不過法官得知黛安娜在英國和愛爾蘭有貴族親戚之後，提議她搬去和叔叔派翠克同住。派翠克是心不在焉的博學之士，常常忘記用餐，卻又用他大量的藏書餵養黛安娜的心靈。在她記憶中，有段討論揮之不去。他們的討論和溫度有關，如果全球均溫升高攝氏一度，就會造成飢荒。作物經過演化，只能在很窄的溫度範圍內成熟——太熱的話，溫帶作物就會枯死；太冷，熱帶作物就會遭殃。

黛安娜的夏天都在西科克度過，待在班特里灣（Bantry Bay）附近的利辛斯（Lisheens）河谷，古凱爾特世界的知識就保存在那裡。《布里恩法》（*Brehon law*）是古老愛爾蘭原住民法律，聲明「孤兒是所有人的孩子」。黛安娜被當成布里恩的受監護者來指導——她將學習凱爾特三位一體（身、心、靈）的神聖知識，最終還要學習樹木之法，並在未來適當的時機將這些智慧分享、傳承給世界。她得知自己會是他們古老方式最後的受監護者；在她之後，不再有別人了。她肩負著神聖的託付。

黛安娜學到，苜蓿草上的第一顆露珠對利辛斯的年輕女子很神聖。她也學到許多其他儀式，之後在實驗室證實了背後的生化根據。她有自由也有自信去提出重大的問題。她最初接觸到光合作用的時候，意識到那和呼吸作用恰恰相反，同樣的元素和化學物質——二氧化碳和氧氣，以鏡像的方向連結了植物與動物。她也學到，愛爾蘭幾乎所有樹木和森林都被摧毀了。

她納悶著，**如果地球上不再有植物（比方說森林），會發生什麼事**？答案顯而易見：生命將會滅絕。那和著名的玻璃罩實驗恰恰相反。

黛安娜一九六五年在科克大學（University College Cork）的碩士論文，研究的是植物如何因應暖化的星球。她在渥太華卡爾頓大學（Carleton University）的博士學位，比較了植物和人類荷爾蒙的作用。在人類身上，色胺酸－色胺途徑（tryptophan-tryptamine pathway）產生腦中所有的神經元。黛安娜證明了樹木也有這種途徑，用來產生和我們腦中相同的所有化學物質（例如蔗糖版本的血清素）。她的研究成果開啟了樹木有傾聽、思考、計畫、決策等神經能力的可能性，可能發生在形成層皮——樹皮的內層。之後，她投入額外的博士研究，專注心臟跳動的氧合過程。當氧氣濃度太低，會導致心臟受損，於是她製造了新的非典型血液，用「血液稀釋」的過程來改正這個狀況。今日，這種人造血用於移植治療，以及在體內輸送藥用的生化成分以抑制癌症。[1] 葉子和心臟是地球上對人類生命最重要的兩個器官，而黛安娜把她一生奉獻給了理解、保護葉子和心臟之間的關係。

她的概念頗具爭議，在一九六〇年代的科學權威眼中近乎異端，因此她接下來在她自己修改的電子顯微鏡裡檢視植物細胞，發現了生物發光現象（這種量子物理現象在二十五年後將讓三人團隊贏得諾貝爾獎），但她在加拿大的大學校方卻拒絕繼續為她的研究提供經費。[2] 三名西裝筆挺的男性坐在簡陋的木桌後，禮貌地告訴她：「妳該回家去結婚生子了。」

黛安娜離開了主流科學，與丈夫克里斯提安買下了一座農場，建了座反射微波的被動式太陽能節能屋，自此一頭栽進林子中無法自拔，在那裡設置了自己的研究花園和顯微鏡。安大略省的森林生物充滿豐富的多樣性，成為她的慰藉與救贖。加拿大原始的植物學奇觀，令這個愛爾蘭年輕女子嘆為觀止（多虧了英國在她家鄉極為有效的砍伐，讓許多愛爾蘭人不知道自己土地的生態史）。她從未見過一整片原生老熟林的結構，也不知那有多麼遼闊。她進行試驗，從北美各地收集稀有、瀕危的物種，種植了一座樹木園。她和加拿大「第一民族」[33] 的原住民建立了關係，十分尊敬他們的植物知識與智慧。她結合從植物學、有機化學和核物理的知識，以及原住民告訴她的事，再加上凱爾特智慧，把結果發表在兩大同儕審查的參考書——《美國植物園》（*Arboretum America*）和《北方植物園》（*Arboretum Borealis*），詳盡解釋了北方森林調節水、空氣、土壤、氣候的關鍵角色、海洋食物（營養）基礎，並列出了樹木能為現代世界供應食物和醫療藥品的巨大潛力。在莫霍克族（Mohawk）和克里族（Cree）之中，她被稱為「藥物守護者」。在北方森林來說，沒有比這更權威的人了。她是我們時代的先知。

✦

我們剛剛在她和克里斯提安建造的白松木住家吃了早餐。

黛安娜穿著短褲和黃色的澳洲T恤，胸前寫著衝浪巡邏隊。她不耐煩地撩開臉上不聽話的銀髮，然後匆匆伸手指向沸騰的水壺，水壺正朝屋椽吐著裊裊蒸氣。「看！」她指著。「看到了吧！」我點點頭。「那就是全球暖化的簡單物理，是科學的基本定律。溫度愈高，反應速度愈快。」

她努力向我解釋，為什麼所有森林都受到威脅，尤其是北方森林。溫度上升，導致蒸散增加，進而增加降水，但雨水不會留在地上。高溫加速蒸發和凝結的循環，致使更多的水變成大氣中的水蒸氣。所以暖化才那麼危險，不是因為暖化現在就會讓地球太熱，使人類無法居住，而是水循環加速，導致乾旱、土壤濕度過高，讓森林、樹木以及

33 編註：First Nations，也稱第一國族，用來代表在歐洲殖民者到來之前，最早於現今加拿大領土上定居的民族總稱，主要由印第安人組成，是加拿大人口比例最多的原住民族，另外還有因紐特人與梅蒂人（Métis）。

為大氣充氧所需的所有植物根系陷入逆境。

黛安娜從一九六三年起就沉迷於氣候變遷。「我不希望人們和孩子受苦。」她說。「尤其是孩子們。」

我拜訪黛安娜時，人類已經促使大氣中二氧化碳濃度增加到高達四一五 ppm 了。雖然人類在一千 ppm 也能活得很好，但地球表面有那麼一層厚毯困住輻射，因此她擔心的是二氧化碳濃度升高對地球的升溫效應——熱逆境對陸地與海洋植物界充氧能力的衝擊。大氣中的氧氣比例已然下降，而浮游生物或樹木大量死亡，加上雨林滅絕、熱帶沙漠化，將加速降低大氣中的氧氣比例。樹木負責循環著大氣中大約一半的氧氣，海洋中的光合藻類負責另一半。地球暖化時，樹木和藻類的表現預計都將變差。

黛安娜說：「生病、幼小和未出生的都會先死去。」氧氣濃度稍微降低就會心臟衰竭的人；嬰兒在生命最初幾年都需要大量氧氣以提供成長；胎兒需要胎盤送來超氧血。

「人類女性演化成懷孕三十八週，而不是四十或四十二週。人類胎兒需要相當數量的氧氣，三十八週讓他們無法獲得如此數量的氧氣。我預計將會看到生殖、受孕、流產等這類的問題，而且可能很快就發生。即使不在我這輩子，那幾乎也能確定會發生在你這輩子。」

黛安娜在廚房弄得乒乓響，拿書、在紙張上畫圖表，說明她講到的化學反應和生態過程。

「大家必須了解樹木不可或缺的重要性。別再做砍樹那種瘋狂事了。」

「香楊，你該去看香楊。」她說，「你一定、一定要看看。」

據黛安娜所說，北方森林將是「最後的森林」。她補充，即使肆無忌憚的砍伐立刻停止，亞馬遜大概也沒救了，不出五十年，火災和乾燥化絕對會毀了亞馬遜。其他地區的熱帶森林也嚴重劣化，尤其是西非、馬來西亞和印尼，不過整體來說，近年全球森林砍伐已經減緩，俄國和歐洲棄置農地，抵消了其他地方的破壞。北方是最大、最重要的「**原始且完整的生物群系**」（intact biome），跨越的溫度範圍很廣，因此很有機會適應。

黛安娜說，加拿大北方森林裡的關鍵物種——穩定整個生態系，並與其他生態系產生聯繫——是香楊。香楊是第一民族的聖樹，能產出強效藥物，是所有北方樹木之中效果最好的。北方的環境極端乾旱寒冷，導致樹木會產生化學物質來保護自己。克里族人把香楊稱為醜樹，是因為這種樹有著疙裡疙瘩的樹皮和寬大的葉子，不過也正是這些生理特性——是藥物的寶藏——讓香楊變得那麼珍貴。樹皮上的深裂會聚集雨水，把水送到樹根。如盤子大小般的葉子有著心形葉尖和鮮綠的蠟質表面，充滿了精油和樹脂。而巨大散亂的枝條隨意地向外伸出、開展，為北方森林下層植被複雜的生命提供有利的遮蔭。看似笨拙，卻是林子裡可靠的照料者。

這些化學物質被儲存在樹木的葉子與樹皮中，承受著壓力。黛安娜無奈地舉起雙手，解釋著我們對這些的理解有多麼不足，所知有多麼少。數十間實驗室和數十個科學團隊都有能力可以研究這麼一棵樹，不過，卻是黛安娜起了頭。她看著春陽溫暖著香楊雌株去年在嚴寒冬季來臨之前長出的芽。整個冬天樹脂都緊緊包裹著芽，而當樹脂開始融化，會促使保護葉子的芽鱗展開。隨著天氣暖和起來，太陽加熱樹脂分子，化作酯類和萜類化合物開始飄到空中。這些物質是氣膠，如此一來，每年春天北方數百萬香楊產生多達數噸的含油樹脂湧入大氣中，有如地球上所有生命的健康防護罩。黛安娜發現，氣膠能祛痰、抗發炎、抗菌、抗真菌。不過這只是開端。含油樹脂中也含有二氫查耳酮（dihydrochalcone），以及其他人類腦部、肝臟和腺體發育不可或缺的黃酮類和酸。這些物質是腦部的結構單元，形成體內的棕色脂肪，也就是人類靠著發抖抵擋寒意時，不可或缺之物。顫抖反射會把脂肪代謝成燃料。學會承受寒冷的樹，能夠幫助我們在同樣的環境下生存。

此外，還有對科學界而言相對較陌生的前列腺素類，其中包括了前列腺環素（prostacyclin，這種血管擴張劑幫助心臟的主要功能，能舒張、清潔動脈），能提高女性生育力、降低血壓的其他催產素。克里族用香楊的樹液來治療糖尿病，很有道理——黛安娜發現，香楊樹除了葡萄糖苷（glucosides），還有白楊苷（populin），後者能幫助胃和消化道減緩胃液分泌，調節脂肪分解的代謝。

北方樹木特別引起黛安娜的興趣，是因為那些樹木在最嚴酷的環境中演化。它們學到教訓，產生荷爾蒙，並擁有其他植物在氣候變遷中需要學習的生存策略。它們也有人類不可或缺的化學物質，要是科學有足夠的時間與資源能夠好好投入研究就好了。這時，黛安娜說，或許我們會改變如何砍採樹木的想法——其實，木材可能是森林最不具價值、最不珍貴的用途。

香楊從地下深處汲取出礦物質，再利用這些礦物質產生化學物質。與淺根的針葉樹不同，香楊具有長得很深的主根，作為土壤底層與永凍層之間的管道，而負責吸取礦物質的正是主根，再濃縮到葉片中。香楊和針葉樹的另一個差異，是香楊會在冬天失去大大的葉片，若把一棵香楊的樹葉鋪平攤排好，面積可以多達五英畝。擁有這麼大量的落葉，也難怪香楊會是北方與其他林區的關鍵樹種。香楊周圍的土壤顏色很深，富含黃腐酸（fulvic acid）和腐植酸，而這些大分子和黑色素與褪黑激素有關——這兩種都是造成人類皮膚顏色的化學物質。色素會在土壤中攜帶微量礦物質，能從腐葉中吸收、鎖住金屬，尤其是鐵——那是有機生長不可或缺的催化劑。這些酸類物質淋溶到土壤和地下水中，最後輾轉進入海洋。鹹水中，這些酸類是海洋食物鏈基礎的催化觸發劑。

香楊所含的礦物質會因為寒冷而濃縮，這種樹也是落葉樹中的異類，經過演化而能夠在北方的緯度欣欣向榮，或許是因應逆境或連續的氣候變遷（冰河期等等），在溫暖的時期北移，然後在幾千年後氣溫降低時發現自己留滯原地。

香楊適應性所帶來的一個結果，就是能夠自己營養繁殖。雄株和雌株都能在地下側向長出塊根，時常延伸到很長一段距離外，萌發成新的樹木——新樹是原本樹木的殖株。香楊光靠自己就能形成一座森林，由地下樹根的網絡連結，這網絡能儲存養分，在所有樹木之間傳送訊息、食物和碳，而研究也開始揭露，這樣的持續交流十分像大規模的計算。樹木看似年輕，但實際上往往只是比較高大、年老的樹木的枝條——尤其是大量成群存在的時候。香楊和比較嬌小的親戚——美洲顫楊（*Populus tremuloides*）的林分，通常標誌著北半球的古老森林。目前發現最老的現存生物，是位於猶他州的一片顫楊樹林，八十英畝中的樹木全連接在一起，所有殖株都和祖先擁有相同的ＤＮＡ，可以追溯到一百六十萬年前，更新世冰層融解那時。[3]

不過，這只是香楊維繫的三座森林之一。第二座森林是下層植被——灌叢，主要是結莓果的灌木，對北方的鳥類、哺乳類和人類至關緊要，牠們需要香楊提供的樹蔭，也需要香楊開採的礦物質來支持生存。第三座森林則是海中森林。

多年前，黛安娜在科克收集海岸上的海草時，納悶為什麼河口有那麼豐富多樣的生命——海鳥、鯨魚、海豹等等。難道只是因為淡水的含氧量比海水高嗎？或者有別的狀況？之後她偶然遇到了松永勝彥教授，這位來自北海道的日本科學家問過同樣的問題，並且找出了答案。

就在北海道森林皆伐改作農業時，沿岸的海洋食物網也跟著瓦解，其間明顯的關聯吸引了松永的注意。海洋食物網的基礎，是大批的微小單細胞生物——浮游植物，這些生物仰賴水中可以利用的養分與礦物質（例如磷、硝酸鹽和鐵）而得以生長。[4] 松永的研究得到意外的結論：森林中樹木的自然腐化，會促進其中一種分子——鐵的生物利用度（bioavailability）。為何會這樣呢？原來鐵在所有細胞產生蛋白質而生長、生殖的許多生化反應中，都是催化劑。對植物和浮游植物而言，鐵也是光合作用所有重要過程不可或缺的催化劑。光合作用中，太陽光被色素（例如葉綠素）捕捉，經過複雜的反應序列，光子轉化成能量儲藏，促使二氧化碳固定成糖類的過程。捕捉到的光也用來把水轉換成電子、氫與氧，其中電子與氫用於產生能量。浮游植物只能有效地取得關鍵的鐵資源，水中通常含有微量的鐵，前提是鐵先與腐植酸等較大的載體分子結合、濃縮。這在森林裡是由分解中的落葉產生，而腐植酸與結合的鐵會被河流沖進海洋。

浮游植物被浮游動物吃掉；甲殼類、鰷魚、軟體動物和蟎會吃浮游動物；魚再吃這些生物。大魚吃小魚……以此類推，樹木提供的鐵，是海洋食物網的基礎。

陸地上的飢荒也會導致海中發生飢荒，以及氧氣量大減。藍綠藻主導了地球超過百分之五十的光合作用，是氧氣的關鍵來源。然而，乾旱不是唯一的問題，水患也可能致命。來自陸地的養分沖刷——太多來自農業逕流的硝酸鹽和磷酸鹽——可能會在海中產生缺氧區。藻華（浮游植物的過度生長，超過食物鏈更上層能消化的量）促使以藻類為食的細菌爆發，細菌用光海中所有的氧，產生死亡水域。當魚類游過死亡水域就會死去。

日本有句俗諺：「欲捉魚，先種樹」，便有這層隱含的意義。樹木能藉著自身活動，以及對海洋的初級管理來調節大氣。然而，黛安娜一臉難以置信地說道：「你相信嗎，至今還沒有人對腐植酸分子的特性做過紀錄？」

香楊擅長開採礦物質，同時也是北方森林最大型的落葉樹。香楊通常不是森林線的樹種，但能在零下六十七度活下來，也能承受極端的高溫。黛安娜說：「從氣候範圍和有機物質的生產來看，沒有常綠樹比得上香楊。」

邱吉爾位處樹木、凍原和海洋交會之處，想了解邱吉爾的海洋發生什麼事，她建議我先造訪一個地方——白楊河（Poplar River）。白楊河是第一民族的保留區，屬於涵括尼爾森河（Nelson River）和邱吉爾河（Chruchill River）的哈德遜灣流域。那是碩果僅存的少數集水區，能看到不受阻礙的自然功能。

「那裡的人應該能告訴你關於它神聖的重要性、那裡的醫藥和其他很多事，而且比我所知道的還要多。但你得準備接受不同的心態，他們看待事物的方式和你習慣的不同，知道吧。」

我解釋道，我在非洲待了許多年，和原住民住在一起，研究史瓦希利語（Swahili），體驗他們的精神世界，不知她是不是那個意思。她哈哈笑著送我上路。「太好了，那就沒事了。我們這裡用芥末做菜。」

加拿大，曼尼托巴，白楊河

北緯 53° 00' 07"

目的地總是起自總站和航廈。你往往可以從終點站、排隊的人們、車站的名稱或是談話的內容，來感受、理解那個位於目的地的世界。在溫尼辟（Winnipeg），前往保留區的旅程起自開往聖安德魯機場（St Andrews Airport）的接駁車。我知道第一民族在加拿大的艱難歷史和殖民掠奪的普遍性，但我沒料到奮鬥仍然是近前的事，傷口是那麼的新，情感是那麼令人激動。

司機是個名叫莫道克（Murdoch）的男人，這是個蘇格蘭姓氏。他剃著光頭，戴著眼鏡，對於自己白手起家相當自豪，並歸功於他很小就獨立的過往。他在十歲那年被人從母親身邊帶走。「那是我遇過最好的事……我完全自力更生。跟那些印第安人不同。」

我緩緩吸了口氣。我猜想自己之所以聽到這番說教，是因為聖安德魯機場唯一的目的，正是北方第一民族的保留區。莫道克想要多表達、強調某些觀點，但我不確定是什麼事。

莫道克尋思，「這些印第安人喔，他們只想要更多、更多、更多的錢。我們要繼續付錢給他們多久？是啊，我們很久以前搶走了他們的土地，但這種情況還要持續多久？我可以告訴你，到此為止。」

我突然困惑了。他語氣強烈得有點奇怪。儘管他有個蘇格蘭名字，但原來他也有「條約編號」（treaty number），所以他是原住民的第四代後裔，因此能申請住房、減稅和其他補助，這是加拿大第一民族的祖先在當年與殖民政府、移民政府簽署條約之後，得到承諾的種種社會福利。

「太荒唐了。我的新車不用繳稅！如果你有任何意見，他們就說你是種族主義者。」

莫道克的重點變得比較明確了，他想讓別人覺得他獨立，不是接受施捨之人，只是他的立場不大穩固。歷史未有定論，他不確定自己與歷史的關係，於是甘冒荒謬的危險：身為混血男性，抗拒自己的血緣。

外面的景色是黃、綠與褐色的無趣方塊，四四方方的輕工業地景參雜著道路、郊區、得來速、草原天空和覆蓋著塑膠牆板的穀倉。這裡從前被稱為「榆樹城」（Elm City），現在舉目卻難以見到任何樹木。這就是白人（以及莫道克祖先）對他們搶來的土地所做出的事。這是莫道克要求被認同的「文明」，而不是保留地或一世紀前還在這裡的壯觀稀樹草原。

莫道克很好奇，想知道我為什麼要去他口中「被神遺棄」的保留區。是要去度假嗎？於是談話逐步轉向氣候變遷，以及溫尼辟湖因為農業汙染而死去的事。莫道克很悲觀。「我們無能為力。核子戰爭一定會發生，消滅全球半數的人口，然後一切從頭開始——我是這樣覺得啦。希望你不會覺得我太負面！」我在位子上不自在地挪了挪身子。

又有兩名乘客坐上小型巴士——一對肥胖的夫婦為北方公司（Northern Company）管理加拿大北部各地的超市——北方公司從前稱為哈德遜灣公司（Hudson Bay Company），是舊時殖民地網絡的遺產。

莫道克和新來者的立場比較明確而融洽，他們在共同的成見裡放鬆下來，替我講解接下來會發生什麼事。

「希望你的包包裡沒有裝威士忌，不然你會被關！」

他們和莫道克開起了玩笑，揶揄保留區的禁酒自我審查，和實際上頗為猖獗的酗酒與藥物濫用等等，他們悲嘆著那裡食物有多差，顯然沒意識到他們經營的食品店或許有辦法改善狀況。多諷刺啊！他們向「被迫的顧客」[34]收取過高的價格而毫無悔意；第一民族的人住在常常無路可達的偏遠保留區，要前往其他任何地方都得支付高昂的機票費用。他們的理由是，反正當地居民花的是聯邦福利金，而且還不付稅金。在某種意義上，他們漫不經心地把種族主義當作地方知識，實際上是難以避免的目光短視——好讓他們為自己的工作感到滿意，對自己身處在依然完好的殖民剝削系統中所扮演的角色感到不錯。

機場似乎也訴說著相同的剝削與濫用的故事，只不過是從另一個角度。不是使用正當性和不合理的語言，而是以人來書寫——一個自豪的文化在消費者主義的重量下掙扎，身體因為工業食物而佝僂變形，擠進合成衣物和宣揚外國棒球隊的帽子裡，說著受粗俗英語侵蝕的語言。緩慢而警惕的目光、被削弱的期待、未曾兌現的承諾與憤世嫉俗的敵意，與我先前在其他許多前殖民地所看到的都一樣。

待我登上飛往白楊河的雙引擎小型飛機，殖民心態可能已經開始影響著我看待一

34 編註：captive customers，意指出於某些原因（通常是地理位置）而沒有其他購買選擇，只能接受現有供應商提供的商品和服務。

切的觀點。除了我之外，乘客只有兩名面容憔悴的男女原住民，他們穿著骯髒的衣服癱坐在座位上，還沒起飛就開始打著充滿酒氣的鼾聲。在白人的世界，他們被剝奪了自主權，很容易被解讀為歐洲在北美施展長期暴力的受害者，根據不同的政治觀點而得到同情或遭受侮辱。不過，他們在一個小時後就會清醒過來，下了飛機重新擔起他們身為父母、手足、社群成員或保留區耆老、生態系管理人（所有加拿大人都因此受惠）與古老智慧傳授者的角色。不久之後，我們都將聽從那些古老智慧。

二十分鐘後，小小的飛機飛越了遙遠下方的邊界。大自然在農業用地被操縱、整理、抑制、毒害、噴灑而成的巨大方塊突然消失。東方的溫尼辟湖是世上第十大的淡水湖泊，渾濁湖水拍打著藻類染綠的湖灘。下方開始出現森林，彷彿大口吸進了新鮮空氣。接下來的一小時，大地出現隨機的顏色條紋——泥炭苔斑斑的橘色、黃色楊樹與黑色雲杉的不規則條帶，沼澤草各式各樣的綠色多邊形、螺旋狀的森林和一道道溪流，綴著苔沼上明亮珍珠般的水面——這裡是哈德遜灣低地（Hudson Bay Lowlands），占地三十萬平方公里，是世上最大的濕地。看到哈德遜灣低地，就表示加拿大著名但常受忽視的北方到了——那裡是加拿大認同很重要的一部分，卻少有人造訪、研究。

在這樣遼闊無邊的地平線很容易令人迷失，這既讓眼睛、也讓心靈感受到壓倒性的震撼——那是一片原始的棲地，沒有任何人類蹤跡。但這又是另一種殖民思維，對於住在那裡的人而言，沒什麼「未經染指的蠻荒之地」是未經染指或野蠻的。在大自然裡的原住民從來不會真的迷路，而且總能非常自在。數千年來，這片土地被人類守護者所塑造，而最新一代的守護者，正是我在飛機上鼾聲大作的旅伴。

這是一片能讓人激發出謙卑、崇拜、臣服的地景。多麼容易想像那地景沒有極限，也多麼容易假裝那裡無懈可擊。荒野的概念、興奮感與可能性，都要取決於抹去它的原住民居住者。早期殖民者頌揚的疏林草原和森林，大都是由原住民社群管理的土地，但這些原住民族群卻因為入侵者的迫害而數量大減。[5]如今，清除原住民仍是現在進行式，因為這些人（與他們運用法律的能力）是資本主義對森林無盡掠奪的主要阻礙。而在這場戰役裡的武器正是刻板印象——墮落的原住民、原始的荒野。這些刻板印象都是必要的謊言，支持了加拿大還算繁榮的自我形象。

「加拿大自然資源部」（Natural Resources Canada）聲稱，加拿大的森林砍伐率是百分之零點四，卻巧妙地假設北方所有皆伐最後都會長回來，因此不算數。事實上，像我飛越過的那個珍貴生態系統，在三萬年來不斷演變，而且仍在演變，然而一旦遭到干擾，便永遠無法替換。一九九〇年以來，加拿大的北方森林已有七分之一遭到皆伐，有驚人的比例被做成了衛生紙紙漿。[6]我們實際上是用碩果僅存的樹木來擦拭我們的屁股，而那些樹木也是阻止地球人類滅亡的唯一屏障。「森林干擾率」（forest disturbance rate）是比較好的指標，而加拿大的森林干擾率是百分之三點六，居全球之冠，甚至比巴西還要高。對紙漿、紙張和木材的需求，以及為了取得亞伯達下方利潤豐厚的瀝青砂岩而大面積砍伐，使得加拿大躍居世界第一。在第一民族的地區砍伐、開礦，需要他們簽名同意，他們也因此背負著極大的壓力與誘因。

但在過去的三十分鐘裡，我們飛機所飛過的土地，已成為商業公司無法觸及之地。為了利潤而導致環境劣化的過程看似勢不可擋，卻在這地方神奇地暫停了。白楊河第一民族主導的四個原住民社群，合力達成了一項了不起的成就：二〇一八年，他們的傳統領域被聯合國教科文組織指定為世界遺產。這片由原住民保護與管理的土地高達三萬平方公里，是北美最大的保育林，和丹麥的國土面積相當。

聯合國教科文組織會將其指定為世界遺產，不只是因為那片土地的環境重要性，也是阿尼許納貝人（Anishinaabe）和那裡的文化關係（這是重要的先例）。在原住民的創世神話裡，打自那片土地冒出水面（大約八千年前，相當於歐洲的石器時代）時，他們就已經住在那裡，所以不覺得人類與大地是分開的，而是把人類想作整個系統的一部分，是一個有機體。他們就和北方森林其他的所有原住民一樣，確信岩石、水、樹木、動物、植物、風、雨和雷電都住著精靈，他們與精靈共享大地，而且必須一同為有限的資源來協調。正是這種關係得到了認可以及保護。

最後出現了一艘小船、一座電波塔、一閃而過的鐵皮屋、沿著一條河流窄口而建的建築群，河流把乾淨的河水送入受汙染的溫尼辟湖，而機場簡便跑道的疤痕在森林中一目了然。一八〇六年，一群阿尼許納貝人從前的夏季捕魚營地被哈德遜灣公司標在英文地圖上，如今由於天然港灣以及交易站的建立，已成了擁有一千四百人的聚落。

零星的木屋坐落在機場跑道柵欄旁的空地上，周圍是參差不齊的叢叢雜草。一條灰濛濛的石子路蜿蜒進樹林裡。大門旁，十幾輛破爛的貨卡滿是白塵，正排隊等待著郵件。車輛後方有一座早已廢棄的古老建築，綠色的標誌寫著：「白楊河，海拔七百六十呎」。我的旅伴抓起包包，和前來相會的人擁抱，然後開車離去。白楊河和胡斯利亞一樣，是個依賴空運的聚落。越過苔沼的道路要等冬天結凍以後才能通行，然而，這項條件也愈來愈不確定了。

儘管如此，這個貧瘠的小地方依舊為我們指出了通往未來的路，讓我們明白，若想脫離不可避免的氣候變遷死胡同，那正是唯一可用而且實際的出口。北美最大的保育地景上，四千名居民展示了如何重塑人類和大地母親之間的和諧關係。他們想提醒我們一些最基本的真相。他們稱自己的傳統領域為「**皮瑪希旺・阿奇**」（**Pimachiowin Aki**）——**賦予生命的土地**。

接待我的主人是黛安娜的朋友蘇菲亞，她說：「如果大地病了，我們也會生病。」看起來好理所當然，好簡單。我們怎麼會忘記呢？

在簡易機場的跑道上，一輛屬於社群領導者與運動人士雷與蘇菲亞・拉布里奧斯加斯（Ray and Sophia Rabliauskas）、滿是灰塵的貨卡正等著迎接我。我們顛簸地駛過石子路，離開簡易機場，穿過城鎮。白楊河的主要建築是披著白色塑膠的不同大小立方體，最大的是北方公司經營的超市，然後是學校、社區活動中心和消防局。當我們離開城區後，樹木開始聚攏起來，高達十五公尺的美洲顫楊夾道——阿尼許納貝人以英文稱美洲顫楊為「白楊樹」（poplar），在他們的語言裡則稱為 auhsuhday。林木間的空隙不時會露出一處空地上的房屋，葉片間還能看到河流閃爍著銀色光芒，散射光線。小鎮、巍然樹木陰影下的房屋，似乎仰賴自然的寬容而生——汽車、船隻以及留在院子裡的烤肉用具，都可能在幾季後被森林吞沒。

一輛大聲播放音樂的巨大卡車隆隆駛過，掀起的塵土湧進我們敞開的車窗。我們經過圍著整齊柵欄的「加拿大皇家騎警隊」，一旁是「團體之家」，收容那些被帶離家庭的寄養兒童，再過去是令人生畏的「兒童與家庭服務」辦公室。在劃定的保留區末端，道路盡頭是一座生長在河灣上的楊樹、香楊、樺樹與柳樹混合林，蘇菲亞和雷的原木小屋就坐落在那裡。他們美麗的家裡裝飾著原住民藝術，他們的孫子在客廳地上開著賽車。窗戶裡框著野米、[35]沼澤草與河水閃閃發光的神奇景色。

我們談著加拿大林務署（CFS）。這看起來有點奇怪，保護皮瑪希旺·阿奇的努力根源確實存在，但在政府機關裡，過去世代遭受暴行的回響也仍然存在。這個國家曾以「文明」之名盜取原住民家庭的土地，又奪走他們的孩子，把他們送去寄宿學校，如今，那個政府仍然以「保護」之名持續把兒童帶離他們的家庭。失業、酗酒、藥物上癮和社會剝奪在加拿大原住民社群十分普遍，有些比例甚至是北美之冠。保留區首當其

35 編註：wild rice，也稱菰米。

衝，因為只有這裡有政府承諾的免費住宅，但房子不夠多，許多家庭仍在等待。而保留區的工作其實很少，訓練機會幾乎不存在，小孩想接受中學教育，就得前往溫尼辟。在這裡，就連水管工和電工都得坐飛機前來。缺乏尊嚴和有意義的工作，很可能會對人們產生嚴重的打擊。

在這個保留區裡，沒有家庭不曾被兒童與家庭服務關切過。蘇菲亞垂著眼，搖搖頭。她一頭烏黑的長髮，看起來沒老到能當奶奶。她的家族中有些姪子姪女、外甥子女的父母被加拿大政府判定疏於照顧或虐待，於是她和雷多年來一直試著照顧他們，但官方通常都不允許。一旦孩子進入系統，就幾乎不可能再把他們弄出來。

雷和蘇菲亞自問發生了什麼事，然後試著做出聯想。殖民統治的初期，政府曾鼓勵原住民兒童上學。然後，隨著教會學校擴張，政府的影響力變強，鼓勵變成了要求。但因為許多家庭在大地四處遷徙或遠離政府的前哨，所以政府又開始要求兒童前往寄宿學校，而且時常是強迫而為。雷和蘇菲亞注意到，被帶去那些學校的兒童遭到毆打、剃髮、虐待，因為說「印第安髒話」而被拿肥皂洗嘴巴，還有其他的恐怖經歷，讓孩子在以後變成問題家長。社群討論了這個問題，而他們和其他耆老提出一個療癒的途徑——寄宿學校的受害者，以及因為傳承而受苦的後代，應該回到那片土地，記起他們的傳統儀式，重新學習他們的母語。當語言、文化源自於土地時，療癒之路就是回到土地。

教會、政府和學校告訴蘇菲亞的父母，從前的做法有罪、是異教、是錯的，但蘇菲亞的父親總在晚上跟她說故事。他很睿智，更重要的是很固執。他讓女兒上大學，但警告她：「除非知道自己是誰、從哪裡來，否則那知識沒有用。」幸好她一直記得。

「我們忘了尊重神靈。」她告訴我。「我們和土地沒有區隔，我們是土地的一部分。這是創世者告訴我們的。只要向土地敞開你的心和你的意識，就連坐在河邊也能療癒。」

社群發起了一個療癒營的計畫。他們選擇一個上游一百哩的據點，那裡是過去的家族在春天、秋天會前往打獵的地方。他們籌錢，空運長期停留所需的圓椎帳篷和補給品。那裡距離任何道路或小徑都有幾哩遠，從前只能划獨木舟去，是白人口中的威佛湖（Weaver Lake）岸上的聖地，不過，阿尼許納貝人現在學會再次以他們祖先賦予的名字，稱之為 Pinesiwapikung Saagaigun，意思是雷之湖。

很多人從沒去過那裡。蘇菲亞自己只有在小時候和父親一起去過。年輕人不知曉那些古老的儀式，甚至也不知道自己的傳統名字。

蘇菲亞自豪地說：「我們不使用『迷失』這種說法。知識啊，就在那裡——就在大地中，只要我們傾聽、舉行傳統儀式，就會向我們揭露。」大地是記憶，也是資料庫。如果你坐著看動物，看得夠久，就能知道牠們知道的一些事。比方說，你可以看到馬吃香楊的葉子減緩腹絞痛，也可能看到河狸吃楊樹，讓毛皮變得更有光澤。蘇菲亞嘲笑《加拿大飲食指南》（*Canada's Food Guide*）這本政府製作的營養手冊。「完全不適宜。」依據傳統，阿尼許納貝人不吃碳水化合物和乳製品，而許多人也有乳糖不耐症。但他們被告知「這是健康飲食」，其實他們自己的野生食物能讓他們更加健康。

「我們吃河狸，會得到河狸吃的所有藥——楊樹、柳樹、樺樹、睡蓮。」

療癒營大獲成功。他們經營了很多年，為出現行為問題的兒童、糖尿病患者設立專門的營隊（因為慢性情緒痛苦與飲食息息相關），也有曾在寄宿學校受虐的耆老營隊。回歸傳統儀式、食物和語言，讓社群有了信心去批評、反思外人對他們自身文化的詮釋，並且維護他們與土地相關的權利與責任。這過程開啟了一扇門，促成了建立皮瑪希旺．阿奇保護區的運動，也讓蘇菲亞拿到了一座「高曼環境獎」（Goldman environmental award）。

現在學校在上游為兒童舉辦一場森林營，而蘇菲亞在小學教導他們的母語——阿尼許納貝語。一開始，她問全班：「有誰是阿尼許納貝人？」雖然大家都是，但只有兩個學生舉手。現在，當她再度問這個問題，所有人都知道她在說什麼了。

然而，調解文化與現代生活有時並沒有那麼簡單。他們最大的孫子艾登進到我們在談話的房間，拿了台 iPad 一屁股坐到沙發上，馬上玩起暴力的電玩。

「至少把血腥模式關掉，可以嗎？」蘇菲亞拜託他。

不過，白楊河的社群找到了生存方式。他們有一塊試金石——土地可以引導他們。雷、蘇菲亞和其他人盡量多帶耆老前去大地，激發回憶、詞彙，鼓勵他們說故事。

隔天他們要坐船順流而下前去溫尼辟湖，並邀我一同前往。

我握住亞伯的手，幫忙穩住他走下橘色的玻璃纖維快艇，踏上平滑的石丘。當他從我這裡拿回拐杖時，黑鞋在拍打小島的水線旁徘徊半晌，但他隨即驅策身體爬上坡，踏上一片地衣。小島覆蓋著北方常見的灌木——刺柏、柳葉菜、拉布拉多茶（Labrador tea）和香蒲。矮小的雙胞胎傑克松（*Pinus banksiana*）攀在偶爾出現的岩縫間。土壤是較古老的地景才有的奢侈，年輕的加拿大地盾（Canadian shield formation）地層長出植被不過幾千年。

亞伯的黑眼睛注視著我，然後盯著另一座小島。溫尼辟湖的白楊河口，湖岸線由無數的小島組成，彷彿土地碎裂，碎片散落水中。亞伯光滑的褐色肌膚在溫暖的午後陽光下散發光澤，露出點點灰色鬍碴。他旁邊坐著堂哥艾伯特。艾伯特比亞伯大一點點，不過頭髮一樣黑，思緒也一樣清晰。他穿著飛行夾克，頭上棒球帽的帽緣壓低，蓋在眼鏡上。

艾伯特緩緩說道：「**Manitoo**，是創世者的意思……**Manitoopa** 指的是創世者坐的地方。」他抬了抬他的方下巴，指向環繞我們的湖。在萬物中看到神，並不是阿尼許納貝人獨有的概念，直到最近都仍是大部分人類社會的公理。如果相信有神住在其中，就很難砍掉一座森林，或露天開採一片草原。

奧吉布韋族（Ojibwe）是阿尼許納貝人所屬的民族，他們相信一開始的土地是從水中升起，賜予人類，讓人類以此為生；作為回報，人類也必須照顧、保管那裡。一萬一千年前，勞倫泰冰蓋（Laurentide ice sheet）後退時，露出一座融冰湖——阿格西湖（Lake Aggasiz），面積遠大於目前的溫尼辟湖。大約一萬年前，皮瑪希旺·阿奇所有的土地都仍在阿格西湖底，然而兩千年過後，土地不再被冰雪累積的巨大重量擠壓，於是回彈，而我們現在坐著的石頭便浮出了水面。起初，地衣、蘚苔、傑克松和雲杉先是開採石頭；大約五千年前，樺樹和楊樹加入了這些早期拓荒者的行列。從此以後，皮瑪希旺·阿奇的 **mashkeek** ——濕地，就維持了相對的穩定狀態，直到現在。

「駝鹿逐漸消失，鳥類逐漸消失，北美馴鹿幾乎沒了。」亞伯悲觀地說。「再也沒看到年輕人去打獵、設陷阱、捕魚。」他認為問題出在人們沒有收穫創世者提供的動物。收穫動物，是尊重那些動物和牠們的靈魂。「如果收穫動物，牠們就會再出現。」

這個帶有爭議的概念，在保育人士之間並不受歡迎。但是，如果榛樹在修剪後會長得更旺盛，而甜草（sweetgrass）對於採摘的反應也一樣，那動物為何會不同？羅賓．沃爾．基默爾（Robin Wall Kimmerer）這位植物學家兼老師寫過一個獵捕者的故事，獵人選擇獵捕雄性動物，其實增加了貂在那地區的族群數量。這得倚賴對於生態學的細緻了解，不過艾伯特和亞伯不會這麼說。他們反而談起神聖儀式和神靈。

「我們殺生、進食或採摘東西之前會先道謝，我們會把菸草獻給創世者。」亞伯舉起拐杖，揮出大大的弧線。「你看到的一切都能做成藥。我就知道二十四種藥。」亞伯是白楊河阿尼許納貝社群的一位藥物保存者。他得到的一棵樹是 muhnuhsuday ——香楊，阿尼許納貝人用英文稱之為黑楊。這是一種神聖的樹，就像所有擁有重要恩賜的樹木一樣。也就是說，大多數的樹木都是聖樹。

「我小時候從沒牙痛過。」亞伯說。「我爸會撿一根黑楊細枝給我，然後牙齒就這麼掉下來。一點也不痛。」他微笑著證明。

黛安娜提過香楊有治療心臟疾病的特性，阿尼許納貝人耆老都知道——在心臟的高度切下一塊人類心臟那麼大的樹皮，放在水裡煮沸便能釋出其中的強心劑。他們發現那也能對付癌症，而黛安娜同樣支持這個想法。我離開白楊河的時候，雷塞了很多紀念品給我，其中有一瓶香楊芽做的軟膏，他說這能神奇地治療所有的皮膚問題。

亞伯解釋，白雲杉可用於製作建築、圓錐帳篷的支柱，以及冬天的寢具；山茱萸用來編籃子、製藥；楊樹用於做陷阱；柳樹用來蓋蒸汗屋。這串清單幾乎無窮無盡。

亞伯說：「據我所知，我們可以在這裡待上整天整夜。」說完，他頓了一下，然後突然改變話題。

「寄宿學校啊，我在那裡待了四年，發生了好多壞事。我被老師性侵。對，我被強暴了，而且我們每天挨打。我媽以前會為我編織長髮，並要我絕對別剪掉，但當我到了那裡，他們就把我的頭髮剪了。那所學校在克羅斯雷克（Cross Lake）。我常常回想起那段時間，現在睡覺還會做噩夢。有時候我會搥牆。當我回家的時候，我好奇誰是我媽？誰是我爸？我不知道他們是誰。我不知道怎麼大笑，也不知道怎麼微笑，而且我也不再怕癢了，但我以前很怕癢的。我媽從沒護著我，她跟我說：『別把任何東西帶進我家；帶回去你來的地方。』」

我們望向外面的湖。鵜鶘在遠方一道石丘梭巡，白頭海鵰繞著另一座島的松樹打轉，加拿大雁安詳地漂在湖面上，彷彿擁有世上所有的時間。

六十年來，亞伯從未跟任何人提起他在克羅斯雷克的寄宿學校發生了什麼事。他在八、九歲時發生的事，實際上就是被傳教士綁架了。但自從他有了療癒營的經驗，這往往是他跟別人說起的第一件事。

「是啊，他會那樣。」雷說。「亞伯最近喜歡說話，就好像是想一**吐**為快。」

療癒營讓亞伯和其他飽受折磨的人得以開口。而開了口，才能開始理解發生過的事情有多沉重，失去和受貶抑的是什麼。曾經，他們投入太多精力於設法同化、否認自我、被認真對待，以及努力在白人的社會標準與城鎮裡獲得成功。開口傾訴，是學習去領略正義可能性的開始，即使通往正義的路跡仍然模糊不清。

曾有一萬名原住民兒童在寄宿學校裡喪生。加拿大政府試圖讓亞伯和艾伯特與其他人脫離他們的歷史、文化和語言，實際上是改變他們的身分。如果你的身分是個生物，和其他許多生物身處在同一個生態系統，那麼療癒意味著讓你重拾你繼承的角色，恢復你和大地的連結，儘管「大地」這詞不足以達意。「皮瑪希旺」（Pimachiowin）是一切，是一個世界的系統，甚至就連「自然」這個詞也會誤導人，因為現在已經是用來意指與人類領域區隔的東西。皮瑪希旺完美地展現人類學家愛德瓦多・科恩（Eduardo Kohn）口中「人類之外的人類學」——一系列的跡象、象徵、關係與意義，比人類的意識領域更廣大，而人類僅是其中一部分。

—✦—

我們應該要尋找駝鹿，估算族群數量，從而得到一個可以「永續獵殺」的數目。駝鹿曾經是白楊河生活不可或缺的一部分，但現在日益減少。沒有人知道確切原因，不過森林結構正在持續變化，由於火災與暖化而變得日益密集，以致更難進入——這似乎和駝鹿的族群數量減少有關。駝鹿正在往北遷移。

老舊的玻璃纖維快艇搭配著白色的人工皮座椅，由艾迪．哈德遜（Eddie Hudson）駕駛。艾迪是當地的議員，也是皮瑪希旺．阿奇公司（Pimachiowin Aki Corporation）的董事。他斜倚在座位上，格子襯衫的袖子捲起，一隻手肘架在舷緣，伸出兩隻牛仔靴。太陽照在他曬黑的臉上，風吹拂他額前泛灰的美人尖。他欣賞著逐漸昏暗的光線打在岸上的細沙灘上，交映出橙色與粉紅色的光芒。

「當我看到樹木，就像是看到了財富。」他學的是經濟。不過耆老教他以不同的角度看待自己傳統的家園。

所有目光都跟著內陸猶如厚牆般的森林。艾迪把快艇推進沼澤草與巨石散亂分布的淺灣，就近查看一座上次來此還未出現的新河狸壩。依舊沒有駝鹿。

風吹襲著褐色湖泊的水面，吹出愈來愈高的白浪。我們把快艇綁在另一片石頭上，開始收集刺柏灌木，生火煮茶。兩隻沙丘鶴（sandhill crane）原本在對岸覓食，這時啪啪飛進粉紅色的天空，鳴聲像極了牠們的阿尼許納貝語名字：oocheechuhg。正當我們蹲在石頭上喝茶的時候，一頭母黑熊和小熊從大陸上的森林蹣跚走出，準備游泳。我們看著牠們一路沿岸嬉戲。

「我們差點就失去了！」艾迪說著，像一位滿意的國王坐在王座上審視他的領土。「我們還是可能會失去！我們把土地賣給了王室！」大家都哈哈大笑，看著艾伯特。他曾舅公畫的「x」，代表了依據第五條約待在這裡的社群。第五條約在一八七五年把這些土地獻給了維多利亞女王。

「但所有『x』看起來都一樣。」他辯駁道。更多笑聲傳來。

「至少現在我們擁有發言權，我們可以保護那裡了。」艾迪說。獲得保護地位的一個條件，是社群必須構思一個「土地管理計畫」。他們把這改成「土地利用計畫」。他們說，土地必須管理？才怪！森林可以管理自己，動物也可以管理自己。艾迪突然斂起笑意說道：「我們得用白人的語言表達，讓白人理解。」管理和利用的區別很重要——管理有支配的意味，利用則帶著尊重、允許與感激。

除了計算駝鹿，還有個多年研究是測量泥炭沼乾涸的情形——也就是 mashkeek（濕地），這正是苔沼的英文「muskeg」的前身。社群委託的一個碳研究發現，一英畝苔沼裡儲存的碳，是同面積森林的十八倍，而整個皮瑪希旺・阿奇儲存了四億四千四百萬噸的碳。碳核算將是白楊河的新經濟。

土地利用計畫的條件，就如同阿尼許納貝人積欠創世者的債一樣——必須利用土地，必須尊重精靈，必須造訪聖地，尋求創世者的指引，必須焚燒菸草、捕魚。他們計畫探勘，到雷之湖過週末。那也會是讓年輕世代脫離手機的好機會。

時間漸漸晚了，太陽幾乎要碰觸到溫尼辟布滿波紋的褐色湖面。風趕著我們回家，我們穿越散落的巨石，但亞伯和艾伯特才剛剛準備要走。他們解釋道，艾伯特來自鱘部族，亞伯則是狼部族。

「動物是你的祖先、你的守護者。你得學習精靈和動物的故事，尊重那故事。」艾伯特說。

他說起野兔的長耳朵是怎麼來的、受狼欺騙的獵人變成女子的故事，然後指向岸上的一個聖地。

「我們以前就在那裡『搖動帳篷』。[36] 那是我們的電話。小孩不准前去。我們會整晚狂歡，和其他部族交流，甚至遠到英屬哥倫比亞或是努納武特，直到教會禁止這些活動。」

即使我們回到船塢把小船繫起來，再度爬上雷的卡車，把艾伯特送回家，艾伯特也還在講話，好像他的知識攸關生死（確實如此），包括（尤其是）他自己的生死。

「世上所有的樹木都是一棵樹、一棵雲杉的後代，那棵樹還活著。雲杉是神聖的，楊樹也是，因為楊樹會維繫河流……」

我們沒看到任何駝鹿。

36 編註：Shaking Tent Ceremony，這是許多美洲原住民部落的一種傳統儀式，儀式前必須先建立一個帳篷，然後由靈媒或治療師入內祈禱和唱誦，與神靈或祖靈溝通。由於帳篷會在靈魂到來而開始搖動，因此稱為「搖動帳篷」。

隔天早上，蘇菲亞、艾登和我站在陽光裡，那裡的道路緩緩下降，通往水中並戛然而止。這是穿過保留區的短路盡頭，也是荒野的起點。幾千年來，獨木舟就是在這裡下水，航向上游。河的兩岸，野米的莖在風中搖曳。陽光穿過樹梢，讓對岸沐浴在金光下，無數片楊樹的小葉面折射著金光。鴨子在陰影裡抖動著身體，一隻白頭海鵰從岸邊的樹樁飛起，在對岸森林的上方盤旋鳴叫，水面上，一群嗡嗡嗡的蟲子像煙霧般翻騰。在那之後，往東北方前去，一條如鏡面般的寬闊河流切過森林，森林標誌著我們的去路，是我們前往源頭朝聖之旅的路線。

這裡的氣味醉人——有刺柏、薄荷、龍膽、雲杉。黛安娜告訴我，空氣中瀰漫著蒎烯（pinene）和其他氣膠，能淨化空氣，使每一口呼吸都無菌而有療效。

兩艘獨木舟被推下水，並裝上了舷外機。我們還在等著另一艘。把包包丟進船裡，裡頭還有槳、燃料、冰桶、釣竿、斧頭、鏈鋸和步槍。

天氣很熱。蘇菲亞說，從未這麼熱過。從前夏季的溫度不會超過二十五度，但現在每年都有熱浪。加拿大整體暖化的速度是全球平均的兩倍，而北方暖化得更快。蘇菲亞跪在白頭海鵰棲息的樹下開始祈禱，並獻上菸草。

「牠現在會跟著我們往上游去，全程跟隨。這是個好兆頭。」

最後一艘獨木舟來了，我們出發了。我被分配到一艘時髦的灰船，看起來是全新的。這艘是羅傑的船，他抓著舵柄，看上去充滿權威。

岸上有人喊道：「羅傑，注意油漆！那可是六千美元的獨木舟！」從前從前，獨木舟曾都是香楊木做的——因為香楊的直徑夠寬，且熟化的時候不會裂開。現在，則是由飛機載著新的楓樹獨木舟從溫尼辟飛來。

我坐在中間的木板上。克林特（Clint）被公司指派為土地管理者（像公園管理員那樣），坐在船首——我接下來的一百哩都只能盯著他的背。三艘獨木舟在褐色的水裡划出寬寬的波紋。我們以編隊航行，話不多，舷外機隆隆作響，很難交談。森林在一旁掠過，壯觀沉默，令人沉醉其中。香楊和美洲顫楊、雲杉與傑克松混生。但不可思議的卻是楊樹——形成一大片灌木叢。河岸不時出現河狸壩，以及注入白楊河的水灣與小溪。

遼闊的河面是無窮無盡的不變景致，直到我們進入一片令人發毛的火燒區。雲杉鮮橙色的針葉仍掛在樹枝上，樹幹發黑。有些楊樹的細幹零星而立，但大都倒塌了。下層植被則有已經復甦的柳葉菜、柳蘭、柳樹和楊樹，伺機準備報仇。森林回來了，而且比之前茂密許多。焦炭的礦物氣息偶爾乘著微風而來。美洲顫楊的根和吸芽精力充沛地面對火災。美洲顫楊和香楊一樣，能藉著吸芽繁殖，自我複製。如果皮瑪希旺・阿奇全都是一棵樹，我也不會感到意外。碰碰白楊河的一棵樹幹，在保留區一千公里外的另一根莖幹可能會有感覺。

艾迪記得，他小時候的視線是可以直接穿透森林，看到樹木間的駝鹿。楊樹位在森林分布北界的邊緣，也沒有排擠下層植被。不過森林的組成正在改變，下層植被變得濃密，駝鹿很難穿過。森林不再有楊樹和傑克松的斑駁樹蔭，只剩灌木幽暗的樹叢。

一小時之後，我們來到第一道激流。獨木舟必須清空，拖到筆直雲杉所做的梯子上，越過瀑布旁隆起的岩石。

這是吃重的工作。

「抬高！」兩個人的叫喊聲先後而至。

克林特喊道：「太多老大了！」大家哄堂大笑。

冰桶、包包、釣竿、斧頭、鏈鋸和步槍再度裝上小船，我們也跳回船上。

「剩下十二道激流了！」羅傑雀躍地咧嘴說著。這一天恐怕會很漫長。

一七九四年，哈德遜灣公司的約翰・貝斯特（John Best）從灣岸上的約克工廠（York

Factory）被派去南方，負責探索皮瑪希旺・阿奇這塊土地。他花了三週，跋涉過五十七段連水陸路[37]才到達溫尼辟湖。這足以讓他的同事卻步，而阿尼許納貝人社群又有一百年不曾經歷毛皮貿易。

領頭的獨木舟坐著喬治、艾羅和蘇菲亞的孫子艾登。艾登樂在其中，享受推船拉船和成人的玩笑。艾羅是個來自問題家庭的年輕人，在這裡卻成為了領導者，遇到激流就跳出來，發揮一人抵兩人的力量拖拉獨木舟，同時讓所有人不斷發笑。喬治是群體中最有河流經驗的人，他以優雅的技術駕駛他的玻璃纖維獨木舟，穿過淺灘，直直衝過小激流，乘著令人止步的波浪。

中間的獨木舟船長是他的堂哥蓋伊，是個年紀較長的沉穩男人，在這三天之中都不曾拿下墨鏡，話不多，頂多以妙語附和別人的笑話。他的乘客是艾迪和蘇菲亞，是群體裡的耆老，遇到激流要繞道陸路時，他們坐著旁觀。

來到第三道激流，我們其他人擠上河邊水位降低而露出的石板岩床。薄薄的土上覆著近乎幽靈般的淡綠色地衣，在十多呎的上方形成一層薄薄的外殼，鋪展在這片地盾。

37 編註：Portage，搬運小船以通過兩片水域之間無法行船的旱地，或是繞過河流中的障礙物。

我們把獨木舟拖出水中，抬起、咒罵、流著汗，把船放在軌道上的滾動原木，拖過森林。我們猛然落入另一個世界。

河流炫目的光線不再，眼前是寬闊的森林景色。地衣的林中空地映入眼簾，那些淡色多刺的葉狀體像珊瑚般伸向天空，在傑克松節瘤的枝幹後方飄蕩，進出視野中。一群群楊樹灰色筆直的樹幹像砲管一樣射向天際。一道道斑斑陽光照到地上，或是在倒木撕扯樹冠的開口處形成光束，彷彿我們在水面下。不過這珊瑚森林有空氣，那空氣呦！芬芳厚重，有如香料。我猛然意識到，這體驗有多罕見，曾經聞過、觸碰過一片七千歲森林的人有多麼稀少。所以「老熟林」就是這個意思。

視野時而開闊，時而收合。傑克松下，鬆軟的森林地表覆滿蘚苔和地衣，有如密織的織物，線被收得緊緊的。下層植被稀疏，或許看得到迎面而來的駝鹿或熊。在楊樹下，土壤呈現黑色而且質地更為鬆軟。根據研究顯示，菌根菌在香楊和楊樹下的土壤，遠比在樺樹等樹木底下要更活躍豐富。樺樹是另一種主要的落葉先驅樹種，底下的土壤比較接近另一種常綠鄰居——松樹和雲杉的土壤。這樣的化學環境促進了更多的礦物質交換，土壤酸鹼度提高，水分含量也較高。較大的葉子帶來更多陰影，對莓果的生長也更為有利。

這一年的葉子剛開始落下，但掉得太早了，濃密的下層植被覆蓋著灰色脆片。藍莓、美國野櫻、野生覆盆子和許多其他植物在楊樹斑駁的樹蔭下爭奪空間。小徑底端有最棒的珍饈——絲絨般的飽滿莓果，唐棣（saskatoons，學名 *Amelanchier alnifolia*），能改善夜間視力。我們放下獨木舟，在最後一次扛起船之前拔了幾把莓果。接著爬上另一座雲杉拼湊的梯子結構，然後獨木舟咻一聲重新入水。

「克林特，別再放開繩子了！」大家都笑了。

在接下來的幾小時裡，無盡的森林川流而過。舷外機繼續隆隆作響，一連百哩，看不到其他人類，只有親切的白頭海鵰身影經常出現在河灣，停留在枯立木上，監督我們的進展。

附近有十三道激流，得繞道連水陸路，有些激流地勢甚至比較高。當我們在消逝中的陽光通過最後一道激流後，河面突然變寬，開展向一片遼闊的湖面，湖畔森林遍布，在完美的洋紅天空下朝遠方延伸。

「回家自由啦！」羅傑喊道。

岸上，一棵枯立的巨大松樹標誌著湖的入口，最高的枝條上棲著哨兵——一隻巨大的白頭海鵰，我們隆隆駛過時，牠點了點那顆白色的頭。蘇菲亞在水面撒上菸草。

雷之湖極大，幾乎就是海了。我們終於來到靠近另一岸的一座島時，風勢逐漸止息。我們把獨木舟滑上岩床的圓丘緩坡，那片岩床布滿了刮痕，是數千年來在這裡上岸的無數根龍骨留下的痕跡。湖畔的一座淺池裡，我瞥見一隻帶著斑點的小褐蛙。北方的蛙類能在體重有百分之七十五處於凍結的狀況下存活整個冬天，脂肪細胞裡頭形成冰，撤回所有防禦機制，僅維持心臟周圍的一小個腔室。春天來臨的時候，牠會脫離低溫狀態。希望牠喜歡暖和的冬天；牠感覺（看起來）很像溫溫的茶水。

蓋伊的小木屋坐落在小島岩丘上，遠處的牆上覆滿駝鹿犄角。外面的松樹間散落著發電機、舊獨木舟、鋁片、丙烷罐、除草機、油漆桶，甚至還有一台冰箱。屋裡有間臥室，層層床墊堆得老高，廚房裡有張桌子、一台鑄鐵爐和比較現代的瓦斯爐。水槽下接著桶子，碗櫃裡塞滿一年份的罐頭食品，餐具抽屜裡收著實彈。牆上掛了一匹狼的畫像，旁邊是一個停在六點四十四分的時鐘。

唯一的那間臥室裡睡了五個阿尼許納貝男人。我、蘇菲亞與她的孫子艾迪在小小的島上搭了頂帳篷——我們抽中下下籤。我設法在矮小的傑克松之間找到相對平坦的空地，地上長滿了淡綠色的地衣，踩起來就像擺久的麵包一樣嘎吱作響。我們進屋道晚安時，空氣中彷彿有種顫動，微風正梳理著傑克松。遠處森林的上空，似乎有一塊比其他地方更暗的陰影。然後是一聲無庸置疑的隆隆聲。

「雷鳥！」艾迪微笑著說道。「牠們知道我們來了。」

在北方，是火驅動了生命。要不是有火，這裡的地景和森林會非常不同，事實上，這裡的物種演化也會非常不一樣。這地區的三種闊葉樹——美洲顫楊、香楊和白樺，都十分適應火災。楊樹（顫楊和香楊）有著淡灰色樹皮和鞭子般的嫩枝，看似脆弱，但在火焰吞沒森林甚至席捲土壤時，軸根卻能存活下來，接著在三、四個星期後會開始冒出吸芽——顫楊的灰白色嫩芽與香楊的淡綠紅嫩芽。火災燒過露出的土壤富含礦物質，而楊樹正好在這樣的土中欣欣向榮。傑克松亦然，少了火，傑克松的種子根本不會發芽。

傑克松的毬果硬如石頭，果鱗被有如強力膠那般的樹脂黏在一起，保護種子不被齧齒動物吃掉。當溫度來到攝氏五十度時，樹脂會開始融化，甚至助長火勢，並把毬果化為燭芯，只要燒上九十秒，就足以讓毬果像花朵般展開。所以傑克松其實會調節林火，確保種子只會在恰好的時間內得到恰好充足的熱能。毬果冷卻之後才會釋放種子，而那時地面已經沒了其他競爭者，種子便會在它們喜愛的砂質礦物土壤中發芽。

這些樹種對火的反應，對阿尼許納貝人仰賴的生命週期極為重要。火災後的頭幾年，開闊的森林會成為駝鹿和野兔的避風港，牠們愛吃嫩枝和煙燻的葉子。那樣的地方在接下來二十年左右，都會是駝鹿經常造訪的覓食區，而貂和猞猁會來尋找野兔，所以這裡也是設陷阱抓牠們的好地方。五十年後，當傑克松長到野兔搆不到的高度，野兔數目便會開始下降。貓頭鷹在燒過的樹幹裡做窩，這時羽苔已經開始覆蓋林地，為莓果和灌木留住更多水分。大約六十年後，楊樹不再繁殖，然後駝鹿的數量開始下滑。七十年後，蘚苔讓位給地衣，北美馴鹿來吃地衣了。接著，膠冷杉（balsam fir）和其他針葉樹在愈來愈厚的黑色土壤裡生根，阿尼許納貝人稱之為 **okataywikamik**，正是楊樹的落葉堆積形成的黑色土壤。這時，森林對人類而言不再是理想的食物來源，人們會希望森林再度起火燃燒。[7]

火是創造性的生命力量，而香楊向來也是森林原住民的火源，是弓鑽取火最理想的木材，透過摩擦製造火星，而沒有木材比香楊內皮更適合用來餵養火星的了。腐爛的香楊和楊樹芯材柔軟鬆散，能夠緩慢燃燒，適合用來攜帶火種。有時，人們在閃電沒有出現或是想促進某些區域更新時，就會採取放火的手段。但現在的阿尼許納貝人不那樣做了，因為誰也不知道會有什麼結果。

森林變乾燥了，火燒得更旺、更久，更多泥炭苔和有機土壤燒起來，而那些利用烈火燒過土地的物種如柳蘭和柳樹，往往比莓果與拉布拉多茶這類纖弱下層植被生長得更茂密，更有侵略性。傑克松遭受蟲害侵襲，而楊樹占據主導地位；野兔尤其喜愛年輕的傑克松，而楊樹含有的微量元素讓嫩葉變得苦澀難嚼，導致野兔興致缺缺。野兔以後會吃什麼？肉食動物又要吃什麼？還有……

誰也沒看過雷鳥。牠們躲在黑雲後，卻被畫成眼中有霹靂閃電、翅膀湧出火焰的鳥。百分之八十五的火災是由閃電造成，其餘則是人類造成的控制燃燒，或者是意外火災。雷鳥因此成為阿尼許納貝人宇宙觀裡最重要的生物。雷之湖是以牠們為名。那裡是雷鳥築巢之地。

牠們今晚很吵。我在半夜嚇人的爆裂聲裡醒來，夜晚為之顫抖。傑克松互相鞭笞，湖上的波濤起伏，像是口吐白沫的狗，牙齒在光中閃爍。閃電讓整片天空湧動、閃爍，彷彿世界就在閃光燈中。謝天謝地，島上沒有香楊——綠色的香楊樹幹有非常高的含水量，是絕佳的避雷針；相反的，我倒是擔心帳篷的金屬支架，因為我們就在湖上六公尺高的森林岩丘紮營。後來，狂風整晚撕扯著我的帳篷，我翻來覆去動輒醒來，恐怖的隆隆聲緩緩消失在北方。

天色照舊破曉，看上去清朗無雲。空氣濕潤而清新，雨水活化了森林的芬芳氣息。大地聞起來甜甜的，前一晚的地衣還又硬又脆，此時已像吸飽了水分的海綿。看似死掉發褐的蘚苔突然綠意盎然。雷鳥為森林灌下亟需的飲水。

✦

那天早晨稍後，在雷之湖另一側，我們三艘獨木舟進入了另一條河的河口。兩岸排列著比較古老的松樹和高大的楊樹，一側則是一片連綿的岩壁。羅傑讓我們的獨木舟慢下來。花崗岩上布滿赭色的條紋。獨木舟沿著崖邊魚貫前進，頭頂上方的岩壁外傾，看了有點恐怖。一個小凹處擱著殘餘的蠟燭、香菸、塑膠製品、硬幣和細細的樹枝。羅傑站起來，從包包裡拿出兩根菸放到岩架上。克林特也跟著照做。

「先祖之地。」羅傑莊重地解釋。在奧吉布韋的文化裡，就連石頭也擁有生命的屬性。而那些赭紅色的岩畫正是 **memegwesiwag**[38] 的傑作。**memegwesiwag** 是半人的穴居者，教導阿尼許納貝人用石頭製成箭和菸斗。羅傑和克林特哈哈笑著解釋這些事，但無疑的是，他們非常虔誠。

我們繼續前進，在激流下的一片寬廣水潭把獨木舟拖上岸。喬治和艾羅抓起釣竿，把旋式誘餌拋進急流中。沒幾分鐘，他們就釣起白綠條紋的魚，那種魚有著多刺的背鰭，是玻璃梭吻鱸（walleye）。

「我們要去採購！」喬治說。「這是我們的超市。」他搞得就像把罐頭丟進籃子裡一樣簡單。

克林特和艾迪從森林裡拖來枯木，用乾草和樺樹皮充當火種，生了一堆火。阿尼許納貝人只用枯木生火，從不砍活的樹生火。

水壺沸騰時，我和艾迪坐在一棵瘦巴巴的松樹下。艾迪從樹上摘下一只圓莢，用刀子剖成兩半。莢裡是黏糊的橙色黏狀物，其中有五、六隻乳白色的蟲（幼蟲），體長和螞蟻相當。是松色捲葉蛾（Budworm）。我仔細觀察那棵樹，樹身扭曲畸形。飛蟲在松樹芽裡產卵，而幼蟲便以樹液維生，產生一大個莢或窩。所有樹都遭受了感染，在其餘的旅程中，我也沒看到健康的傑克松。河邊的每棵樹都像佝僂老人一樣彎腰駝背，針葉過早

38 編註：在奧吉布韋文化裡，指的是半人的半洞穴居民，住在河岸、大湖的沙丘和洞穴中，常被描述為面孔有毛的小精靈，會在岩壁上作畫。

落下。

「你擔心全球暖化嗎？」我問。

艾迪伸出穿著牛仔靴的腳，說起一位耆老。

「他說氣候在改變，人們得適應。雖然雨變多了，額外的水卻無法阻止大地變乾。天氣愈來愈暖，愈來愈乾燥。最近泥炭土燒了起來——以前從來不曾這樣。物種會改變，新物種會跑來。魚會游向湖裡更深、更涼的地方，最後會死去，像玻璃梭吻鱸這樣的魚也會窒息。而新的魚會來……」艾迪沉默了一下，像是努力接受他剛說的內容，然後聳聳肩，蹺起腳來。

「我不擔心啦。我們會適應，就像他們跟我們說的。我不介意夏天長一點。」說著，他咯咯笑了起來。

突然間，人人都有關於改變的故事，雪變得更重、更濕，冰路融化，湖冰的質地和顏色變了，喜鵲和禿鷹、貂和臭鼬之類的物種出現，莓果嘗起來不同了，摘採的季節縮短，冬天的雪不夠設陷阱，林火增加，湖的水位下降，岩石上獨木舟的陳舊刮痕比現在的高了兩公尺。

「看看楊樹的葉子，」喬治說。「都焦了。」話是不錯。照理說，現在的樹葉應該仍然青翠、健康，但眼見每片樹葉卻幾乎都提早兩個月泛橙，那是熱逆境使樹液從沒活力的葉子抽回而造成的痕跡。

「那雲杉呢？」我頭一次注意到，林間聖誕樹的樹冠全變成了淡褐色。它們似乎也變乾了。

「沒錯。」蓋伊說。

我的目光飄移。這片生氣勃勃的原始環境，明顯未曾受到工業化的影響與汙染，卻突然顯露出死亡的第一絲跡象。樹木是遠方過程的無辜受害者，像松色捲葉蛾之類的病原就能滅絕整個生態系。不過，生態系的崩壞通常是在事後才記錄下來。森林能掩蓋住崩壞很長一段時間，因為關鍵物種與自然過程的衰退，往往只能在足夠漫長的時間尺度裡才看得出。保育團體已經在討論加拿大北方的「轉型」，森林的整個結構因為暖化而「重新配置」，但「崩壞」恐怕是比較恰當的形容。[8]

森林「去大型動物化」（de-megafaunication）的研究（隨著大型有蹄動物如駝鹿、北美馴鹿和熊北移而失去那些動物），以及對生物多樣性的影響才剛起了開端。如果傑克松沒留下，楊樹因高溫而受限，那香楊就會贏過其他所有植物。已經有些科學家認為，北方針葉林是過去式了。

「松樹每兩、三年就會生病，這是一種循環，它們會回來的。」艾迪說著，其他人熱切地點點頭，表示願意相信他。

「森林這樣多久了？」我問。

「已經五年了。」蓋伊說。

「我們都不會有事的。」艾迪接著說道，「我們會適應。」

未來並非適合心靈流連的安全之地。

喬治打破尷尬的沉默，招搖地開了一罐健怡可樂，發出響亮的嘶嘶聲。

「我們靠大地而生！」他大笑著諷刺地舉起罐子，大家都跟著一起笑了。

那晚，我們九人吃下了十五條玻璃梭吻鱸，在對牠們表達了敬謝之意後，羅傑拿起鏈鋸走向一棵腐朽的傑克松樹樁，我們生起了營火。月光下的銀色湖水平靜無波，湖面映著躍動的火焰。正當大家準備睡覺時，我們面前出現一道閃光。湖天之間展開一場光影秀。彷彿飛翔的鷹形雲朵背後，一道道帶綠的微弱光線脈動起來。光亮增強，掙脫了

雲的束縛，在北方的蒼穹展開。綠光像水一樣流瀉在銀河的卵石上，掀起黑暗漣漪，在那一切之後，某種浩瀚顯現。

阿尼許納貝人說，北方的極光會發出搖鈴的聲音，如果拍手，它就會消失。艾迪試了試，但沒用。蘇菲亞叫醒孫子見識見識，我們全都出神盯著變幻莫測的演出。光芒與那一瞬間，有某種東西感動了我的同伴，他們說起母語。笑聲愈來愈頻繁。艾登無法理解祖母說的大部分事情，但那不是重點；祖母希望他好好體會，把這一刻編織到他自己是誰、從何而來的記憶中。我們目不轉睛地看著活躍的動態，亮度愈來愈強。凌晨一點，極光布滿半片天空，脈動映在湖上。

「我們祖先的神靈在這地區仍然強大。」蘇菲亞說。「我希望子孫能坐在我今天坐的位置享受。」她知道氣候變遷即將發生，也知道那會影響她最愛、最珍視的事物，但大地會是她的解決之道，也是慰藉。

「我們去到那裡的時候，能夠倚靠著賦予我們的這片土地生存。」蘇菲亞說。我想她說得沒錯——皮瑪希旺·阿奇的人，是地球上為全球暖化準備做得最好的人。即使物種改變、新物種到來，他們的保留區仍然偏遠而難以到達，他們擁有三萬平方公里的土地，絕對能為他們提供食物、衣物和棲身之處——即使不是以他們習慣的方式。森林是艘救生艇，而祖先的知識依舊活躍地引導著他們。

不過，皮瑪希旺．阿奇的意義並不僅僅是作為阿尼許納貝人的資源。蘇菲亞說：「我們相信，我們正為地球其他地方做出很大的貢獻。」大部分的原住民教誨都會提到平衡、火與水及其之間的神聖關係。這是皮瑪希旺．阿奇代表的知識、訊息和神聖使命。

阿尼許納貝人說過「第七道火」的預言。他們祖先以火來描述阿尼許納貝人文明的時代。第一道是指他們在大西洋海岸的起源，第二道是他們西遷，第三道是他們需要搬到「食物長在水上」的地方（指皮瑪希旺．阿奇的野米），第四道是外國人從東方而來（歐洲殖民者），第五道描述了他們差點在帶著黑書的黑袍人（傳教士）手中滅亡，第六道是「生命之杯會幾乎變成悲傷之杯」的時期，[9]而這時期剛剛過去。

身處第七道火的時期，人們必須做出選擇，用他們得到的生火棒當成創造力，選擇療癒與自然的路，那條路通往的不是未來，而是過去，重新學習祖先、神靈與土地的神聖教誨，也或者是繼續走向遺忘。第七道火之人唯有做出正確的選擇，才能點燃第八道火。新世界的復甦之火，將和舊世界不同。皮瑪希旺．阿奇的阿尼許納貝人和其他保存完整的原住民文化，是我們地球的傳火人，不只守護他們自己的傳統與價值，也保存了尊重生物界，與生物界和諧共存的方式。

艾登在岩石上睡著了。該上床睡覺了。太陽再度在雷之湖純淨的銅色湖水上升時，就該追著皮瑪希旺·阿奇神聖功績的效應，追隨著流域的影響，往下游去。

⟡

獨木舟在波濤上顛簸著，朝西邊返航。人人都把水瓶浸入湖裡，盛滿湖水。雖然河水、湖水都乾淨到可以直接生飲，但他們依舊認為這裡的湖水比家鄉的河水更純淨。艾迪告訴我，黑雲杉有一種化學物質能淨化空氣和水，而樹液在冬天落下時，會對地下水造成某種影響，讓魚在冰下存活。那是科學家要研究的另一種小智慧。

來到湖的末端，我們進入白楊河的水源時，克林特揚了揚鼻子。「聞到了嗎？那是家的味道！」他喊道。克林特像鮭魚一樣，聲稱他能從水的獨特化學印記分辨出自己家鄉的河流。樹木被砍下或引入汙染的時候，一條河的印記會改變或混亂得無法辨識，於是鮭魚也不再回來。一條河要維持自己的氣味一路到海裡，或者像溫尼辟湖一樣，即使蒙受工業災難仍然足以辨認，那都很不簡單。豐饒黑土的酸澀香氣想必非常持久，在幾百哩外的下游，哈德遜灣的冰冷水中，回到邱吉爾河口的鮭魚或鯨魚仍然嘗得出雷之湖樹木的味道。

加拿大，曼尼托巴，邱吉爾
北緯 58° 46' 06"

加拿大偏遠北方的城鎮，把飛機當作非常昂貴的客運。把我從溫尼辟載到邱吉爾的第一航空（First Air），必須先飛到哈德遜灣西北岸上的荒涼據點——蘭金因萊特（Rankin Inlet），再回頭往南飛。飛機內部分成兩區——乘客坐在後面，前半部留著載貨。這次的繞路讓我從空中好好審視了北方針葉林與凍原的生態推移帶，這片區域從邱吉爾一路延伸到北極海。像格陵蘭那樣的地方，極地荒漠和森林線近得討厭，這裡的生態推移帶則寬達四百哩，灌木線一路延伸到努納武特北極群島遙遠的北方。

這是「森林線」定義發生爭議的地方。按某種觀點來看，森林線是高度超過五公尺或更高的樹木生長的北界。不過，耐寒而堅毅的矮小雲杉覆蓋著這片大地，長成矮盤灌叢的據點；對雲杉來說，這種觀點好像有點殘酷。這些樹是旱生植物——適應了水分受到嚴格限制、溫度梯度陡峭以及光照減少的乾旱地景。而雲杉正好也是凍原和森林線之間的支柱。另一個版本的觀點中，森林線是森林與凍原區在連續森林之後的北界，在這裡，森林和凍原的平衡逐漸變成了以凍原為主。如果沒有詳細的研究衛星影像，想要在邱吉爾和蘭金因萊特之間的某個位置固定出那條線，是難以做到的。不過，問問薩伊西丹奈民族（Sayisi-Dene）的馴鹿獵人，他們會本能地知道答案。

薩伊西丹奈民族——歐洲人稱他們為契帕瓦族（Chipewyan），這是他們的鄰族克里人給予的稱呼——自稱為「太陽下的人」，稱他們的傳統領域為「小樹枝之地」，那是北方針葉林與凍原交界的平坦矮盤灌叢平原。這是很大一片地區，其北端延伸至西北地區的大奴湖（Great Slave Lake），領域和因紐特人重疊。哈德遜灣公司把他們吸收進毛皮買賣的範圍內以前，他們夏天會跟著北美馴鹿，從北方森林邊緣來到凍原的繁殖地，冬天再跟著馴鹿回來。棲地之間的分隔線，決定了他們的日程與生活方式。

一則薩伊西丹奈民俗傳說提到，很久很久以前，人類和北美馴鹿住在一起，但有些女人想擁有馴鹿，所以就像薩米人一樣，用刀在馴鹿皮和鹿耳上留下印記。馴鹿氣得跑走，最後終於又被人類說服回來，但馴鹿也變得遠比以前更提防人類了。確實，在許多研究中，北美馴鹿被稱為「領頭羊」物種，對於擾動最為敏感。加拿大各地的北美馴鹿現在嚴重瀕危，其中僅有極少數的馴鹿群被認為能夠自行繁衍。生態推移帶開始出現其他物種。

邱吉爾的原住民獵人戴夫．戴利（Dave Daley）說：「這年頭，駝鹿就像北方針葉林裡的牛。」皮瑪希旺．阿奇原先的駝鹿都跑到那裡去了！至少哈德遜灣流域這裡的森林夠完整無缺，駝鹿能在連續的廊道移動。那樣的廊道愈發重要了，因為暖化會讓更南方的棲地劣化，或讓天氣變得太熱，動物的移動能力已成為生死攸關的問題。

「黑熊也來了，該死！」戴利說。

即便黑熊平常的樹林棲地還未能趕得上，但這裡的氣候已變得非常適合牠們。科學家估計，森林線正以每年一公尺的速度往這裡北移，但在如此寬廣多樣的地域裡，幾乎有點難肯定。飛機航行在一萬呎的高空中，下方遼闊的平原正在大幅改變，平原上有點點雲杉和條條流水。地球的皮膚正在融化，微生物在冰凍了幾千甚至幾百萬年後逐漸復甦。土壤在蒸散（可說是冒汗，因為水分散發得多、吸收得少），而動植物也注意到了。這是個新世界，而智慧生命——聰明的基因——嗅到了，送出吸芽、種子和斥候往北而去，一切準備就緒。

「它們不該在這裡。」

「什麼？你說樹嗎？」

「我是說香楊。它們根本不該在這裡！」黎安·斐許巴克（LeeAnn Fishback）驚呼道，她是「邱吉爾北方研究中心」（Churchill Northern Studies Center）的科學家。

我們開著黎安的卡車下了一座蛇丘——這道石礫丘脊是勞倫泰冰蓋後退時形成的。冰下的融冰把冰磧石刻成帶狀，成為邱吉爾鎮附近地景的特色。那是地球最年輕的地景之一，仍處於形成的過程當中。前一次冰河期的尾巴拖得很長，冰的體積與重量，導致地殼下陷了兩百七十公尺深。隨著冰層融解，融水並未立刻瀉入大海，而是積累在哈德遜灣的低地，形成內陸海——阿格西湖。最後，大約八千年前，擋著融水的冰塞子融化了，讓超過八十四萬一千平方公里的阿格西湖接連兩次從哈德遜海峽奔流入海。科學家估計，這十五萬立方公里的水，導致全球海平面上升了一公尺，激發低窪地區淹水的傳說，以及奧吉布韋民族創世神話中，土地從水中升起的內容。[10]

在卸下了這些重量以後，土地仍以一世紀三公尺的速度上升，這過程稱為「**地殼均**

衡回彈」（isostatic rebound）。這效應在海岸線最明顯。遠方灰色的捲浪沿著平坦的岩岸拍打石礫。隨著地面升起、海水退去，海灘每年加寬幾公尺。風挾著一道道雨勢刮過蒼涼的凍原，凍原上留有開採石礫的卡車和越野車搭載遊客前去觀賞北極熊的痕跡。這裡看似月球表面，如果永凍層沒融解，這脆弱土壤上的痕跡應該會像月亮上的痕跡一樣永恆。

道路越過蛇丘以後，便帶著我們筆直開向內陸，往冰下河流（subglacial river）的方向而去。冰下河流反過來追著後退中的冰層路徑。遠離大海以後，植被變得茂盛了，主要是柳樹，擠滿在冰磧裸露的礫石上。兩側比較低窪的酸沼上，雲杉和美國落葉松一同在稱為泥炭土堆的土丘上挨在一起。泥炭土膨脹、收縮，解凍再結凍，凍脹作用形成這些泥炭土的圓丘。其中含有冰核，提供水分，但周圍乾燥的泥炭土排水較好，為樹木形成較不易積水的環境，因此各處才會出現樹島。這些是健康的樹木。酸沼裡，那些在冬日乾燥永凍層喘息的美國落葉松和雲杉，往往能在夏季享受短暫的濕潤，如今卻因為過多融雪導致的積水而逐漸死去。

此刻正下著雨，冷颼颼的，氣溫比白楊河低了二十度，而北極河不過在南方幾百公里處。黛安娜提過，如此多樣的溫度範圍，讓北方森林擁有極高的適應性——它們早已經歷過極端氣候。

我們從稜線上的制高點視察點綴在凍原泥炭地上的無數池塘——盤狀的黑水，邊緣帶著泡沫，彷彿幽暗的兜帽邊緣圍著一圈狐狸毛皮。這些正是黎安的專長。泥炭地的故事可以用池塘的循環來理解。這裡像蘇格蘭一樣，泥炭土以每年一公釐的速度在岩床上累積了四千年。

森林曾在這片土地上來去一、兩次，而碳都存在泥炭土中——一兆一千億噸的泥炭土，其中含有的碳，比人類迄今燃燒石化燃料釋出的碳還要多。[11]下著毛毛細雨的平坦平原，長了零星的雲杉和美國落葉松，這些植物在無盡蔓延的地景中，也曾是一片綿延不斷的森林。阿格西湖撤退後不久，樹木占據了這裡以北三百二十公里的海灘，一路攻占到蘭金因萊特。然後，氣候在五千五百年前變冷了，樹木又撤回目前的緯度。現在，樹木在為昔日的地盤重新集結，準備舉兵進攻，而那些死去五千年的樹木則開始再度腐爛。暖化的泥炭土就是這麼回事，中止的分解過程以及過去被封存的排放，現在全都一股腦釋放。所以北方暖化才那麼危險——我們擔心的，不只是森林繼續封存碳的能力衰退，也是把史前森林從前封存的碳全都釋出。如果俄國的娜婕日達說得對，此刻已過了臨界點——不論人類做什麼，永凍層融化造成的排放都會導致暖化加劇——那我們確實要非常擔憂了。

黎安的手鬆開方向盤，指向那片平坦泥濘周圍的一圈草。池塘迅速乾涸，黑色的泥巴吸收更多輻射，讓地表進一步升溫。池塘的生物活性正在升高（所以才有泡沫），再過幾星期，到了十月底，池塘將會結凍，屆時便能看到冰裡懸浮的串串珍珠——神祕的氣體——二氧化碳終於肉眼可見了。串串珍珠是夏季最後的分解產物，分解的有機物用光了最後的氧氣。然後，隨著池水一路往水底凍結，更大的氣泡出現在冰結構的下方。在氣泡裡插根針並點火，就能讓裡面的氣體起火燃燒。氣泡裡是甲烷，就像西伯利亞北方拉普提夫海的情形，沉積物在無氧的狀況下繼續進行無氧分解。黎安的學生喜歡那樣的實驗。

黎安停下車子。風勢挾著雨水吹打車窗。雨幕滑落。

「看到了嗎？」

一棵不到五歲的香楊小樹苗在風中點頭。在柳樹、雲杉和落葉松之間，香楊絕對是突兀的傢伙，大葉子在陣陣強風中打轉。香楊似乎表現得不錯——莖幹綠而強壯，葉子是健康的顏色，顯然也很愛蛇丘富含礦物質的石礫，而且並不孤單。我們繼續前進，路旁出現愈來愈多幼小的香楊，與柳樹爭奪加拿大地盾石灰岩侵蝕而成的碳酸鹽岩。再過一百年，這道小徑就會成為大道，夾道的楊樹會有幾十公尺高，儼然法國南部的鄉間道路。

蛇丘的終點是個冰礫阜——兩座蛇丘在這座岬角會合，退後的冰留下形單影隻的冰山，融化成一座高起的湖。這裡的石礫下沉，水從道路兩旁向外延伸。居民稱這地方為「雙生湖」（Twin Lakes）。

我們爬下卡車，進入狂風中。黎安將兩顆子彈塞進霰彈槍，把槍甩上她披著鮮豔防水夾克的肩上。現在是邱吉爾的北極熊季，北極熊因為冰雪後退而被困在陸地上，母熊則喜歡在凍原築窩產崽。這片低矮的灌叢以及融化的永凍層，因為容易挖掘而成了牠們喜愛的地點。

這裡的雲杉在最近一場火災中被燒毀，緊隨著的漿果灌木幾乎把雲杉的樹樁吞沒。我們穿過灌木，來到黎安說的「不該出現在這裡的樹木」之前——六棵壯觀的香楊，矗立在湖上方的一座小坡。這些香楊遠比我想像的高大，高度超過二十公尺，我頭上繁茂的葉子被風吹得嘩啦作響。靠近看，樹皮非常粗糙，裂開皺褶，形成深溝，呈現出灰、黑色，上頭長了蘚苔和黑色地衣而顯得濕滑。這些厚達四吋的樹皮不會起火，也不會結凍。內部樹皮具有一層透水性的膜，讓水分能夠迅速流出活組織，避免細胞內形成破壞性的冰晶。最大那棵香楊的樹幹比我的胸膛還要寬。落葉層非常厚重緻密，就像腐爛的地毯，我伸手插進深色潮濕的落葉裡，發現聞起來也很像。下層灌木就是靠枯枝落葉餵養，長滿刺柏、柳葉菜、拉布拉多茶、藍莓、玫瑰、野醋栗、覆盆子和紅醋栗。黎安熟悉這個地方，她都去那裡摘果實做果醬。

沒想到，在如此遙遠北方的楊樹，與其在南方鬱閉森林的鄰居非常不同。我們對於物種傳播的理解仍不夠透徹。為何這裡有某些樹，別的地方沒有？那些樹是怎麼來到這裡的？白雲杉由風媒授粉，能輕鬆傳播，很容易發芽，是森林線多個世紀或數千年來移動的自然前緣。香楊的有性繁殖並不容易，每年春天在葉片展開前，雌樹油亮的新芽冒出小黃花，彷彿毛蟲的圓頭掙脫蟲蛹。小黃花會吸引飢餓的北方鳥類與昆蟲，牠們渴望春天的第一股蜜汁。花朵凋零時，整串葇荑花序都會脫落。葉子完全長大時，果實成熟，裂成兩半，釋放細小的種子，每顆種子都帶有設計來捕捉風的白色長絲狀細毛，這種「棉絮」讓某些楊樹得到「棉白楊」（cottonwoods）之稱，原住民用棉絮紡紗、包紮、鋪設嬰兒床內襯。這些絨毛也會被加入布法羅莓，[39] 打出泡沫，製成「印第安冰淇淋」。

那種子必須掉在潮濕的種床，才容易接觸到礦質土壤（最近燒過的地方最理想），並且在適合發芽的溫度維持幾星期的潮濕狀態，才有可能發芽。不過，這些種子通常活不了多久，由於香楊喜歡河流，洪水氾濫時常讓河邊脆弱的幼苗夭折。在如此遙遠的北地，火燒的間隔超過四百年。一顆授粉的楊樹種子即使設法流浪來到這裡，也還需要有前幾年那樣的火災才有發芽機會，因此楊樹通常會待在更南方，而這也是黎安在雙生湖畔森林線周邊看到香楊時，如此驚訝的原因。

黎安的同事史蒂夫·馬密（Steve Mamet）鑽取了當地雲杉、美國落葉松和樺樹的樹芯，發現最老的樹木已有四百歲。他還沒鑽香楊的樹芯，但我真希望他已經鑽了。香楊是最近發生的怪異意外嗎？是難民嗎？是物種最後的離群樣本，源於森林在更北方的時候？或者其實是人類種下的，從此就一直等待時機，等待像現在的溫暖天氣，好伸出吸芽沿著石子路而去？雙生湖的蛇丘已得到不少考古學證據，證明一千多年前有個因紐特相關的文明，比中世紀因紐特「多賽特」（Dorset）文化更古老。

黛安娜事後說：「別忘了，那是棵聖樹。可能是他們把它帶來的。」就像凱爾特人和他們神聖的歐洲赤松一樣。有何不可呢？楊樹會改善魚的棲地，而木灰的鹽分可用來保存、烹調魚肉。世界的這一角和其他地方（蘇格蘭、俄國和阿拉斯加）沒兩樣，樹和人類隨著冰的撤退而前進。或許他們比我們所知的更需要彼此。

39 編註：buffalo berry，學名 *Shepherdia canadensis*，又稱野牛果。

邱吉爾一直是個邊疆之地。這座城鎮的建立，最初是作為英國與第一民族貿易的要塞港，為了把資源從哈德遜灣流域弄出來而建造。英國國王查理二世將集水區所有土地授予哈德遜灣公司，這片被稱為「魯伯特領地」（Rupert's Land）的土地，甚至延伸到今日的明尼蘇達和北達科他。邱吉爾的命運總是仰賴遠方人們的奇想。

讓一條鐵路從溫尼辟開往邱吉爾（上面跑的列車取了令人難忘的名字，苔沼特快車〔Muskeg Express〕）的決定，在哈德遜灣公司的榮光正在衰退的當兒，把這座城鎮的二十世紀角色定位為穀物的運輸倉庫，將大草原的豐收帶到海邊。美國軍方決定調查北極光和地球磁場，導致一九五〇、六〇年代有一波科學家遷往這座城鎮，在凍原中央留下水泥發射塔，而「瓦普斯克國家公園」（Wapusk National Park）的各處，至今依舊散落著發射失敗的殘骸。我在二〇一九年造訪時，這座小鎮還苦於三年前的另一個決定——擁有港口的 OmniTRAX 公司關閉了港口。

市政廳是座突兀的水泥建築，面對著邱吉爾河口，有著室內籃球場、保健中心、冰上曲棍球場、關閉的圖書館和一週開放三天的游泳池。在市政廳裡，三名職員跟我閒聊打發時間，說起自從那次決定之後，邱吉爾鎮就處於「彈震創傷」（shell shock）中。但那個決定在最近被推翻了，這幾年來的第一艘船很快就會建造出來，只是公司搖擺不定的決策，不僅導致了許多工作機會的流失，甚至也影響了學校至少一個教職機會。辦公室的人們說起全球暖化時，也帶著同樣的認命和不公義的感覺——又是遠方帶來的另一種悲慘。

這條路再過去，是戴夫．戴利用雙生湖的雲杉為自己建造的一間小木屋，此刻他正斜躺在屋裡一張木椅上。他所用的雲杉早已被松色捲葉蛾侵襲（否則他也不會砍下活的樹木）——在新木屋裡的第一年，便不斷有甲蟲從原木裡湧向生活空間。戴夫從小就在邱吉爾附近打獵、設陷阱，他在這段時間目睹了極大的變化——沼澤裡的美國落葉松樹皮脫落，無法結籽；雲杉因松色捲葉蛾而大量死去；樺樹什麼壞事都要插一腳；整條河岸上都有香楊在萌芽。

「在我小時候，楊樹就是那麼大了。」他說，邱吉爾附近所有的樹木快樂地生活了很多年，但現在卻因為永凍層融解而被沼澤吞噬。「從地上發生的事，可以看出地下發生了什麼。」

不過，雙生湖的楊樹依舊安然待在丘脊上。它們喜歡這裡。石礫不會凍得像泥土那麼硬；石礫比較暖和，也比較不受泥炭土影響。人類也喜歡丘脊，那裡一直都是適合定居的地方。戴夫在離楊樹不遠的蛇丘上找到海貝、鯨骨和營帳圈。他認為，這很可能是克里族的祖先（甚至更久遠的祖先）帶了顆種子或小苗，跨越了種子自然傳播所需要的數百年時間。這樣說得通了。科學家所說的「自然」，指的是人類以外的動物傳播。

我們思索著香楊在整條河岸的入侵狀況，以及可能對魚群產生的再生效應，不過，戴夫搖了搖頭。

「說什麼魚！才沒有魚！」

在這種狀況下，反派是誰昭然若揭，正是另一間在遠方設點的城市企業——曼尼托巴水電局（Manitoba Hydro）。

「我以前會架網抓吸盤魚（sucker fish）來餵我的狗，一次可以餵上幾天。現在什麼都沒了。曼尼托巴水電局害死了河流。他們讓水位降得超低，然後河水直接結凍到水底，什麼都死光光了。水壩攔住水裡的沉積物，攔住了所有養分。難怪旅行社說，賞鯨的能見度好極了！因為水中的所有美好都被濾掉了。

「河上也沒有鳥了。我以前每年會為『加拿大自然資源部』做這條河的普查；現在沒什麼可看了。我向曼尼托巴水電局抱怨，但他們回覆我：『我們不會為了讓你能釣魚而浪費幾百萬美元的水。』」

曼尼托巴水電局時不時會啟動大規模的洩洪，但極端的水況並不能維持平穩的生態系。每當河流的層次重新建立起來，香楊幼苗在河岸上長起，就又會被沖走。水壩洩洪時，由於洪水與邱吉爾河、尼爾森河連在一起，造成更大的水量，所以這股現象也有了新名字——當地人稱之為「水力潮」（hydro tide）。香楊河（Poplar River）流入溫尼辟湖，而溫尼辟湖從前由尼爾森河流入海。但現在，兩條河合而為一，皮瑪希旺・阿奇與其他流域的礦物質養分和酸，造就了香楊河的獨特化學標記，如今，這些物質取決於曼尼托巴那天有多少人打開空調、用水壺燒水或看電視，再通過渦輪機排放到邱吉爾河或尼爾森河中。曼尼托巴人按下開關時，很可能沒想到這些支撐著他們舒適生活的水流，攜帶著連結流域森林土壤、河中魚類以及海中鯨魚的印記。

全球暖化的優點，在邱吉爾一覽無遺——北極探險、北海旅遊、北極熊體驗、凍原酒吧、極光飯店和其他許多北地主題的觀光產業，沿著北美邊疆慣有的單條寬闊大街而

生，街道旁散落著生鏽的貨櫃、被木板封起的店鋪和孤零零的汽油泵。唯一的交通工具是偶爾出現、胎紋極深的休旅車，或是高大的「亞果」（argo）凍原越野車，這種輪胎似乎應該出現在露天礦場，實際上卻是設計來搭載遊客穿越濕地。

自從港口斷斷續續關閉以來，這座小鎮就努力重塑自己的觀光勝地形象。最簡單的策略，就是在北極的脆弱地景消失之前，利用人們想親眼目睹的期待，把這樣的興致給資本化，而邱吉爾有幸擁有兩種最具代表性的北極大型動物：北極熊和白鯨。

我在極地飯店（Polar Hotel）外搭上一輛巴士，車上坐了上百名來自世界各地的遊客——加州、馬來西亞、中國、伊朗和澳洲。我們駛向鎮東，經過公有垃圾場和圓筒穀倉，這些穀倉就和油輪一樣又高又長。水泥塔彷彿工業霸主般巍然立在鎮上，提醒著居民他們受困的經濟。空中幾百公尺處，架高的輸送帶延伸到海上，準備把穀物倒進等待已久的船上。生鏽的鐵穀倉與倒塌的水泥穀倉建於一九三〇年代，成為河口岸上的主要景致。地面崎嶇，柳蘭、柳樹和古老的鏈條柵欄區隔開穀倉和小碼頭。巴士在一塊方形的浮動碼頭尾端放我們下來。我們穿上救生衣，聽取安全需知，然後魚貫登上一艘充氣船。充氣船呼嚕嚕駛過渾濁的水，最近融化的海冰讓河口帶著一種不透明而閃爍的礦物藍。

潮水已漲起，水平靜至極。霧從凍原翻騰降下，來到對岸。天與海都是同個色調的煙灰色。邱吉爾河寬達半哩，隱隱流動的河水，毫不費力地注入悶熱的海中。河面上的充氣船有如池塘上的蒼蠅。我原以為賞鯨是碰運氣的活動，不保證能看到，但我們才一開進主流，同行乘客幾乎就立刻站了起來。「那裡！那裡！還有那裡……」四面八方都有彎彎的白色背部像奶油塊一樣破水而出。河裡的白鯨紛紛出現，這種生物又叫貝魯卡白鯨（beluga whales），學名 *Delphinpterus leucas*，意思是沒有鰭的白海豚。

我們的導遊操縱著充氣船，在覓食的白鯨周圍繞圈。每艘船都有一群白鯨相伴，甚至更多。這些白鯨在我們周圍穿梭，游過船下，翻滾側身，仔細瞧瞧我們這些在午餐時刻出現的古怪觀眾。所有鬚鯨之中，白鯨是唯一一種擁有靈活頸部的物種，由於沒有像牠們親戚那樣融合在一起的脊椎，所以能自由轉動，更添一絲擬人的氣息。彎曲的吻部固定成一抹笑容，回聲定位的構造位在前額的隆起——額隆，因此有個類似眉毛的溝，讓白鯨活像好奇的怪胎。白鯨是小型鯨魚，但體長仍然超過四公尺——是巨大而有智慧的生物。白鯨比充氣船長，數量比我們多了十倍。一時間，充氣船後挨著五、六隻白鯨，享受尾流。導遊不確定牠們是喜歡溫暖的廢氣，還是螺旋槳打水的充氧效果，或者是山葉引擎九十馬力的頻率有某種魅力。

旅程的高潮是在船後放下「水下聽音器」（防水的麥克風）。船底的一個擴音器吐出嗶嗶聲和顫音、哨音、長長的吱吱聲和規律的答答聲。白鯨正在下面熱烈地聊天，聽到牠們自己的聲音回授，聊得更起勁了。白鯨擁有一千兩百種不同的聲音訊號，字母遠比智人複雜。我們已知白鯨會提高聲音讓對象聽到（和人類一樣），不過到了某個程度就會放棄。牠們感受到的壓力大小與噪音汙染的程度緊密相關。可以預期的是，當海冰消失時，隨之大幅擴張的北極船運會成為白鯨最致命的威脅。白鯨是以回聲定位來「看」，身處在幾乎永不止息的聲音之網中。牠們持續跟彼此說話，對牠們來說，生活就是聊天。世界確實還有很多人類尚未了解的語言。

又來了更多白鯨，擠在充氣船帶後方，昂首看著漂浮的人類模仿著牠們爭論。一隻母親加入鯨群邊緣，背上載了隻幼鯨，大約成人大小，身上還帶著斑斑的初生橘色皮膚。白鯨通常會在河口生產，因為河口淺水處相對溫暖，溶氧量比開闊的海洋高。母鯨孕期二十個月，哺乳時間長達三年，幼鯨則隨著哺乳與成長而逐漸變白。人工飼養的個體壽命從不超過三十年，這一度讓研究者以為白鯨的壽命異常短暫，不過，現在人們認為白鯨能活到百歲以上。幼鯨很可能是兩年前在這裡受孕的。白鯨和鮭魚一樣，總是回到同一條河。

歸家直覺可能演化成荷爾蒙─化學生命線，指引牠們返回安全的地方，在相對平靜、食物充足的狀況下繁殖，這很合理。不過，那樣精密調適的聰明計畫，現在卻隨著氣候帶和洋流的難以預測而逐漸變得不利了。探險者或殖民者的機會主義是不同的技能組合，和家鄉的遺傳呼喚有著不同的心智地理。白鯨和其他生物能在那麼短的時間內重新學會嗎？在樹木稱霸且溫暖三、四度或五度的世界裡，會有「同等氣候條件之處」（climate analogue，這是科學名詞，指的是和牠們目前棲地與分布區域相當的地點）嗎？北方所有的物種都在北移，但本就身處最高緯度的物種（例如白鯨和北極熊），已經無處可去。

「所以說，這地方有什麼特別的？」我問我們的導遊。「牠們為什麼一再回來這裡？」

「有幾個理論。」他說。「為了在河中石頭上換皮；那裡比較淺；殺人鯨進不了河口，而且食物很多。不過說真的，我們其實並不知道。」

我想我可能有點概念了。水下聽音器拿掉之後，跟著我們的白鯨群散開，再度成群劃過水中，獵捕毛鱗魚（*Mallotus villosus*）。這個時節的毛鱗魚十分豐富，會被大量沖上冰河灘。當地居民會裝滿一桶桶的魚，其他人則抱怨沖天臭氣。我們的導遊沒說明這點，但毛鱗魚是為了浮游生物來到這裡，而牠們吃的浮游生物和浮游植物之所以在這裡，是因為融化海冰的營養與樹木流向下游所帶來的營養，在此匯聚成美好的恩賜。

白鯨只在短暫的夏季融冰期冒險南下，進入河口生產，其他時候則住在浮冰的邊緣，在洋流導致冰層出現的裂縫開口——冰間湖（polynya）與冰裂（lead）——之中呼吸。在緊要關頭，白鯨會用牠們硬化的圓鼓鼓頭部撞穿冰層，浮上水面呼吸。這種「沒有鰭的白海豚」並未演化出背鰭，因而得以在海冰下游泳，以食物鏈營養階層較低的鱈魚、幼鮭、蝦、浮游生物和甲殼類為食，這些生物都仰賴河流或海冰的養分像下雨般緩緩釋出，在海洋「播種」。

自一九六〇年代起，海冰作為海洋食物鏈底層的棲息平台的關鍵作用就已被人們所知曉，然而，海冰迅速融化仍被許多人視為單純的景觀資源損失，或者更糟——建立新船運航道的機會。但這其實是場大災難，海洋食物鏈被削弱的意義，相當於在陸地移除了大量表土。

冬天裡，海冰會排出較重的鹽水，沉到海床，造成海水循環，把養分帶向海面。海冰的淡水結晶中，有鹽分離開後空出的通道，懸浮的矽藻、微生物便會在冰裡大量繁殖。待北極的冬季過後，太陽一照到浮冰，冰晶就會減弱光線，而浮游生物便吸收鉗合在腐植酸裡的鐵並開始分裂——腐植酸正是松永和黛安娜辨識出的成分。

在整個春天裡，浮游生物會繼續在冰中分裂，並於冰層破裂時達到高峰，這時終於從冰晶的藕中釋放，而注入海中的淡水再加上其中關鍵的鐵，讓浮游生物發瘋似地生長，為毛鱗魚和其他幼鮭、鰷魚與剛孵化的幼魚提供一場盛宴。這活動會成為大河河口最熱鬧的盛事也不奇怪。魚身上的必需脂肪酸（油酸〔oleic acids〕，用於產生卵和牛奶）來自浮游植物，而浮游植物又是從溶在淡水裡的礦物質獲得養分，這些礦物質的來源則是葉子分解的淋溶液。融冰和浮游生物大發生一個月之後，白鯨便循著這場盛宴而來。

盛宴的基礎很脆弱——河流流域必須有足夠的樹，沒有過多的農業汙染，而且海水不能太熱。海中無形的森林——水下與潮間帶的藻類——則需要周圍的海域保持在關鍵的溫度梯度（較冷的海水相對於植物自身產生熱能的差異）才能繁殖。

消失的海冰會改變白鯨的處境，也可能改變海洋環流模式。歷史顯示，洋流可能曾經改變過，而且有如電燈開關那般快速。黛安娜引述安大略省滑鐵盧大學（University of Waterloo）地質學家艾倫・摩根（Alan Morgan）的話，這種改變可能就在兩週內發生。比方說，某天墨西哥灣暖流會突然逆轉。目前的海洋之中已是一片混亂，沒人能預測溫度、洋流和區域會怎麼變動。變數太多了，電腦無法準確模擬，而陸地植被暖化以及淡水引流對海洋初級生產的化學影響，期間的回饋機制仍是非常大的未知數。

白鯨因其優美悅耳的鳴叫聲而被暱稱為「海中金絲雀」。不過，白鯨就像與牠們相關的樹木一樣，現在也是另一層意義上的金絲雀了。當陸地森林和海中森林的關鍵生產關係瓦解時，白鯨會最先感受到。目前，監測白鯨的科學家很滿足。哈德遜灣有五萬七千頭白鯨，數目穩定，密度以尼爾森河最高——尼爾森河是皮瑪希旺．阿奇主要的外流河。

不過戴夫．戴利就沒那麼肯定了。他在他用蟲蛀雲杉木材建造的小屋裡緊抿著嘴，搖了搖頭。他知道科策布的白鯨發生什麼事：白鯨在一年之間消失了。「他們說白鯨好好的。可是……毛鱗魚沒有以前那麼多了，而白鯨一直以來都是吃毛鱗魚的。不知道耶，我還在等。」

這些優雅、調皮又快樂的動物繞過小船旁，關於海面下方發生的事，牠們知道的遠比我們多。牠們能用超低音波[40]與幾千哩之外的同類溝通。海裡所有的白鯨可能不斷在跟彼此交談，就像艾伯特在搖動帳篷裡跟英屬哥倫比亞的人說話那樣。或許有一天，牠們會召開一場虛擬的全海洋會議，然後一切就消失了。

40 編註：infrasound，又稱次聲波，是頻率低於二十赫茲、高於氣候造成的氣壓變動的聲波。人類的耳朵無法聽到這種聲音，但某些動物可以感受到這種頻率並用來溝通。這種聲波的特色是即便在水下也可以傳播得非常遠。

第6章

樹與冰的最後一支探戈

格陵蘭

✦

格陵蘭花楸

Sorbus groenlandica

格陵蘭，納薩爾蘇瓦克
北緯 61° 09’ 41”

肯尼斯．赫格（Kenneth Høegh）在十三歲時種下他的第一棵樹。赫格當時住在格陵蘭遙遠南方的納薩克（Narsaq），每當星期六或是放學後，就在當地圖書館的兒童區兼差。據他自己所說，他是書蟲。一天，他在一本科學雜誌上看到一篇寫給兒童的文章，提到更北方的一座內海峽灣有場植樹實驗。

赫格說，「我在格陵蘭長大，樹木本身有點異國情調，有點怪。」

納薩克這座小鎮沒有樹，此外，如詩如畫的淡彩房屋聚集在青翠山邊，圍繞著一個冬天會凍結的天然港灣。赫格在他（當時）短暫的人生中很少遇到樹木，他覺得或許可以試著自己做實驗，於是請父母替他買了棵樹苗，從冰島空運而來，種在父母的花園裡。那是棵西伯利亞落葉松。後來他的父母搬走了，花園現在屬於鄰居所有，但落葉松仍在那裡，如今長到五公尺高，而肯尼斯也已經五十三歲了。

赫格進了大學以後攻讀農藝，成為格陵蘭南部農民的農業顧問，同時繼續沉迷於種樹的熱情中。二十世紀末的格陵蘭，以林務官為志的困境就是那裡幾乎沒有樹，不過倒是有兩位林業專家。一九七〇年代起，生態學家保羅．比約格（Poul Bjerge）和索倫．歐登（Søren Ødum）博士在納薩爾蘇瓦克谷（Narsarsuaq）進行實驗，想知道什麼樣的樹木可能在格陵蘭生長。肯尼斯讀到了他們的研究，隨後成為了他們的同事。

一九八〇、九〇年代，保羅、索倫和肯尼斯前往北極森林線的許多地點，蒐集耐寒的北方物種樣本並帶回格陵蘭。他們前往阿拉斯加、育空、英屬哥倫比亞、哈德遜灣、魁北克、挪威，也從烏拉山脈橫越西伯利亞到阿爾泰山，到堪察加和庫頁島，在這個過程中，建立了世界上數一數二全面的北方森林線樹種植物園。目前為止共有一百一十種，與克拉斯諾雅的蘇卡切夫研究院不相上下。這些科學家的目標，是打算為格陵蘭建立參考資料。隨著全球溫度上升，這些資源的意義遠超過這一小撮峽灣的侷限——既是北方森林的領頭羊，對於其他地方被逼到邊緣的樹種，也是未來的避難所。

肯尼斯喜歡比較研究以及長期研究單一物種，不過他也喜愛單純的種植：數以萬計的西伯利亞落葉松、恩氏雲杉（Engelmann Spruce）、挪威雲杉（Norwegian spruce）、白松、美國黑松（lodgepole pine）、花旗松（Douglas fir）、香楊和許多其他樹種。現在的「國家樹木園」（Arboretum Groenlandicum，格陵蘭語是 Kalaallit Nunaata Orpiuteqarfia）是座年輕的森林，逾二十五萬棵樹覆蓋了納薩爾蘇瓦克近半的谷地。

當飛機陡然轉彎，進入峽灣口時，刺眼的白與藍之間隔著薄薄的一塊森林，森林青翠鮮黃，中間參雜著突兀的血橙色。時值二〇一九年八月。這片岩石與草的地景夾在冰冠和大海之間，夏末的葉子在荒涼地景中迸發生命。

納薩爾蘇瓦克是種樹的好地方，而平坦的地形條件，也使這裡成為建造跑道的理想地點（其實南格陵蘭也就只有這處了）。如果讓因紐特人做決定，那麼納薩爾蘇瓦克不會形成聚落，寬敞開闊的谷地既無天然港灣，又遠離夏季海冰，對於仰賴大海的民族來說，沒什麼吸引力。不過，建造這條跑道的美國空軍並不是從生計的角度來看待。一九四一年，德國剛剛入侵丹麥，美國人正在尋求中繼站——一個能讓B-17轟炸機隊從喬治亞州取道加拿大和丹麥的格陵蘭殖民地，前往蘇格蘭，在歐洲參戰的加油地點。所有補給和建材都用船運或空運送去，其中也包括了五千名士兵，那些士兵後來建造了冷戰基地——西布魯一號（Bluie West One）。

丹麥政府認為沒必要去更動他們在一九五八年跟美國人接手的基礎設施，而將近七十年後，納薩爾蘇瓦克仍然是格陵蘭首都努克（Nuuk）之外唯一的國際機場，是通往觀光局所謂「晴朗的南格陵蘭」的門戶。遊客享受了一段空中的時光，類似史丹利·庫柏力克（Stanley Kubrick）的電影《奇愛博士》（Dr Strangelove）尾聲的場景——飛機從歐洲飛來，掠過鋸齒狀黑色山峰間的刺眼冰冠，在布滿冰山的碧綠峽灣九十度急轉彎，然後急速下切，降落在號稱世上最危險的跑道——跑道一端延伸入水，另一端則緊鄰懸崖，懸崖下方是一條湍急的冰河河流。

我們經歷恐怖的降落，爬下飛機階梯，才剛踏上壯觀群山環繞的柏油路，我的手機就叮咚響：「我在飯店餐廳等你。」

陽春的航站有個壞掉的行李轉盤，幾十名遊客身穿連帽厚夾克，背著鮮豔的大背包，你推我擠。他們渴望前往荒野健行，在冰雪消失之前去看看冰。時值新冠肺炎疫情之前的最後一個夏天，這裡生意興旺——前一年的飛機乘客有九萬兩千六百七十七人。

有些遊客等著直升機搭載他們前往南格陵蘭的其他聚落，其他人（像我）則往外走，踏上美國人鋪設、通往鎮上的柏油路——應該稱得上鎮吧，有幾棟房子，兩間小餐館和四座軍營建築，軍營改建成政府補助住宅，漆上格陵蘭招牌的淡藍與亮綠色。馬路坡度緩緩下降，通往前方的聚落和閃爍的藍色峽灣，建築群依偎在布滿樹苗的丘脊下，丘脊的盡頭是一個突出的岬角，上頭矗立著幾個白色圓筒，像哨兵一樣俯瞰著一座小港灣和一片被深藍海浪拍打的泥濘海灘。白色圓筒上標著：「航空燃油一、航空燃油二、柴油、煤油」——又是美國人的遺贈。

在其中一個住宅區的階梯上，有個男人正在清理步槍槍管，他看了看我，然後繼續擦亮手上的槍。一位年長的格陵蘭女人穿著拖鞋，正在陽光下把洗完的衣物夾到晾衣繩上。兩個小孩繞著寂寥的水泥遊樂場跑來跑去。他們上方的一個碎石平台上有個無窗的白色塑膠箱，裡面正是超市。外面兩個身穿連帽大衣的女人賣著中國的廚具，以及架在瓦斯爐上烤的熱狗。

遊樂場旁的建築就是我一直在尋找的地方。納薩爾蘇瓦克飯店是另一座重新改建的軍事建築，開放式的接待區後方，彷彿還可以感受到美國軍人的鬼魂在遊蕩。無窗的不鏽鋼食堂和世上任何地方的軍事基地沒什麼兩樣。

我在一張桌子旁找到了坐在午餐殘羹之間的肯尼斯，他有著一頭沙褐色的短髮；還有彼得，這位丹麥科學家有著銳利的藍眼睛，令人印象深刻的鬍子閃爍點點橙光。我才一到，我們就出發了，從後門出去，走進刺眼的陽光裡，穿過飯店的垃圾桶，來到一處曾被美國人當作礫石坑的廢棄土地。陽光很熱，此刻特別燦爛。大約十來個人四散在一片稀疏的草地上，忙著操作看起來像是瞄準地面的火箭發射器。旁邊還有輛貨卡，車上一落落的紙箱卸了大半。一個高大的男人頭戴平頂紳士帽，帽上別著頗有異國情調的羽毛。他留著橙紅色山羊鬍，戴著藍色墨鏡，從貨卡後面順手抓起一個箱子，走進人群中央。

「喂！各位，楊樹啊！拿些楊樹！」他用美國口音喊道。

大家擠了過去，抓起一把一把的種子，塞進開敞的火箭筒裡。我丟下背包，拿了一把種子，順道找了個同伴。再轉身時，肯尼斯已經不見了。不久，我就和一個西班牙男人米格爾（Miguel）跪在地上種香楊樹苗了。陽光溫暖了我的脖子；大家都在流汗，陸續脫下外套、套頭毛衣。土壤很硬。山谷邊緣的石崖在我們上方微微閃爍。河流隆隆的背景音隱約可聞，彷彿山丘後方有條高速公路。東邊，樹木在山脊的起點聚集，那是樹木園的起點；西邊則是住宅區起始處。

「別往那裡種太遠！」戴墨鏡的男人喊道，他似乎是負責人。這區的居民顯然不想讓太多樹木毀了他們的風景。拿著步槍的男人還坐在階梯上，武器放在大腿上。偶爾有路人瞥向我們，之後又繼續前進。外國人瘋狂在鎮郊荒地種樹，顯然已成了稀鬆平常的景象，不過當地的居民並未參與其中。樹木曾經以灌木和漂流木的型態對這裡的生存產生了關鍵影響，但現在不再是人類生活的決定因素。如今，決定因素換成了來自丹麥的航班、從冰島與加拿大帶來食物、酒和燃料的船，以及獵捕的魚與獵物。擦亮步槍比種樹有用。

我和米格爾種了一整箱五十棵樹，而美國人走來走去，用他的 iPhone 拍攝種樹過程。米格爾不大說英文，但我大概有猜想到他是帶領觀光客組團前去冰冠的嚮導。我們的同伴還包括了看起來像日本人的男人、似乎是中東人的一個女人和小孩、幾個白人男性和一兩個因紐特人。我沒能從米格爾那裡明白怎麼回事。那位拿著 iPhone 的男人，身上的 T 恤印著「Greenland Trees」（**格陵蘭樹木**）大字。他消失在卡車後，突然又拿了另一個紙箱回來。

「好啦，喝吧！汽水！嘿，各位，熱死人了！」

美國人遞了一罐可樂給我，開始自我介紹。他是傑森．波克斯（Jason Box）教授，氣候學家，和丹麥的「地質調查局」（Geological Survey）合作。他說「格陵蘭樹木」計畫是他的主意，不過他自己似乎沒種多少，反而都在講話，到處揮手，對著山、峽灣和種樹的人指指點點，就像一團不停轉動的能量球。

「有人說，別管了，讓自然自己來，你引入入侵種了。生態學家不喜歡我們。但我說，管他的！我們正在幫自然的忙。這裡補充幼苗要花很長的時間，沒有天然的種子源……彼得！肯尼斯！來告訴我們要種在哪。」

傑森開始認人——荷蘭來的德克（Dirk）和莫里斯（Maurice）、日本來的雅仁（Masahito）、美國的克里斯（Chris）、伊朗的法西雅（Fazia），他們都是經驗豐富而且備受敬重的氣候學家，投入聯合國「政府間氣候變遷委員會」（IPCC）的研究，目前正跪在地上，把香楊苗木塞進薄薄的土壤中，毫不在意滿膝蓋的泥土。

起初，這計畫是為了讓內疚的冰河學家補償他們研究計畫所產生的排放——每年夏天運送大量的研究器材和設備到冰冠上，需要不少飛機、船隻和直升機。不過，很快的，其他科學家也加入了。他們在冰上親睹嚴重的融冰現象，並且被大大打擊，所以想做些更實際、更迫切的事來消除大氣中的二氧化碳。他們四處尋找要去哪裡種樹，然後想起幾十年來一再飛過的樹木園。

———✦———

種下一千三百棵樹之後，所有志工受邀在晚上享用馴鹿和格陵蘭羔羊烤肉。河谷更上游，舊基地更過去，在美國人稱為醫院谷（Hospital Valley）的一座小山谷入口處，有間現在屬於肯尼斯所有的小木屋，旗竿上早沒了星條旗。二十年前，肯尼斯在小木屋周圍種了針葉樹；現在，那些樹木剛開始侵入淡藍的薄暮景色。太陽下山之後，溫度突然掉到接近冰點。雖然白天可能高達攝氏二十五度，但由於附近有冰，所以即使在夏天，格陵蘭的夜晚也總是冷得刺骨。

科學家在營火周圍暖手、喝啤酒，全穿著象徵他們那領域的制服，上頭印著充滿魅力的標誌——「酷寒冰地調查」（Extreme Ice Survey）、「荷蘭極地考察」（Dutch Arctic Expedition）。荷蘭人數量不成比例的多——四分之一的荷蘭位於海平面下，冰河融化是荷蘭的頭號威脅。

彼得是唯一沒穿機構服裝的人，他是丹麥氣候學家，研究植被的歷史模式。他一身林務官打扮——襯衫、長褲、絨毛外套和大衣，都是對比鮮明的綠色。彼得靜靜坐著，年輕科學家坐在火的另一邊擔心天氣的事。黎明時，他們預定在冰冠邊緣和一艘小船與直升機會合，與一組BBC拍攝團隊同行，檢查去年夏天插下的鐵柱。鐵柱的深度能看出一年來冰冠融化了多少。現在是八月最後一個週末，通常也是融冰季的尾聲。不過預報會有豪雨，於是他們來來回回，像作戰似地詳盡規畫著方案。

荷蘭冰河學家德克稱他們的工作是「實況」。美國空軍的飛機飛越冰冠上方，用雷達調查，試圖估計冰的質量和融化速度，但只能直線量測。美國太空總署一個名為「GRACE」的項目——重力反演與氣候實驗（Gravity Recovery and Climate Experiment）——把配備雷射的人造衛星送到太空做同樣的事。太空總署測量地殼和冰冠表面的差異以計算出冰的質量，結果發現每年失去的冰冠多達三百立方公里，而且還在持續加速中。

沒有哪種方法是完美的，他們的估測必須搭配冰冠表面的實際測量。有些人造訪這裡已將近二十年了，有些則是第一次來。格陵蘭的計畫數量（和科學家的數量）都在迅速增加。比樹木年輪更重要的是史前冰層中蘊藏的氣候資料，這對於理解過去的地球氣候變化至關重要。而冰層融化的速度，對未來會發生的事也有關鍵性影響。地球上有兩大冰層——南極和格陵蘭，前往格陵蘭遠比前往南極便宜簡單，而且格陵蘭的冰也融化得比較快。格陵蘭位處冰河學與海平面上升的前線，此刻圍坐在營火周圍的這群人，正好就是能夠讓我們了解「冰層消失對這星球有什麼影響」的關鍵。

德克建立了南極冰層量測站的網絡，傑森建立了格陵蘭的，這些數據會被輸入雅仁等科學家建立的複雜氣候模型。我們聊了一下模型的事，這已經是雅仁今年第二次來到冰冠了。日本距離此地非常遙遠，他在日本的實驗室持續改良世上最複雜的一個模型，也是

「政府間氣候變遷委員會」仰賴的模型。他承認，這個模型在處理氣候回饋循環時出現了一些困難。從他睜大眼睛、語速加快，以及聳著的肩膀來看，顯然他很執迷於填補這些空白。但就在我提到有些生態學家認為地球系統太複雜，不可能模擬時，對話戛然而止。

曾幾何時，模型是科學家的工具，但這年頭，人類似乎成了模型的工具。鉅額的研究經費被投注到那些計畫，好獲取更多數據資料來讓超級電腦計算、改進模型。然而模型是危險的——會根據你想講的故事來調整。二〇一三年，「政府間氣候變遷委員會」發布的第五次報告，便是以過去十年的模型為依據，而不是實際可得的觀察。那些模型描繪出比較樂觀的北極海冰融化狀況，[1]但若換作真實數據，就沒有轉圜的餘地了。

真實的氣候數據是目前地球上最有價值的貨幣，而這些科學家是現代的尋寶者，從事危險又迷人的工作，伴著直升機、繩子、雪橇、尖端技術，冒險穿越裂隙和暴風雪，帶回無價的冰芯，冀望從中窺探我們的未來。不過測量、目睹、冷靜地解釋冰層瓦解的客觀可能性，以及那對地球上的人類生活有什麼影響，卻又造成一種情感上的矛盾。科學研究計畫總是以辨別出未來值得研究、對總體知識有貢獻的領域來作為結論。西方科學是自身目的之產物，一種進步的意識型態，現在感覺則像是可有可無的未來主義崇拜了。這種概念永遠假設我們還有更多時間。

像莫里斯這樣比較年輕的科學家，似乎被迫切尋找決定性真相所驅策，年紀較長的科學家則更為憤世嫉俗。年復一年，記錄下愈來愈危險的融冰程度，同時卻看不到任何作為，這確實會令人絕望。所以德克和妻子法西雅決定離開學界，投身「格陵蘭樹木」一計畫。法西雅也是著名的冰河學家，因為先前記錄了康克魯斯瓦格冰河（Kangerlussaq）的加速融化而聞名。

這年頭，他們看待格陵蘭的目光不同了。從前，納薩爾蘇瓦克是等著坐直升機飛到冰上，或在納薩爾蘇瓦克飯店酒吧和其他科學家交換專業八卦、買醉的地方，那些科學家經過當地，卻根本沒見過任何當地人。現在不同了；明天當傑森和他的團隊上去的時候，德克和法西雅會和彼得搭乘小船往南，和學童談談種樹計畫的事。以前他們只會看到格陵蘭島上白色的部分，現在他們看到了變綠的潛力。

✦

科學家都返回飯店了。營火成了一堆餘燼。微光中，黑暗的山脈後方持續散發微光，河水微弱的隆隆聲有如遠方的飛機，讓夜晚活了起來。空氣冷冽。格陵蘭在時間與空間上都像是一個異類。納薩爾蘇瓦克在遙遠的南方，這裡是北緯六十一度，緯度與昔德蘭群島（Shetland Islands）、挪威中部與瑞典，或是安克拉治、阿拉斯加相當，都是亞北極的北方地點。不過，「東格陵蘭洋流」（East Greenland Current）從北極海帶著海冰沿海岸南下，加上冰冠的冷卻影響，造就了這裡特殊的微氣候。

彼得解釋道：「情況有趣得很。」他指的是格陵蘭內陸峽灣的氣候，對北方樹種來說非常理想，卻幾乎沒有樹木。

年均溫遠高於冰點，最近夏季溫度攀升到洪堡德（Humboldt）七月的十度等溫線，[41]也就是傳統定義中北方樹木生長的極限。彼得說，七月的新常態是十一度以上。

然而格陵蘭沒有樹木並不是因為天氣太冷，而是沒有種子。植被變化需要幾千年的時間，這就是生態學家所說的「失衡動態」，指的是生態系統或生物群系正在尋求平衡的過程。就像當前地球暖化所發生的變化，物種和生態系統要追上溫度或洋流的變化，不免會有遲滯，有時甚至長達幾千年——從上一次冰河期以來，仍在追趕。

前一次冰河巔峰期，冰層覆蓋了整座格陵蘭島；現在，冰層撤退到大約剩百分之八十。生態學家估計，少了人類的影響，樹木的「遷徙延遲」可能長達數千年之久，而格陵蘭因為山地峽灣的海拔與地形多變，狀況會更加複雜。目前來到這裡的，都是靠風傳播的樹種。

有些非常輕的種子，例如來自拉布拉多的樺樹與赤楊葇荑花序的種子，隨風飄落到峽灣生根。這些種子，以及由鳥類傳播的花楸與刺柏漿果種子，組成了目前格陵蘭僅有的四種原生樹木。北方森林處處都有歐洲刺柏。樺樹和赤楊是北美的品種，起源可以輕易追溯到戴維斯海峽（Davis Strait）對岸的鄰近大陸。但格陵蘭花楸是古怪的亞種，據信是在上次間冰期從格陵蘭進駐北美，現在，它又從海洋彼岸的避難所設法回家了。

格陵蘭花楸遠比北歐花楸（*Sorbus aucuparia*）或兩種美國表親——北美花楸（*Sorbus americana*）與美麗花楸（*Sorbus decora*）小而低矮，有著迷你版的花楸羽狀複葉、同樣的銀色樹皮以及獨特的緋紅漿果，果實基部有個五芒星，身受鳥類和過去人們的喜愛。格陵蘭花楸的故事是物種形成的好例子，星球軌跡的規律、冰河期的脈動和難以感知的地質時間展現，左右了演化的神奇過程。那是北方物種的寓言，預告即將來臨的挑戰。

前一次冰河期的某個時候，一種花楸樹來到格陵蘭，種子長成了當地的族群。北方地區各地從斯堪地那維亞到西伯利亞都有花楸屬的植物，處處都看得到花楸靠著活躍的

41 審訂註：以洪堡德命名的七月平均溫達攝氏十度的等溫線來代表不同氣候帶和植群分布區域，而攝氏十度對於許多植物生長季來說，是最低的門檻值。

雜交能力來適應當地環境。雜交的能力是一種生存策略，在人類世是有用的技能，而花楸更是傑出的生存者。

花楸平滑的銀色樹皮能反射陽光，避免陽光將過冷的樹液解凍；紫色的葉芽像深色的小盒子能吸引太陽輻射，在春天綻放第一批花朵。花楸是雌雄同株，每一朵五瓣的白花兼具了雄花和雌花的器官。花楸隸屬薔薇科，是玫瑰的小型複製品，既有深色花粉，又有每年最早的一批花蜜，歡迎或大或小的昆蟲。但訪客實在太少了，所以花楸無法對訪客挑三揀四。花楸提供的山梨酸（sorbic acid），對春天的胡蜂、蛾與其他昆蟲極為重要；秋天，鳴禽會尋求獨特紅漿果中甜蜜的山梨醇（sorbitol）。花楸是日曆上定時出現的植物，宛如北方的時鐘——白花預告了春天，漿果轉紅昭示秋天，而漿果消失是冬天來臨的徵兆。

或許是被海截斷，但更可能是冰的關係，格陵蘭的花楸族群和其他族群失去聯繫，按照自己的步調演化，適應了新的棲地，於是格陵蘭花楸長出較小的葉子，不再野心勃勃地長高。格陵蘭的地形特徵限制了種子傳播，卻讓那裡成為理想的微型避難所。

從前是山地與島嶼提供了這個功能，而格陵蘭這種擁有多樣地形的山區，棲地的類型也十分眾多，甚至能看到逆溫的現象——溫暖空氣滯留在谷地，被上方的寒風困在那裡。地質學紀錄暗示，像這樣在谷地裡未被冰河覆蓋的避難所，往往會出現奇妙的物種組合，產生難以預料的結果。[2] 正是因為這種週期性的演化驅動，地質學家把冰河期稱為「物種泵」。42

當冰河退卻，鳥類再度找到飛越大海的途徑時，格陵蘭花楸被重新移植回故土，但故土原本的族群已經演化成別的樣子，成了自己的亞種。世上其他地方，物種的分布範圍雖然會發散，但從來不曾再度重疊。在美國阿帕拉契山脈，孑遺的北方樹種和現在加拿大遙遠北方的樹種有關；在非洲坦尚尼亞，例如烏德宗瓦（Udzungwa）或烏桑巴拉（Usambara）等熱帶山頭獨立的雲霧森林裡，則容納了森林退縮並變為稀樹草原時被困住的特有物種。喜馬拉雅則是另一個例子。

當氣候陷入混亂，地球再次找到新平衡之後，又會留下哪些物種？答案要取決於避難所：是否能庇護生物夠久，甚至是生物能否抵達那裡。

42 審訂註：species pumps，冰河時期在物種演化上扮演了似泵浦的角色。在冰期時，物種遷徙至避難所；間冰期溫度升高時，物種從避難所擴散出來，藉由這樣反覆隔離與融合的過程，促進物種的分化與新種產生。

暖化的世界有個殘酷的口號：「**不適應、不移動，就死去**。」（Adapt, move or die.）然而，有些物種比較容易移動，有些則否。「氣候變遷速度」[43]代表一個物種必須以那個速度移動，才能追上自己的氣候棲位。對自然資源保護主義人士來說，必須做出艱難的決定，就像諾亞與方舟的狀況——儘管方舟遠遠不夠大。這便是策略生態學這個新興領域在做的事——種植樹木根據的不是目前的氣候，而是對未來的猜測。

在赤道地區，暖化的地球終究會把雲霧森林的特有種趕去山巔之上的稀薄空氣中，最後走向滅絕。北半球的物種已經有向北移動的趨勢，對於遷徙中的駝鹿、北美馴鹿和高緯度的熊等哺乳動物，或者是泰密爾半島的鳥類而言，移動不是問題，前提是要有連續的棲地廊道和食物來源，至少在抵達北極海之前是這樣。但如果你紮根在一處呢？如果你是一棵樹呢？

例如歐洲赤松，通常在距離母樹不到兩百公尺的範圍內生根，僅有離群的零星種子會跑到更遠的野地；松樹林會成群移動，但速度很慢；有些樹種會廣泛傳播種子（例如樺樹），能以每年數公里的速度跟上移動的氣候帶。[3]按照那樣的速度來看，如果樹木可以走，你會看到它們在移動。

有**原地**（in situ）的避難所——樹種能靠自己抵達，也有**移地**（ex situ）的避難所——很適合在那裡等待風暴過去，但物種可能需要被移植到那裡——這就是文獻中所謂的「協助遷移」（assisted migration）。那種技術性的氣候詞彙，將進入流行語彙中——客觀而乏味的語言，掩飾了沒有言明的屈服：我們沒能阻止。

肯尼斯著手種樹時，腦中想的並不是氣候崩壞。他和同事一開始是本著非常基本的領悟：格陵蘭花楸在北美通常不是森林線的樹種，所以在格陵蘭想必有其他樹種生長的餘地。不過他們問的問題，其實也正是目前科學社群的保育人士和策略生態學家著迷的問題：哪裡的氣候和格陵蘭類似？若是逼不得已，這裡還能生長什麼？

這些問題並非新鮮事。一八九二年，丹麥植物學家羅森文吉（L. K. Rosevinge）本著殖民實驗的精神，想看看能由丹麥北方的殖民地得到哪些資源，於是在納薩爾蘇瓦克往峽灣更深處的地方設置了一座試驗林。

試驗林所在地被稱為「夸那夏沙」（Qanasiassat），在一片被稱為秦瓜（Qinngua）的狹

43 編註：Climate change velocity，也稱氣候變遷速率。

長海灣盡頭，距離格陵蘭海岸群島的開闊海洋遠到不能再遠了。清晨，船伕嘉吉（Jaggi）用一艘快艇帶我上到那裡。夜裡，秋天的初雪悄悄妝點了山頭，少數堅韌的居民在陡坡上開墾出牧羊農場，頑強抵抗著不假辭色的群山。山巔披覆破碎的薄雲，峽灣表面蓋著一層宛如毛皮的霧，緩緩飄著猶如牛奶髒掉的顏色。河水奔流過納薩爾蘇瓦克谷地，水中充滿融化冰河的沉積物。嘉吉解釋道，冰河下累積了一窪窪融水，融水會定期滿溢，導致河裡充滿渾濁的顆粒。

美國人留下的港灣仍然維持原狀，花旗松的巨大樹幹被塗上瀝青捆在一起——格陵蘭的未來或許就會看到這樣的樹。沉重的船隻在峽灣平靜的水面劃出白色切口。太陽仍在山丘後方，不過這時的天空已映射出地平線後方冰層的背光。嘉吉是法國人，一九七六年和其他嬉皮搭著一艘手工船來到這裡，他是當中唯一忘了回家的人。嘉吉留了下來，成立一間公司——「藍冰探險家」（Blue Ice Explorer）。在他退休之際，公司的生意卻開始蒸蒸日上，即將消失的冰河彷彿讓人們著了魔般地被吸引來此。嘉吉聳聳肩說道，他和他的丹麥女友打算明年買下一輛露營車，回到家鄉的阿爾卑斯山。

峽灣的盡頭，是大海與羅馬劇場般的壯觀岩石相遇之處，那些岩石被雕刻出近乎完美的圓弧。岸上的試驗林尤其顯得突兀，像是山邊釘了一塊方形的絲絨。壞掉的刺鐵絲柵欄裡是一公頃近期種下的樹木——有落葉松、白雲杉、傑克松和歐洲赤松。羅森文吉原本的松樹在綠色方塊邊緣，受風吹襲形成矮盤灌叢，看上去枯瘦灰白，似乎只剩兩棵還苟延殘喘著，風吹禿了樹皮，殘存的針葉發褐，僅在末端才有斑斑綠色。四處的草地長滿苔蘚，看起來就像厚實而富有彈力的海綿。一百二十年來，人們一直來此向這些來自北挪威的「難民」致意，看來現在終於接近它們生命的尾聲了。蟲子顯然摧殘了其中一棵，羊群則啃咬著下側的一些枝條。

納薩爾蘇瓦克博物館收藏了些美好昔日的照片。館長奧勒（Ole）解釋，羅森文吉錯就錯在選了北挪威的樣本，他以為那些樣本來自相似的氣候。其實，北方松樹的基因編碼是針對較少的日光與較短的季節，所以無法適應南格陵蘭較長的生長季，早在其他樹種仍然在努力吸收陽光的初秋，北方松樹就已收工休息。

病懨懨的松樹旁，是一棵非常壯觀的落葉松，低垂的枝條損壞，看起來也超過一百歲了。一片金屬片上寫著「三七九九」的字樣。在方方正正的人工林裡，靜默籠罩一切。松針地毯迅速分解成肥沃的腐殖質，散發強烈的氣味。每座森林的聲音都獨一無二——樹葉與針葉把空氣濾成沙沙作響的獨特低喃。這森林的聲音，像是默默起伏的靜電聲。

試驗林另一端是座小木屋，柴火、工具、廚具和地毯一應俱全。困在這裡會很孤單，但其實並不壞。從小屋這裡俯瞰峽灣，冰山與冰凍白峰的景色點綴在紫色積雨雲下，偶爾還會有遊輪現身，或許，這裡可以成為世界末日的完美背景。

我在走遍了那一公頃的地之後，就沒什麼好看的，而且是該和停泊在峽灣的嘉吉招手，返回船上了。回顧那片深色的常綠樹，我才意識到那座試驗林是哪裡奇怪。那裡幾乎沒有樹苗，甚至柵欄裡也一樣。北方樹種需要火或干擾才能發芽，需要礦質土壤，而不是被潮濕蘚苔和莎草覆蓋的土壤。柵欄外，山坡被低矮的美國矮樺（*Betula glandulosa*）占據，這是原生的雜交種。我只在上方一處裸露的土地傷痕看到一棵雲杉苗，那是被山崩滑落揭開的地面。

在高緯度地區的自然造林，突然變明確的時間尺度其實令人心驚。就算氣候狀況適合，一片森林也需要花上幾世紀，甚至幾千年才能紮根，而且土壤、降雨和擾動率必須都配合一致。如果任由自然自行運作，樺樹會是適合在這裡生長的樹種。樺樹或許會改善土壤，或者利用火燒，好為針葉樹開路，但時候還沒到。雖然試驗林裡的針葉樹在羅森文吉的松樹之後才加入，目前似乎健康而欣欣向榮，不過試驗林缺乏更新能力，也成了反對此類計畫的論點依據——少了人類的介入或干預，這些樹木無法自己繁殖。樹木終究會成為山坡上的遺跡，最後由別的東西取而代之。

船隻繞過峽灣盡頭，遠離光禿禿的灰色碎石坡，轉向了壯麗的南方景致——雷雨、群山、積雪、冰層與海洋。蘚苔、莎草和樺樹的天然棲地在某個高度與坡度止步。山坡上出現了一片片完美均勻的綠色區塊。在這些被褐色與灰色包圍的迷你田野裡，牽引機在不可思議的角度緩慢爬行，收集捲起的龐大乾草捆，堆成黑色塑膠金字塔。峽灣的牧羊人在為冬天儲備乾草，就像他們的北歐祖先一千年前在那片田野裡做的事。南格陵蘭這些年的原生樺樹林那麼少，正是因為全被維京人砍了——這也是種植試驗的部分理由。

我們回去的路上，嘉吉想去寄個郵件。納薩爾蘇瓦克的峽灣對面，是比較古老、人口比較稠密的村落——卡西亞蘇克村（Qassiarsuk）。美國人在二戰時來到這裡，在峽灣中央畫了一條線，禁止當地人跨越。現在有一艘龐大的遊輪橫過那條線，黑色船體閃閃發亮，船上飄揚著法國國旗。充氣船載著乘客，從水上飯店穿過毛毛細雨把人送到對岸。嘉吉小心控船繞過，我們停泊在一艘生鏽的舊貨船旁，一輛堆高機正從貨船上卸下可樂、啤酒、衛生紙、糖、奶粉和水電材料。除了因紐特人靠著土地生存過一段時間，之後跨海遷徙到對岸加拿大生活比較輕鬆的區域之外，格陵蘭從來未曾自給自足。要在這裡生存，困難、寂寞又花錢。

外觀破爛的房子在海港上搖搖欲墜。其中一座院子裡，一隻被繩子繫著的狗兒轉著圈圈，上方的繩子晾曬著北極紅點鮭，魚頭用樹枝串了起來。另一座院子旁，一匹繫繩的馬兒在海岸上方的草地上吃出一個完美的圓。嘉吉消失在小餐館兼郵局裡，留我一個人端詳加油站──一個貨櫃屋搭配兩座自助加油機，再連到一台自動櫃員機。遊客正往上面山坡的北歐遺跡而去，那裡現在是聯合國教科文組織的世界遺產了。維京人用石頭圈起的小型田地以及剛修剪過的草點綴著這段海岸。一名農人裹著帽子、圍巾和油布雨衣，駕駛著四輪摩托車轟隆隆超越我。四面八方的山和黑雲融為一體，掩蓋了天空。

最南方的農場有著最大片、最翠綠的田地，那是辛勤工作、從石頭和凍原當中開拓出來的成果。一捆捆乾草被淡綠塑膠布包好，整齊排放。一間白色農舍鄰近著藍色農舍和穀倉區，其中一側被一排獨特而顯眼的樹木遮掩住。田地緩緩起伏，連向下方的海灘，有輛車被丟在那裡任其生鏽毀壞。這是布拉塔利德（Brattahlid）農場，為紅鬍子埃里克（Erik the Red）之妻緹約希爾德（Tjohilde）所有。紅鬍子埃里克是格陵蘭最早的殖民者，在公元九八二年建立了這個聚落。將近一千年後，這裡成為新探險者來重建格陵蘭牧羊業的地方。奧圖．弗瑞德克森（Otto Friedrikssen）是先驅，一九二四年在丹麥政府的支持與鼓勵下，和家人來到這裡。

奧德的孫子現在和他的格陵蘭妻子住在藍色屋子裡。愛倫（Ellen）眼神柔和，留著一頭剛毅的短髮，眼鏡很有型。她身穿黑T恤、黑長褲，看上去不像個牧羊人，倒像是斯堪地那維亞建築師。她的屋子布置帶著慣常的丹麥現代主義風格——金色的木頭與玻璃，唯一的例外是一張看似由漂流木做成的木桌。

「格陵蘭式復古。」她哈哈笑。

在木材進口之前，愛倫的祖先仰賴來自西伯利亞的漂流木。這些樹木被冰凍在冰裡，然後被冰山釋放出來，藉由「波弗特環流」（Beaufort Gyre）這種氣旋流，一路向南漂流到格陵蘭東海岸。雖然波弗特環流正在逐漸減弱，但仍然在北極周圍逆時針轉動。環流帶來的木頭主要是西伯利亞落葉松，為工具、滑雪板、帳篷支柱和房屋提供大量木材。現在沖上峽灣海岸的漂流木變少了，愛倫覺得或許是因為西伯利亞的砍伐活動影響，或者是洋流改變，也或者是海冰在更遠處破裂，把漂流木帶到北大西洋，而不是峽灣的天然漩渦。這其實可能是這裡有人定居，形成聚落的最初原因——世界另一端的樹木，在這個最不宜居住的地方支持著生命。

愛倫跟我說起卡薩蘇克[44]的故事，卡西亞蘇克村的名字就是向他致意。卡薩蘇克是

44 編註：Kaassassuk，格陵蘭的傳說人物，是一位被眾人排擠的孤兒，最終因為獲得神奇的力量而得以反抗不公。

個孤兒，有一晚他趁著大家熟睡時，從海中搬起一大塊漂流木。隔天早上大家發現了這塊漂流木，然而沒人抬得動木頭，也沒人明白漂流木是怎麼被搬離海岸線那麼遠的。這群人意識到：他們之中必定有個非常強壯的人，卻不知道正是那個孤兒。愛倫還說了其他故事，比較近期，但也發生在美國人到來之前：她丈夫的祖父告訴她，越過水域前往納薩爾蘇瓦克，可以在樺樹灌叢裡找到枯枝——那裡曾經生長著一片截然不同的森林。她還告訴我，現在遮擋了窗前景色的樹木，正是源於阿拉斯加樹木的種植計畫。四十年前，她和丈夫把雲杉種在窗前可以看到的地方，然而他們不曉得樹木會長到比房子還要高。

但她現在擔心的不是木材稀少，而是雨水短缺。我指著窗外彷彿鞭笞著峽灣的雨勢，她悲慘地微笑。「太遲了。」

今年夏天，政府派遣顧問和夸那夏沙峽灣的十一名牧羊人談談如何適應逐漸變得溫暖又乾燥的氣候。嚴重的缺水衝擊了乾草收成，羊隻無法撐過漫長的冬天——草捆只能小心節約使用。對談說的是利用融冰湖來灌溉，但這些湖泊即便到了夏天也都是乾涸的。今年七月只下了兩天雨，乾草收成少了百分之五十。

愛倫是二〇〇六年開始注意到氣候變遷的。峽灣每逢冬天就會結凍，於是他們可以開車直接橫越海冰，來到納薩爾蘇瓦克。二〇〇六那年，峽灣沒有結凍，從此以後，在海冰上開車就不再安全了。前三個冬天完全沒下雪，他們停在車庫裡的雪上摩托車已經生鏽。還有一座農場正在嘗試著要養牛。愛倫不知道該怎麼辦，羊群的未來似乎堪虞。愛倫他們本打算把農場傳給兒子，但她這下子對未來也沒那麼確定了。

此刻的愛倫顯得平靜而堅韌。她也是卡西亞蘇克村的學校校長，學校在二〇一四年因為沒招收到學生而關閉，但最近又重新開張，有了十二名學童和三位老師。然而，直到說起她的文化，焦慮才開始顯露在情緒裡。她向我展示了她的民族服飾——白海豹皮短褲、刺繡上衣、紅色羊毛緊身褲和白海豹皮靴。她解釋道，在溫和的冬天生產這些衣物是個挑戰。海豹皮的顏色是在寒冷的冬天裡晾曬得到的，如果冬天氣候太溫和，海豹皮就不會變白。

「大家開始用布料製作我們的傳統服飾了！」這是愛倫目前為止最憤慨的反應。她指了指靴子繁複的頂部，看起來像是精細的珠繡，實際上是染色海豹皮切成細條以後，被細密編在一起的。

「擁有那些技藝的人逐漸凋零——知識也一樣。已經沒人知道什麼叫什麼了……」她的聲音小了下去，兩手垂到身邊。就好像生存是一回事，是一種能撐過去的現代技術挑戰，但她的文化衰亡卻又是另一回事，無法挽回，無法寬慰。然而，世界正是這樣終結的，在無數微小的悲劇當中，每一個物種、語言、風俗的滅絕，都並非伴隨著抗議的怒吼，而是被沉默的淚水記錄下來。

格陵蘭再度證明自己是文明潰滅的實驗室。北歐殖民地在一四二〇年之後的某個時候消失了。從前的維京人辛苦放牧羊、牛與山羊，種植乾草和小麥。在鼎盛時期，這個殖民地擁有主教、一間主教座堂、十二間教堂和三百座農場。他們出口海象牙和北極熊毛皮到挪威，從加拿大的拉布拉多海灣進口木材。一四〇〇年左右，小冰河期來臨，氣候開始變冷，夏季的海冰把他們的船隻困在了峽灣裡。考古學紀錄顯示，他們耗盡了所有的木材燃料，僅僅不到五百年，就砍光了樺樹與赤楊灌叢——那些低矮的灌叢生長緩慢，花了幾千年才長成。然而，在所有木材來源枯竭之前，他們又開始改燒草皮，這無疑是個更致命的舉動，因為土壤形成的時間比木頭更漫長。

賈德．戴蒙（Jared Diamond）在他的著作《大崩壞》（*Collapse*）中，描述了環境劣化與森林砍伐如何為格陵蘭文化帶來了致命的壓力。[4]如果挪威人體認到環境的脆弱並善加管理，情況可能會有所不同。戴蒙寫道，環境劣化，尤其是森林砍伐，是我們所知所有人類文明滅亡的關鍵。

格陵蘭島上總計有十五座美國公開承認的基地，西布魯一號正是其中之一。此外還有第十六座——世紀營（Camp Century），這座建造於冰下的祕密基地，是為了在靠近俄國的地方作為儲存核彈頭的倉庫。如今，世紀營已成為多項冰層動態行為的實驗據點，也推動了現代冰河學的發展。在其中一個實驗裡，科學家在冰層往下鑽探了將近一哩，才帶回了土壤和樹葉樣本。冰凍的冰芯樣本（frozen core）一直在丹麥大學的冰庫裡沉睡，直到二〇二〇年，分析顯示了迄今發現的最古老ＤＮＡ。[5]四十五萬到八十萬年前的格陵蘭曾經長滿雲杉、松樹和赤楊，還有許多昆蟲和甲蟲。當時的平均溫度比目前高出了幾度[6]——格陵蘭（Greenland，字面意思是綠色之地）當初確實是綠色的，如今，那裡將再度變綠。

哥本哈根大學建構的一個森林線模型預測，到了二一〇〇年，格陵蘭所有緯度上（直到北岸）都將出現適合樹木生長的土壤與氣候區。[7]結果顯示，納薩爾蘇瓦克或更大範圍的圖努利雅菲克峽灣系統（Tunulliarfik fjord system）的微氣候（就是紅鬍子埃里克把這座島命名為格陵蘭的由來），將再度成為獨特的氣候棲位，養活更加豐富的物種。對於南格陵蘭整體來說，這個模型顯示其氣候將與北美大部分地區、斯堪地那維亞、西伯利亞、蘇格蘭、阿爾卑斯山脈，甚至喀爾巴阡山脈（Carpathians）和烏拉山脈類似。所以只要有足夠的土壤和水分，格陵蘭就能像德國或羅馬尼亞一樣長出森林。更重要的是，那裡能成為避難所，收留更南方面臨熱逆境的物種。

大多數避難所會面臨的問題，正是科學家口中的承載力。作為避難所的功能能夠維持多久？在大部分的預測中，人類引發的暖化速度極快，以至於那些在二一〇〇年適合成為避難所的地方，也會隨著暖化加快而在八十到一百年內被淘汰。然而，格陵蘭可能不同於其他地方，即使在更高的溫度下，加上所有相關的氣候回饋效應，冰層依然需要很長的時間才會融化。或許是幾千年，也或許是幾百年。

那裡還剩下三百萬平方公里的冰，有些厚達幾公里。鄰近冰冠，以及很重要的融冰流向谷地系統的微氣候，都能像冰箱一樣，讓那個地區長時間保持相對涼爽的狀態，也為物種提供免受乾旱與火災威脅的立足點——這些威脅很可能會在其他的北方地區發生。冰層的融化或許已無力回天，但尾聲卻很漫長，而這段持續的回響，很可能會在未來的數千年裡塑造出下一代北方森林的新組合。

隔天，肯尼斯必須離開他親愛的樹木園，前往華盛頓特區開會。肯尼斯的認同是格陵蘭人，血統可以追溯到因紐特人與丹麥殖民者幾世紀的交融，當時格陵蘭仍是丹麥的一省，不過擁有自己權力下放的自治政府。肯尼斯享有多采多姿的生涯，他曾在援助機構——丹麥國際開發署（DANIDA）擔任亞洲地區的農業顧問，如今他在丹麥外交部一路晉升，現職為格陵蘭外交部副部長。二〇一九年八月，唐納・川普提出買下格陵蘭的構想成為了熱門新聞。然而，勾起美國總統興趣的，可不是格陵蘭可能扮演的氣候變遷救生艇角色，而是隨著永凍層融解而開始出現的豐富礦物資源，其中便包括了鈾。此外，美國也對重新啟用一些過去的軍事基地愈來愈感興趣。在十六座基地之中，如今只剩圖勒（Thule）這座基地，緊鄰著一座承載世世代代因紐特人心靈歸處的聖山；還有一條跑道修築在因紐特村莊——察納克（Qanaq）的遺址上，這座村莊先前才被強制遷移到北方一百哩之外。

我在雨滴叮咚打著帳篷的聲音中醒來，帳內濕濕滑滑的。我的紮營處是肯尼斯小屋附近的一道碎石坡下。一根電線杆——曾在遙遠太平洋邊緣生長的巨木——現在躺在溝裡，電線纏繞著柳樹。地上覆蓋著一層地衣，昨天踩上去還像冰霜一樣嘎吱作響，現在又如橡膠般有彈性了。刺柏和柳葉菜沿著山坡蜿蜒而上，消失在岩石出現之處。在陰森森的灰色黎明裡，渡鴉孤寂的嘎嘎聲在上方聳立的懸崖間回響，提醒著這裡再無其他鳥鳴。

我躡手躡腳走進小木屋，發現肯尼斯一身黑衣，在窗旁一張圓桌上一邊收著他的黑色包包，一邊喝著黑咖啡，上方的牆面釘了一張北極熊皮。他不喜歡聊政治，卻又忍不住透露他的目的地——白宮的西廂！然而當我追問起川普時，他又三緘其口，灰綠色的眼睛瞇起，顯露出外交官的謀算。

「我們還是談樹的事就好。」

不論他在政府工作裡參與怎麼樣的祕密協商，樹木很可能是他留給後世最恆久的事物。與保羅．比約格、索倫．歐登通力合作，肯尼斯幾乎可說改變了格陵蘭的植被與地質史。此外，如果格陵蘭進一步展現身為北方物種重要避難所的潛力，肯尼斯也可能會是決定未來森林型態的重要人物之一，而這一切將在當前環境破壞的時代結束後展現。在人類排放終將減緩、停止的時刻，當永凍層裡凍結的所有甲烷和碳都被釋放出來，而回饋機制也都發揮完作用，氧氣和二氧化碳的比例再度穩定之後，不論倖存的是什麼樣的光合作用機制，都會再度開啟刻苦的過程，用僅有的土壤與種子資源開始建立森林。

在南格陵蘭，肯尼斯和美國軍方的合作，將決定這些資源可能會是什麼。

海岸邊，一道道細雨掃過谷地。峽灣橫亙著一道泥濘。咆哮的乳白色河流夾帶著褐色泥土。機場跑道的柵欄裡，兩隻大型雪鞋兔蹦跳越過長了灌木的碎石。前冰河學家德克和法西雅帶著兒子雷丁（Radin），還有自南方回來的林務官彼得抵達的同時，肯尼斯那顆害羞的沙褐色頭顱也恰巧消失在航廈的雙扇門後。我加入他們，跳進紅色卡車的後座，朝著舊空軍基地駛去，去種更多樹。

從機場出發，美國人開墾的舊公路蜿蜒經過一座橋後，來到一片散落著數百棵小樹的平坦平原——這些小樹包含了西伯利亞落葉松和恩氏雲杉。這片土地是那些樹木最愛的地方，也是樹木最能自由播種的區域。峽灣生長著莎草和蘚苔，無處讓針葉樹紮根；但這裡不同，這片受到擾動的冰磧石土壤，在一九四〇年代被美國的推土機推平，成為幼苗生根的理想土壤。我們拿了火箭筒、一把鏟子，在成形中的森林尋找孔隙，有些樹已經超過兩公尺高了。在美國人留下的破裂水泥、排水道、倒下的鋼塔和電線杆之間，隨處可見嫩枝竄起。不論我們在哪裡開挖，都會挖出生鏽的機器零件，飛機鉚釘、鍛造管、塑膠管和長長的電線。有一塊地方，整片的落葉松在瀝青油氈屋頂的殘骸上自然播種了；另一塊石棉板則成了雲杉的苗圃；肯尼斯還曾經挖出一箱一九四〇年代的可口可樂。那天早上最古老的奇觀，是矗立在樹木間的一座鑄鐵消防栓。那是個徵兆，是未來的一瞥。這座迷你城市曾有一座醫院、一間六十名學生的學校、四個正式的交響樂團、幾間酒吧，以及女星瑪琳・黛德麗（Marlene Dietrich）在一九四四年為之演唱的五千名士兵。然而，不到七十年後的今日，這裡成為一座新生的森林。

從前的美國人會從峽灣浮冰切下冰塊，調製成雞尾酒來喝。冰塊是經歷數千年的高壓而形成，會在杯裡發出嘶嘶、爆裂和劈啪的聲音。不過現在冰山不多了，基地也不再看得到冰河鼻（snout）了，冰河後退了數百公尺遠，退回谷地盡頭的岩石峭壁後方。

不過，冰河壓抑的存在感仍然無所不在——在河流恆常的隆隆聲中（河水來自冰河融解的餵養），在谷地本身的形狀中，在最重要的光線中，山丘後方反射回來的柔和光線將天空顛倒，也讓地平線的邊緣更為明亮，大氣的弧線接觸到冰冠，折射回來。冰是格陵蘭的天堂，也是格陵蘭的地獄，其無所不在的恆常力量，既賦予生命，也帶來死亡。德克和法西雅記得他們剛來的時候，冰河遠比現在靠近；而彼得記得幾十年前他曾走在冰河上。他們都堅稱，沒看到冰河就不算真正來過格陵蘭。

森林線與冰總是維持不遠不近的距離，在與冰的對話中緩慢演化。森林線的生態推移帶中，往往都是由冰決定哪些樹木能長在哪裡。造山運動是地殼結構運動、冰河作用和侵蝕綜合的結果，塑造了地殼的地質結構。冰河退卻，導致集水區、流域與礦物質移動，於是也改變了土壤組成與養分含量，促使植物、樹木和相關生命型態產生適應。森林和冰的命運糾纏，交織成地球的探戈，一舞往往即是數千年之久，儘管目前這支舞看來似乎會是這麼長一段時間以來的最後一支。一則研究指出，十八世紀工業革命之初，二氧化碳的微幅上升（從一八〇增加到二四〇ppm），阻止了下一次冰河期觸發。[8] 其他研究認為，下一次冰河期可能在兩萬三千年後來臨，但現在看起來很有可能推遲，甚至完全消失。

✦

天剛破曉，我就往冰冠出發了，玫瑰金的光芒伸向北方山峰針尖。在通往內陸山谷盡頭的美製柏油路上，晨光平穩地滑過山脊，延伸到山谷的對側，照亮了常綠樺樹、刺柏和柳樹矮樹叢的黃色、琥珀色與蒼白，這些植物已經在陡峭的山坡上占好了地盤——那是森林的前緣。道路變成一條花崗岩鵝卵石的路徑，我左顧右盼，尋找花楸醒目的對稱窄葉。在這裡待了一星期，我唯一看過的花楸屬植物，是樹木園裡來自瑞典的北歐花楸，還有肯尼斯小木屋周圍來自冰島的樣本。肯尼斯說，山上可以找到格陵蘭的版本——那些群山聳立在小山谷上方，阻擋了冰河，也讓山谷那塊平坦之地明顯而獨特，值得特別命名。因紐特語中，納薩爾蘇瓦克（narsarsuaq）的意思是「平坦的地方」。

花楸的英文 rowan 直接借自北歐語 raun，意思就是「樹」，而蘇格蘭人仍把那個字念作 raun。對北歐人而言，花楸想必曾是最重要的樹木，對某些人而言，甚至是唯一的樹。在北歐神話中，男人是梣樹變成的，女人則是花楸變的。花楸的凱爾特歐甘文是 luis，威爾斯語則是 criafol——「哭泣的樹」。古英文裡，花楸寫作 cwicbeam，字面上的意思是「活的樹」，也可能是指「生命之樹」。[9] 對凱爾特人而言，花楸是不同世界之間的門戶，是精神世界之門，用來召喚神靈或喚出靈感。

因紐特語的樹木是 orpik，樺樹也是使用這個字，這情有可原。美軍基地廢墟的後方土地便長滿雜交種的美國矮樺，特大號的葉片已帶著黃色與淡橙色調。格陵蘭八月開始入秋，此時便可以辨別出樹木園裡哪些是從更北緯度引進的樹種——來自基因的記憶會預期更短的白晝，所以葉子呈現出更濃烈的深紅，也會提早落葉。

谷地漸狹，收攏成山溝，這裡的樺樹大約接近我的身高，樺樹底下的柳樹和刺柏則覆蓋在岩石之上。此刻的太陽已照亮了前方的山脈，金黃色晨光灑在山谷邊緣，點亮了岩石，但我卻覺得更冷了。隨後，我花了點時間才明白為什麼——自己距離冰河愈來愈近了。

從冰河吹來的酷寒微風刺痛了我的雙頰，空氣清新冷冽，彷彿能劃開紙張般銳利。水的氣味混雜著我腳下踩碎的百里香與刺柏。過了隘口，步道下降來到一片長著花草的谷地，然後便通向冰河了。不過走了短短幾公尺，此處的樺樹就已降到我的膝蓋高度。在這裡，因為海拔與冰河的關係，生態推移帶被迅速壓縮，森林線在加拿大或西伯利亞或許能延伸幾百哩，在格陵蘭卻被壓縮到短短幾公尺內。我後面不過幾步之遙的谷地是亞寒帶，呈現北方針葉林的特徵；前方冰河之上的峭壁則毫無疑問屬於凍原——綠色、淡褐色、紫色的低矮草種、高山植物、蘚苔和地衣，偶爾有羊鬍子草、當歸和柳葉菜點綴其間。

我走下一處氾濫平原，風勢減緩，溫度稍微回升，樹木再度拔高，突然間，耳邊傳來一整個早上都未曾聽過的聲音——是鳥鳴。雖然數量不多，是三隻疑似石䳭（stonechat）的褐色小鳥，但熟悉的啁啾聲令人格外安心。肯尼斯說，溫度升高讓樹木園更有活力了，穗䳭（Northern wheatear，學名 Oenanthe oenanthe）現在是納薩爾蘇瓦克的常客了。或許正是因為如此，谷地高處的低矮樺樹林間才不見格陵蘭花楸現蹤。花楸種子必須經過鳥類酸性的胃部才有機會發芽，這是否意味著限制樹種傳播的失衡動態，其實是肇因於格陵蘭缺乏以種子為食的鳥類，因而讓風媒的樺樹趁勢而起呢？若是這樣，全球暖化或許將有助於更多流浪物種向北遷徙。

燦爛的陽光照在粉紅懸崖上，彷彿漿過的藍天終於在缺席了近一星期後完全展露。這個早晨美妙無比，草地的香氣濃郁，是應該被裝進瓶子裡的。剛割下來的乾草被捆了起來，包裹上塑膠布，同時也讓人注意到一輛半途停工的聯合收割機，車窗布滿晶亮的露珠。小徑接著越過草地，來到寬廣的河灣，氾濫的河流將這裡打散成交織的水道。淹過小橋的清澈溪水中，可以看到細心排放的踏腳石，即便在水下半公尺處也清晰可見。人們的足跡繞過被淹沒的灌木，在山谷邊緣開闢出一條高繞的小路，河畔的柳樹現已漂在河中央。主要河道的隆隆水聲在四面八方回響。灰濁的河水帶著一片片骯髒的冰塊，繞過一處懸崖，隨後在一片均勻的白色花崗岩鵝卵石灘展開，形成奔騰水流。冰塊被鵝卵石困住，隨著水流舞動，擺盪直至碎裂，最終加入奔向大海的洪流。

冰河邊緣是片遼闊的氾濫平原，上面覆蓋著一堆堆依大小分類的石頭，是冰的鬼斧神工。移動中的冰河重量，會將石頭像滾珠一樣集中，形成完美分類。信步走近，草地開始讓位給蘚苔和克氏高山翻白草（inneruulaaraq，看起來似火一樣的小東西），然後變成淡紅、淡綠的地衣，最後只剩下光禿的石頭與砂。冰河鼻藏在懸崖肩後，垂直裸露的石壁環繞河谷，聳立在數百公尺的高空，我也僅能從石壁間大量湧動的灰色水流，猜想冰河鼻的雄偉規模。

水流聲震耳欲聾，彷彿充滿深意。即使以前做得到，現在也不可能再以中立的語彙去感知或描述一個環境了。要只聽到河流的奔騰聲響是不可能的，不可能忘卻水是從哪來，為何如此洶湧澎湃。不可能壓抑不請而來的問題：河流在說什麼？那是內疚的聲音，責備、恐懼的聲音。

如今，要真正看到冰河，必須借助繩具輔助，沿著濕滑的小徑攀登到上方的高原。我試著爬上去，爬了大約六十公尺左右，在小徑旁看到最後的柳樹和刺柏匍匐在地，大約只有人的手臂那麼大。我又爬了六十公尺左右，站在高處俯瞰山谷，回望墨黑色的海洋和土耳其藍的天空，還有鋸齒狀黑白山峰直接從峽灣拔地而起，景色令人暈眩。前面的高原綴著無數晶瑩剔透的湖泊，深邃、寒冷、毫無生氣。岩石上覆蓋著薄薄的莎草和野草，小徑在高大的巨石之間蜿蜒前行。突然間，藏身在一顆巨石下的四隻加拿大雁從我腳邊猛然驚飛，發出刺耳的嘎嘎叫聲，片刻之後降落在下方鏡面般的湖泊，天空泛起漣漪。

接著，步道下切通往一座曾經的融冰湖，現在因為水分蒸發而成了乾涸盆地，薄薄泥漿上長滿了羊鬍子草——格陵蘭語 ukaliusaq 的意思是「像野兔的那種」。北極羊鬍子草纖細的花朵被細緻纖維包裹著，有助於植株捕捉陽光並提高內部生殖系統的溫度，轉化養分的速度也比周圍的植物快上許多。因紐特人以前會吃北極羊鬍子草的莖，用羊鬍子草治療腹瀉。這種草會替其他物種鋪路，但目前這裡的其他物種仍十分稀少。

越過最後一座丘脊，完整壯觀的冰冠豁然展現眼前。在一片令人炫目但骯髒的白色海洋中，黑色的金字塔從冰中突起——那是被冰河埋到脖頸的山峰。前景裡，高原傾斜至一處陡峭的邊緣，下方是名為「齊亞圖瑟米亞」（Kiattuut Sermiat）的冰河，雖小卻仍壯觀，表面滿布深深的裂痕與裂隙。彼得說，以前可以爬到冰上，但現在要下切幾百公尺才能抵達帶著黑色斑紋、髒兮兮的冰河表面。這是冰河表面的新皮膚病——遠方飄來的煤煙與黑碳，以及以融冰釋出的有機養分為食的藻類。冰河表面的顏色加深，會吸收更多的陽光，進一步加速融化——這又是殘酷的回饋循環，使得北極系統加速暖化。眼前的冰層是海洋的負片，宛如海洋的指尖逐漸收窄到峽灣口，延展成一片顛倒、寬廣的冰凍海洋景象，山脊與谷地如波瀾起伏，還帶著斑斑的暗色泡沫。

岩石和冰層之間有座灰色水潭，由冰河表面溝壑湧出的涓涓細流穩定流入。水池裡融化中的冰塊叮噹作響。在另一頭，渾濁的池水消失在冰河壺穴（moulin）裡，那是冰河下的黑暗空洞。隱沒的急流發出古怪壓抑的聲響，伴隨著灰色流水落入黑暗中，只留下回聲和詭異、無盡又致命的細流。此時此刻彷彿再無其他聲響，除了有如尖叫般刺耳的融冰聲，充填著山巒與冰冠無垠的寂靜。

來到這裡花了快半天的時間，下山還需要半天。如果不想逗留在刺骨黑暗的高原，動作就得加快。但我實在無法離開眼前的一切，這裡的浩瀚無垠令人著迷——生命的神祕賜予，以及毀滅的預兆。人們來此研究它的祕密，發掘它的智慧，試圖諮詢地球氣候的檔案庫，並在這一切消失前見識見識。或許，這就是許多文化對地球極端寒冷如此癡迷的原因，而探險家、作家以及說書人更是紛至沓來，書寫出《冰雪女王》與《納尼亞傳奇》這樣的神話與童話。我們內心深處知道我們需要冰。自從人類出現以來，冰雪就一直存在著。這種魅力也源於冰的力量，以及相較之下我們的無能為力。冰是獨立的、不可觸及、無法控制。完美的晶瑩中不只蘊含著人類歷史，也掌握了我們的未來。而我們坐著旁觀，看著冰河把我們的過去與未來傾瀉入溫暖的海洋，而且速度愈來愈快。面對冰河，也必得思索死亡。

冰河與樹木一同舞出的探戈，在數百萬年來冷卻了地球。倘若沒有樹木減少大氣中的二氧化碳，冰也根本無法形成。二氧化碳的減少，造成了第四紀冰河作用的臨界點，毀滅了數十億株的植物，而那些植物在冰河期的十萬年暫停中捲土重來。我們從不知道過去一萬年的伊甸園居然那麼脆弱。如果少了冰的精巧脈動，地球恐怕永遠無法演化出全新世的奇妙平衡，擁有生物多樣性如此豐富的生命。

地球是一個經過精密調校的系統，運轉軌道僅僅改變幾度，就能迎來冰河期；溫度僅僅變化幾度，就能改變物種分布，融化冰河並形成海洋。未來，當冰河消失以後，可能再也不會有森林線這種概念了。隨著與灣流、極鋒、極地渦旋和波弗特環流有關的穩定氣流與洋流消散或波動，北極海完全融解，而大氣層上層的「羅士比波」（Rossby wave）失控，最早由洪堡德觀察到溫度、海拔與緯度的精細層次（gradation）也將隨之脫鉤，生態過渡區一團混亂。世界各地將不再有遼闊壯觀的森林區，反而可能在奇怪的地區長出分散而不連續的樹木帶，那是樹木難民在失去土壤與溫度以後，所能找到的避難所，而鱷魚也會再度現身北極。

全球升溫擾亂了地球最根本的功能——呼吸循環、生命的脈動，而那正是我們與其他物種賴以為生的功能。不僅僅是冰與森林線在數萬年之間此消彼長的地質關係，還有每年隨季節變化的光合作用脈動——春天樹木發新葉時的氧氣峰值，與每天日夜之間的波峰波谷，調節植物界主要的葉綠體功能。這些脈動可說是地球的心跳（為我們的世界供氧），然而，隨著含氧量出現下滑的趨勢，波峰與波谷愈來愈淺，不再分明。大氣中的二氧化碳增加時，樹木不用那麼辛勤工作，就能得到每天所需的碳。樹木為了保存能量，葉片上打開的氣孔變少，因此樹木吸進的空氣減少，蒸散減少，吐出的氧氣也變少了。[10]

忽然間，我發現自己喘不過氣來。正午太陽下，白色的冰面燦爛刺眼，令人昏頭轉向。我在崖邊站太久了，開始感到暈眩、噁心，四肢因為恐懼而發軟，類似恐慌發作的前奏，好像剛和死神擦肩而過。某方面來說，確實是。我在植樹時遇到美國冰河學家傑森．波克斯，他的研究顯示，二〇一九年期間，格陵蘭的冰層失去兩千五百四十億噸的冰，是一九九〇年代的七倍。這種規模的冰層融化，原本預期直至二〇七〇年才會發生，但速度逐漸加快了。除此之外，二〇一九年的融冰季持續到了十月，而二〇二〇年則持續到十二月，為冰冠的加速崩塌做了準備。

我們明白當下正在發生什麼事。科學不幸的副作用，是誤認人類是一切的主宰——認為只要我們知道現在發生什麼事，就能加以控制。諷刺的是，我們原本或許能控制；悲慘的是，現在太遲了。連鎖反應已經開始，從此以後，曲線只會往上衝得更快。傑森提到，僅憑現在已存在於大氣中的排放，就足以讓海平面上升五公尺，問題只是冰融化得有多快而已。模型似乎再次低估了速度。[11]所有關於冰封北方的故事與概念，就如同人類文明中，許多與穩定氣候、熟悉物種和規律季節有關的部分，最終將如同星星那般，光芒閃耀多年，但實體早已消亡。

在我腳下，紅褐色岩石布滿了深深的溝槽，那全是冰河最近才完成的地質傑作。我對時間遠望現象[45]有種古怪的感覺。我正站在一條地質斷層上，也是北極與溫帶過渡帶的開始，以行星尺度來看，彷彿是昨天才剛結束的過程。原本威爾斯、斯堪地那維亞、西伯利亞、阿拉斯加和加拿大地盾都還覆滿了冰雪，眨眼間，森林線就追著融冰往北方去了。自然移動的速度之快，令人驚嘆。

不過，再眨眨眼，當格陵蘭森林遍布，而泰密爾樹島不再只是個島，當斯堪地那維亞或阿拉斯加再也沒有凍原，而北美與西伯利亞的森林成了燒毀的大草原，當我現在的站立之處長出了樹木以後，還有人類能活著目睹嗎？我們目前所處的人類世，讓我想到十七世紀喬治．巴克萊（George Berkeley）主教提出的問題，但又賦予了新意：如果森林裡長了一棵樹，沒人看見，那樹真的長在那裡嗎？人類能想像一個沒有人類的星球嗎？

當前的危機，迫使我們想起不久前我們一直都明白的事：有一個超越我們人類交流網絡，充滿意義與價值的世界，整個世界的生命型態持續喋喋不休、喊叫、調情、獵殺彼此，對人類事務漠不關心。在這樣的情景中蘊藏著慰藉。想要擺脫朝向碳的死胡同走去所面臨的沮喪、悲傷與內疚，方法就是設想一個沒有我們的世界，明白地球和生命會繼續這段神祕又不可思議的演化旅程。我們必須擴大對時間與自我的認知概念，如果我們體認到自己屬於更大的整體，那麼，這幀圖景才是美麗的，值得賦予意義並給予尊重，甚至值得為之犧牲。這種領悟所帶來的安全感，在於體認到生命並非死亡的對立面，就像森林教導我們的那樣，既是一種連續的過程，也是生生不息的循環。

直升機微弱的答答聲打破了這一刻，小小的紅盒子載著科學家或遊客飛向冰層，一瞥移動中的永恆。我出發下山，心中感到敬畏、感動以及渺小。地球珍貴的冰雪遼闊無價，但正在逐漸消失。我接受了這個現實，精疲力竭，兩腿哆嗦地走過小徑。太陽跟隨著我下山。山脈在午後的光線裡壯麗而稜角分明。峽灣裡的海洋把光線反射到谷地上，讓谷地金黃、紅與綠交錯的秋日衣著格外令人陶醉。帶溝紋的紅色岩石換成了石礫，冰河鼻仍在退後中，小徑在冰河鼻前的冰磧石上蜿蜒起伏。但我已不再行走於被冰層困住數千年後首次露出的土地上，我的靴子在蘚苔與草地上踩著，這些植物在石礫、淤泥和

45 編註：time telescoping，比喻人在回憶或看待某件事情時，對於時間感知的扭曲，覺得某些時間段比實際的時間更長或更短。

岩石之間找到了棲身之所，地衣開始在巨石上開礦，提取珍貴土壤。前方還有柳葉菜、刺柏和樺樹，後方則是身姿猶如貴族的針葉樹，它們的翅果在風中高飛。

森林很快就要來了。

後記

像森林一樣思考

威爾斯，漢內利
北緯 52° 00’ 01”

森林並不是靜態的存在，森林是不斷演變的物種組合體，包含了其他物種、岩石、大氣與氣候等多重的關係。開創性的俄國生態學家蘇卡切夫稱這種相互關聯的系統為「**生物地理群集**」（biogeocoenosis），科尤康族稱之為「**渡鴉創造的世界**」。這種極其複雜的關係，具體的運作方式仍是個謎，我們只能猜想其輪廓，並在森林以吐納維繫地球生命的盎然生機中，讚嘆其結果。

這本書是試圖一瞥自然演算法的運作，並靜下心來思考其結果。書中不曾試圖對人類造成的自然危機提出任何解決辦法，不過終究還是得到了一些結論。在我們所知的事物當中，有許多事情令人擔憂，但在未知的部分，還是有許多充滿希望。

由我追尋森林線的旅程可以明顯看出，全球暖化的程度十分嚴重，雖然人類或許仍能緩和暖化的規模和嚴重程度，卻無力阻止。此外，就在我為本書做研究的短暫期間（二〇一八至二一年），目睹的地質變化速度也比模型預測的更快了。世界正進入前所未有的改變當中，你覺得自己居住的那顆星球已經不復存在，但這也不是新聞了。

現在真正的問題是，我們要怎麼利用這樣的知識？

接受環境正在快速改變的現實，對於習慣富足生活方式和基於進步、和平、民主與經濟成長概念（和經驗）的西方思維來說，是一項重大的挑戰。全球北方國家的對話似乎陷入了兩難：一方面是日益不切實際的「淨零」之夢，以及無痛的「綠色成長」（green growth），另一方面則是末日、暴力與人類滅絕的厭世故事。不過，沿著森林線而居的人類歷史——他們比大多數人要更早面對變化環境的現實——則提供了另一種觀點。這正是第三個故事，一種更積極解讀人類與棲地關係的視角，或許能成為我們想像未來的關鍵。

樹木和人類享有同樣的氣候棲位。我們的「可相對拇指」[46]不斷提醒著，我們是在樹上演化、繁衍，我們始終是森林的生物。上一次冰河期以來的一萬一千年裡，人類與樹共演化，進入由森林線開創的棲地，然後適應、管理、守護這些棲地，並在全球範圍內打造一個長期極為穩定而和諧的環境。科尤康人、薩米人、恩加納桑人和阿尼許納貝人等族繁不及備載的原住民，他們的世界觀證實了我們對森林不可或缺的依賴。我們是全新世的關鍵物種——絕對稱得上是一種地質作用力，而且不全然是負面的。地球上幾乎沒有哪座森林不曾受過人類干擾，這也時常為生物多樣性騰出棲位。

季莫夫父子近乎肯定的提出，智人滅絕了西伯利亞的巨型動物，為北方針葉林的崛起鋪了路。不過，我們也把歐洲赤松帶去了蘇格蘭，把香楊帶到哈德遜灣岸上的石礫蛇丘，也修剪了阿瑞瑪斯的凍土落葉松森林和威爾斯、蘇格蘭的溫帶雨林，在森林裡放牧，開拓乾草地、濕地、平坦地區和沼地，設法把白楊河阿尼許納貝那樣的北方森林燒

46 編註：opposable thumb，是指大拇指能與其他四指接觸，做出「鉗形動作」，可以精準抓握細小物品，全方位活動，是人類非常重要的演化關鍵，即便是人猿或大猩猩類的大拇指靈活度也無法相及。

到正好能促進對人類有利的生物多樣性，而不至於摧毀。**我們身為地球關鍵物種的短暫期間，恰好是地球生物多樣性的巔峰**。正如激進生態學家伊恩．拉普爾（Ian Rappel）所言：「從生物多樣性與生物圈的角度來看——人類世沒什麼問題；有問題的是……人類世現在運作的方式。」[1]

最近的一個經濟模式終於讓我們能打破地球的生態天花板，甚至加速達成，那就是工業資本主義與其政治的出口物——殖民主義。[2]不過資本主義利用資源與勞力，把財富集中在少數人手中，未必是最佳的經濟模式。人類在地球上的集體生存，絕對需要超越這個模式。在身處資本主義時代的視角中，我們被鼓勵相信我們別無選擇，而危機也是我們的錯。不過，接受指責不僅削弱了我們的力量，而且還是錯誤的。

我們並未從完整的清單中去選擇自己的經濟體系。我們多少都是歷史作用力的受害者，幾世紀以來，那些力量根據非常粗淺的價值評估而建立起權力結構。對一棵樹而言，只有木材在市場具有價值，樹木生長的土壤、為樹木授粉的昆蟲、滋養樹木的陽光或水分都沒有價值。不過，作為眾多物種棲息地的森林群落，卻是無價之寶。資本主義不只把自然異化、商品化，把人類變成消費者，也異化、商品化了我們。我們的目光也成了商品，我們的注意力被引導偏離了維繫我們的生物圈，這種疏離，讓我們在某種程度上變得又盲又聾又啞。看看我們和森林共演化的漫長歷史，人類脫離自然不過是一瞬；人類在地球上的生命故事，比資本主義的歷史要更加漫長而廣闊，更重要的是，結局尚未底定。

✦

我們不是生來就對周遭無動於衷。當我在撰寫這些內容的當下，鏈鋸的嗡嗡聲在混合林間回響。那片森林位在我家隔壁漢內利教堂下方的狹窄小谷地——埃利烏渡口谷（Cwm Rhyd Ellyw），那是所謂的「老熟林裡的人工林」。於是，儘管有些壯觀的硬木，當局卻還是給了地主皆伐許可，把那片森林夷為平地。北方森林的所有特質在那裡應有盡有，歐洲赤松、樺樹、落葉松、雪松、花楸，以及其他幾種樹，像是赤楊、梣木和花旗松。

我和兩個女兒走過那條路，巡視她們從前玩耍的地方受到什麼損害時，她們震驚得哭了出來。曾有一顆在樺樹遮蔭下的石頭被她們稱為「河流咖啡館」，還有一棵白楊倒木下的深潭，被喚作了「蒼鷺之家」，而今只剩下高高堆起的原木，空氣中瀰漫著濃濃的樹液氣味，枝幹散落在陡峭的溪岸旁，雨水積在伐木機履帶壓出的深痕，河水染上雪松的紅色調。我的女兒一個六歲，一個四歲，這是她們生平第一次看得到後面的山。她們問：「我們需要樹木產生的氧氣和凝結的雨，為什麼還要砍掉那些樹？」但最令她們難過的，是那些住在森林裡的動物該怎麼辦？這層不安，引發了她們第二輪的哭泣。

「樹木一定在哭！」（加拿大的第一民族對這概念很熟悉。）

「如果瓢蟲媽媽回到她的窩，發現樹被砍了，她的寶寶都不見了，怎麼辦？」

在氣候高速變遷的時代，育兒父母不被允許沉溺於厭世或懷抱虛假希望。套句加州大學人類學家唐娜．哈洛薇（Donna Harraway）的話：**我們必須「與麻煩同在」**。[3]

寫完上一本關於非洲之角難民的書之後，我的想像力就被移動的森林線給迷住了。這不僅僅是在經歷過肯亞與索馬利亞赤道沙漠的無情炎熱與塵土之後，想要前往寒冷地區的願望。非洲之角就像廣義的薩赫爾（Sahel）地區一樣，對其他地區的森林（與森林砍伐）遙相關，導致海洋與降雨模式的氣候變遷特別敏感。那裡的棲地損失與衝擊，主要源於乾旱和氣候變遷，而我還想寫其他地方的事，那些地方的暖化影響已經顯而易見，在那裡，人們能夠瞥見未來的景象。

我沒意識到，我在非洲報導戰爭與難民的經驗，關於人們在困境中努力尋找意義與希望的經驗，竟然也息息相關。戰爭或自然災害的受害者，往往更能想像並應對劇變。

在災難中，社會秩序崩解，我們會重新顯現出真實的自己，「人性」擺脫束縛，脫離慣常的約束，有時會造成野蠻的後果，但更多時候會帶來積極的效果。人們有能力做出非凡的事情。我在剛果、蘇丹、烏干達和索馬利亞的廢墟與難民營中見識到的，是奮鬥帶來希望，而不是希望令人奮鬥。希望並不是寶貴而不活潑的金屬，待在原地等著人們發現，而是必須因應境況變動而日復一日創造、重新定義的東西。這一課的教訓：絕望是修復的第一步。承認過去的傷害是能夠賦予我們力量的，就像白楊河的耆老把殖民的悲傷轉化為一場運動，保住了北美最大的保育林，或是湯馬士・麥當諾扭轉幾世紀以來羊和鹿過度放牧的情形，開始恢復蘇格蘭的「大森林」。

將希望等同於拯救或成就的同義詞，這是布爾喬亞式的自負，特別是當這樣的富足和地球經濟成長的極限無法相容時。挪威的瑪瑞特・布約（Máret Buljo）聽到那樣的概念會哈哈大笑。希望，存在於共同的努力，存在於轉變，存在於為了共同利益而做出有意義的努力。

我們正處於地球生命新時代的邊緣（開頭）。上升至少兩度的暖化已是現在進行式，然而有些科學家預測幅度會更多，高達四度的「隱性暖化」。[4] 在二十一世紀結束前，將會有一波物種滅絕，樹木向北躍進，草原跟著擴張，而凍原連同北極海冰一起消失，致使海洋重新配置，城市遭遇洪水氾濫。最後一代經歷穩定氣候、季節循環和熟悉物種的人，以及建立在此一基礎上的人類文化與傳統，此刻已經出生。

這可棘手了。不過，接受一切無法恢復原狀也是行動的開端，突然間有好多事得做。人們已經開始為了減少損害、為將來的奮鬥而做好準備，這正是黑山學院（Black Mountains College）的基本理念與哲學——這是我共同創辦的新型教育機構，根據的理念正是促使我寫作此書的研究。黑山學院的哲學起於森林學校運動的一個單純洞見：唯有讓自然本身成為教室，我們才可能重新與自然連結。學院選擇在戶外教學，讓人學習依據生態原則（多樣性、平衡、限制與共生）組織人類社會所需的技術和心態。如果能夠更廣泛教導，讓更多人理解森林線最初是如何讓我們的世界變得能夠居住、森林如何產生雨、驅動風、管理水並為海洋提供養分、提供許多現代醫藥的基礎、淨化遭受汙染的空氣、為大氣消毒，那麼，或許在砍伐一棵樹或一片森林前，人們會願意為此想得更多。

在此一世紀出生的兒童，人生將會比先前的世代更受到「非人類世界」的情況左右。當水和食物缺乏（現在已有跡象），跨大陸的供應鏈不再可行，當工業化農業衰退的時候，我們就得要再次警覺了。我們會需要返回森林，倒轉查爾斯・愛森斯坦（Charles Eisenstein）所謂「分離的故事」。[47]而達成的方式，是透過我們的靈魂與這世界的連結之門——我們的感官。好奇心與注意力雖然平凡無奇，但對於和地球建立起新連結卻不可或缺。當文化產生改變的需求時，體系就會開始變化，而這場革命將始於走進林中漫步——我們究竟為什麼會忘記那些製造氧氣、淨化空氣與水的生物叫什麼名字？

面對即將到來的動盪，如果我們想成為共演化並共同應對的物種群體的一分子，就必須與其他生命恢復最基本的連結、羈絆。我們都需要再次學習如何像森林一樣思考。

✦

尋找熊的科尤康族獵人不會替熊命名，甚至會避免直視熊；當恩加桑納說書人在講述某個 chum（帳篷）裡的女人的故事時，他甚至不會說出那個一家之主的名字，只會稱她為「坐在 chum 門邊的那位」；其他原住民文化和口述傳統也有這樣的習慣——不用人的名字，而是以他們和說話者的關係而稱呼：「嘿，兄弟」、「親愛的嫂嫂」、「老師」、「長輩」。這很乾脆簡潔地體認了所有存在都是有關的，每個人都不能被縮減成單一的自

47 編註：出自查爾斯．愛森斯坦的著作《人類的崛起》（*The Ascent of Humanity*），認為人類社會的發展受到一種「分離」的力量所驅動，包括對自然、社會以及對自我的分離，也正是這樣的意識型態，造就了這個時代的某些危機。

我，而是包含許多自我，以及自我的許多面向，每個生命體都蘊含無限的可能性。

為熊命名，是把那動物給客體化，也是一種冒犯。我們不知道熊怎麼自稱，也不知道熊的身體可能還容納了其他什麼靈魂或自我，因此，不為熊取名是謙卑和尊敬的表現，也是承認某種不確定性（熊的本性還未定）——熊與獵人的關係仍然有待確定，而此一過程將由獵人與熊的行為所決定。獵人也會避免注視熊，因為「注視」與「被注視」是關係性的行為。聞到某個東西時，那東西的細小粒子在你鼻子裡溶解——被聞的東西成了你的一部分。原住民對感官知覺的了解（以及大衛・亞伯蘭〔David Abram〕能言善道提醒我們的現代現象學）讓這科學事實更進一步：所有感知都是參與。[5]如果你看到熊，那麼熊也看到了你，而你和熊都因為這場相遇而改變了。

原住民的森林文化對於如何看待、談論、對待、殺死與吃下動植物，有著嚴格的規範與儀式，而這是源於人類生存與其他物種的密不可分。我們吃了熊，就變成熊，賦予熊形體生命的物種甚至會在我們體內重新組合。那樣的觀點乍看誇張牽強，但若是以現代的消化道研究來看卻不然。當你的根部半數以上都住了另一種生物，或依賴飛蟲為你的花朵授粉的時候，你就參與了共同的生存。所有演化都是共演化。[6]

科尤康人、阿尼許納貝人、薩米人或恩加納桑人令人生畏的禁忌，不只認清人類依賴自然過程，也體認到地球關鍵物種肩負的重責大任。暖化難逃，不過物種如何因應暖化，卻是仍在進行中的故事，而人類在其中扮演了關鍵的角色。策略生態學將很快成為國家安全與社群恢復力的核心要素，協助遷移（幫助物種搬家、適應）會成為保育的一個關鍵目標。我們都是擁有方舟的諾亞，我們有能力至少選擇出一些可以生存下去的生物。我們選擇的樹木會決定往後數千年的所有森林和生態系，以及仰賴這些基礎的物種。人類世才剛開始，即使我們消失了，回響也仍將繼續主導著地球。

生命一向是種道德行為，活著本身就是種傳承，透過凱爾特人、科尤康人、薩米人、恩加納桑人和阿尼許納貝人的眼睛去觀看森林，會看到多重自我和靈魂彼此交流的世界。如果我們認同其他這些生命以及對它們的依賴，我們就得面對這個問題：什麼才是正確的做法？葉片對風說話，花朵對蜂說話，根系對真菌說話——這本就是個混亂而喧囂的世界！當我們走進森林時，我們正在用自己的身體、雙腳、眼睛、呼吸與想像來塑造這個世界。可能有上百萬個隨機分歧的未來。森林是一片充滿可能性的海洋，也是一場無窮盡的共演化實驗。

在這樣的定義下，一個充滿希望的未來並非祈求穩定或者停滯，而是邀請參與去探索、經驗、迷路或找到方向。這是一個機會，透過做出正確的選擇與行為而去了解真實的自我。你尚未做到的事，將永遠比過去做過的事更能界定你是怎麼樣的一個人。萬物無法被命名，正是因為事情尚未完成。演化的本質是一具神祕的引擎，充滿了我們不知道也無從得知的事。在森林裡，你屬於某種神奇而龐大的事物，每一步同時都是毀滅生命與創造生命之舉。令人欣慰的是，我們一直生活在過去的廢墟裡，現在也仍在那裡生活著。

我們必須為孩子們做好準備，讓他們擁有能力去面對未來可能會出現的各種不確定性，而不是成為受害者。我們和孩子都會是管理者，依然得肩負起古老的責任。地球是生機勃發而且充滿魔力，身在其中就像是透過生活來施展魔法——去觀看、聆聽，去感覺、起舞——用每一步創造未來，並體認到我們的每一個行動，無論大小，都舉足輕重。

樹木詞彙表

以下介紹本書出現的樹木——除了各章節的主角，還有幾種北方常見的樹種。其中總結了我從其他更專業的人那裡學到的知識。更多資訊請見：

- Diana Beresford-Kroeger, *Arboretum Americana* (Michigan University Press, 2003)
- Diana Beresford-Kroeger, *Arboretum Borealis* (Michigan University Press, 2010)
- Daniel Moerman, *Native American Ethnobotany* (Timber Press, 1998)
- 大自然保護協會（Nature Conservancy, nature.org）
- Iain J. Davidson-Hunt, Nathan Deutsch and Andrew M. Miller, *Pimachiowin Aki Cultural Landscape Atlas* (Pimachiowin Aki Corporation, Winnipeg, 2012)
- Trees for Life (treesforlife.org.uk)
- Colin Tudge, *The Secret Life of Trees: How They Live and Why They Matter* (Allen Lane, 2005)
- 林地信託（Woodland Trust, woodlandtrust.org.uk）

赤楊
赤楊屬，*Alnus*

歐洲赤楊（*Alnus glutinosa*），又稱為黑赤楊，常見於歐洲北方森林海拔五百公尺以下的地方。另外的三十種赤楊中，有許多在北美欣欣向榮。那些是第一民族的醫藥樹種，被稱為「怪味柳」（the willow that smells）。

赤楊屬是樺木科（Betulaceae）的一員。赤楊愛水，常見於河流湖泊附近，深根特性有助於穩固河岸，並且能固定空氣中的氮，改善土壤肥力。赤楊和樺樹一樣，都是生長迅速的樹種，除了從多根莖幹長出芽和近乎圓形的鋸齒葉，也會直接從樹樁長出。這些芽和細枝可能帶有黏性，因此得到 *glutinosa* 這個種名。

赤楊是雌雄同株，雄花是葇荑花序，雌花毬果狀，會在春天長出葉子之前綻放，並由風媒傳播花粉。種子的膜帶有氣泡，能在水面上發芽，因此被沖上河岸時就能生根。

赤楊是生物多樣性的關鍵物種，為超過一百四十種的昆蟲提供食物，葉子在河中分解，釋出的化學物質能保護水生生物，根部則是四十七種菌根菌的家園。赤楊的根中也有一種固氮細菌——赤楊固氮放線菌（*Frankia alni*），用氮來交換樹木的碳。因此，赤楊成為劣化地景再造、復原的完美選擇，也是以氮改良土壤的先驅，讓其他樹木跟隨它的腳步。赤楊在美國曾被用來再造煤礦廢土，在一九一五年為聖彼得堡周圍的綠帶重新造林。

凱爾特民間傳說裡，赤楊的歐甘文是 fearn，和藏匿與祕密有關。赤楊林，carrs，則是潮濕、多沼，難以到達之地。由於木材在水中的保存性極佳，因此是建造閘門和渠道的常見選擇，支撐威尼斯這座城市的木樁也是赤楊木。赤楊非常抗火，因此也常被種植在森林中作為防火隔離帶。

樺樹
樺屬，*Betula*

樺木科分布十分廣泛，共有六十種，許多見於北方各地——從森林線一路往南到溫帶森林。樺樹是絕佳的先驅樹種，大量種子隨風傳播，在短短不到四週的時間，便能在幾乎沒有泥土的地方發芽。這種不挑剔的樺樹偏好酸性、剛剛皆伐或燒過的地區，一旦長成，就會為森林裡其他較長壽樹木的苗木遮蔭，例如櫟樹、松樹和雪松。

樺樹獨特的白色樹皮極為平坦細緻，有些種類尤其明顯，在許多文化中會被用來造紙。毛樺（*Betula pubescens*）和矮樺（*Betula nana*）有較厚、裂紋較多的灰色樹皮，更能適應寒冷環境，葉形比較圓潤，帶有單層鋸齒。大部分的樺樹葉背都具有毛，是蚜蟲等昆蟲的重要棲地，而這些昆蟲又是鳥類、毛蟲和蝴蝶的食物。樺樹是許多蝴蝶與超過三百三十種昆蟲的食草，與真菌的關係也同樣豐富，有大量的菌根夥伴，幾種常見的菇類（例如雞油菌、樺木牛肝菌和毒蠅傘）便以樺木為生。

春天劃開樺樹取得營養豐富的樹液，是許多文化的傳統做法。白楊河的長老記得 oh-chi-kah-wah-pi——用樹皮做容器，飲用樺樹液；以及 no-skwa-so-wach——割下香甜的內形成層來吃。

現在促使種植樺樹的原因族繁不及備載，例如樺樹樹液、真菌關係與修復劣化土壤的能力。樺樹的氣膠和樹脂對附近的人類和動物同樣有益。葉子能防腐，樹皮能抑制蛀牙，葉子浸泡液能治尿道感染。

在美國原住民渥太華族（Odawa）的傳說中，有個男人變成了最早的樺樹；奧吉布韋族的故事則提及了樺樹是如何被燒傷的；契波瓦（Chippewa）部落會用樺樹皮包裹死者遺體；《皮瑪希旺・阿奇地圖集》（*Pimachiowin Aki Atlas*）則寫到奧吉布韋族用樺樹製作長途路線的地圖。

對凱爾特人而言，樺樹象徵了更新與淨化。歐甘文的第一個字母Beithe就是樺樹（birch）。凱爾特的薩溫節（Samhain，萬聖節）是用樺樹掃帚掃除舊年來慶祝，而五朔節（Beltane，春祭）則會燃燒樺樹和櫟樹。樺樹有時又稱為林中女士，和生育有關，因此是教會「掃帚婚禮」儀式的替代品。樺樹也用來頌揚盎格魯撒克遜的春之女神愛歐斯特（Eostre），並且製成五朔柱（maypole，也稱為仲夏柱）的柱子。

榛樹
榛屬，*Corylus*

榛樹（歐洲榛樹）曾經標誌著昔日人類和森林的關係。從不列顛群島的樹籬，到歐洲與北美中石器時代生活的考古紀錄明顯可以看出，人類非常依賴榛樹的堅果。榛樹一度占據歐洲的樹冠多達百分之七十五，令人懷疑是人為刻意傳播。在採用焚燒、放牧與農作的稀樹草原就很適合栽培堅果，而堅果含有豐富的蛋白質，絲毫不比肉類遜色。

榛樹生長迅速，樹基（根株）能長出許多分枝（小稈材）。如果不去整理，樹齡難以超過百年，但如果經常修剪（矮林作業），幾乎能永遠活下去。榛樹的葉子與赤楊和樺樹相似，圓形帶鋸齒邊，末端收尖，但榛樹其實屬於樺木科。

榛樹寶貴的堅果對支持森林裡的生命不可或缺，堅果是由授粉後的雌花長出——小紅花瓣與雄的葇荑花相伴出現在枝條上。齧齒動物和鳥類以芽為食，葇荑花則是昆蟲的重要食物。葇荑花在前一年冬天長出，然後被樹脂密封到春天。樹脂融化之後，釋放的花粉是昆蟲自冬眠醒來的第一批食物。榛樹光滑的樹皮也是許多種地衣的重要宿主。

榛樹的英文 hazel，原型是 haessel，來自盎格魯撒克遜的「兜帽」（hood），指的是堅果戴的帽子。凱爾特人稱榛樹為 coll，認為榛樹擁有智慧；在凱爾特神話中，有九棵神聖的榛樹圍繞著一座池塘生長，落入水中的堅果會成為鮭魚的食物，鮭魚吃了多少堅果，身上就會長出多少斑點。榛樹杆會被用來探測水源，而燃燒榛果的煙則與凱爾特人的占卜儀式有關，可用於預測未來。

在糧食危機進逼的世界裡，榛樹堅果可能再度成為人類飲食中不可或缺的一部分。

歐刺柏

刺柏屬，*Juniperus*

歐刺柏（*Juniperus communis*）是北方的地毯。歐刺柏在蘇格蘭有時稱為山紅豆杉（mountain yew），這種樹會貼地蔓延，匍伏在地，許多方面背離了樹木的概念。這是世上分布最廣的常綠針葉樹，從日本到歐洲、非洲，以及北美、中美洲均可見到。北方森林裡有許多種類，全球則有六十種左右，全都屬於擁有藥性的柏科家族（Cupressaceae）。

雌株的淡紫漿果可作為香料為肉類和琴酒調味，但也是一種藥材。漿果從葉狀苞鱗的保衛中探出頭，這些苞鱗短而帶刺，隔熱防水，含有毒素，能避免漿果遭到啃食。蠟質的角質層能夠透過三種方式促進生態健康：為地面遮蔭，維持土壤濕度；控制土壤侵蝕程度；帶有藥性的濃縮樹脂有益於鳥類、土壤和大氣健康。

以歐刺柏為食的北方鳥類，尤其是田鶇和環頸鶇，似乎是歐刺柏發芽的關鍵。漿果會在樹上掛上三年。在不透水的種皮內，種子需要在鳥類胃部被擠壓，造成橫紋才能發芽。歐刺柏和鳥都需要彼此。

刺柏富含樹脂的枝幹一直被視為擁有神聖的功用，燃燒的煙霧是許多原住民儀式中不可或缺的一環。對美國原住民部族而言，刺柏象徵著保護。平原原住民例如夏安（Cheyenne）和達科他（Dakota），會在他們圓椎帳篷上掛著刺柏的粗枝，避免受暴風侵襲。樹脂能抵抗病毒，有益健康，能改善問題。蓋爾民間傳說指出，刺柏也能促進子宮收縮，具有催產作用。

儘管刺柏在世界各地都有分布，但在某些地區卻快速衰退，需要特別保護。刺柏不喜遮蔭，其中的藥性成分需要陽光才能活化、釋放。把刺柏種在學校、幼稚園、護理之家和醫院最好。

落葉松

落葉松屬，*Larix*

落葉松在北美稱為美國落葉松（tamarack），是非常少見而且獨特的落葉針葉樹。全球只有九種落葉松，主要生長在西伯利亞和歐亞大陸。美國落葉松（*Larix laricina*，又稱美加落葉松）是生長於加拿大和阿拉斯加的落葉松，又稱落淚松（weeping larch）。美國落葉松比西伯利亞酷寒中的矮小倖存者——落葉松（*Larix gmelinii*，又稱興安落葉松）和西伯利亞落葉松（*Larix sibirica*）來得高大優雅，雅致的林分從落磯山脈延伸到大西洋沿岸。

落葉松和水密切相關，相輔相成，除了因為落葉松能調節地下水流，透過細胞內的變化把水在液體和固體之間轉換，還因為繁殖方式與水有關。落葉松的花粉和其他針葉樹的花粉一樣，都需要透過水傳播。落葉松的精子就像人類精子一樣游上花粉管，為卵子授精。

由於落葉松具有落葉機制，因而成為最特別的針葉樹。與眾不同的是，落葉松會產生離層酸。這種荷爾蒙會促使葉綠素流失，使針葉變橘或變褐。當秋天的溫度進一步降低，會導致生成另一波離層酸，攻擊針葉與枝條連結的葉柄組織，使針葉脫落，形成落葉層，樹木則開始進入冬眠。等到了春天，落葉松再度開機，吸進二氧化碳並開始生產葉子，這過程會捕獲百萬噸的碳並儲存起來，因為樹蔭會讓地表降溫，減緩真菌活性，降低蒸發，抑制分解。

對西伯利亞的原住民而言，落葉松是生命之樹，也是神話與神聖儀式的中心。北美和歐洲人則重視美國落葉松的根部，可以用其縫製樺樹樹皮獨木舟，甚至用來拼接大型帆船的甲板和船殼。筆直的美國落葉松樹幹也可以製作成管子並用在井中（能抗腐）。

落葉松是封存二氧化碳與調節地下水效率最高的樹木之一，因此在設計生態策略時，落葉松的功能至關緊要。

雲杉
雲杉屬，*Picea*

黛安娜．貝瑞絲佛德－柯蘿格稱雲杉為全球森林的主力。雲杉屬下有五個種，主要的兩種是白雲杉和黑雲杉，是「淨化」亞北極大氣的主力。

白雲杉（*Picea glauca*）是白色的版本，英文俗名又稱加拿大雲杉（Canadian spruce）、牧場雲杉（pasture spruce）、貓雲杉（cat spruce），而契帕瓦族則稱之為老大哥（big brother）。黑雲杉（*Picea mariana*）是黑色版，英文俗名又稱東方雲杉（eastern spruce）、酸沼雲杉（bog spruce）、沼澤雲杉（swamp spruce）或雙重雲杉（double spruce）。

黑、白雲杉都有著堅固的綠色針葉，實際上是緊緊捲成管狀的葉子，螺旋排列於枝條上。雲杉的樹幹長而筆直，不過，北方地區的雲杉，或是樹根永遠浸在苔沼裡的黑雲杉可能會比較矮小。針葉、樹皮、根和毬果都富含樹膠與樹脂，有很大的醫藥價值，也是煙火的一種原料。在最貧瘠棲地裡生長緩慢的樹木，藥性成分往往最豐富。

雲杉的葉肉顏色極深，可以在極端狀態下進行光合作用，在地球最艱困的角落榨取最大的價值。此外，深色的葉子能吸收輻射，預防長波輻射回到大氣中被溫室氣體捕獲，雙管齊下讓地球降溫。

在北美神話中，雲杉樹具有各種意義。對西南方的部落來說，雲杉是天空的象徵。在霍比族（Hopi）的神話裡，雲杉是化身為一棵樹的藥師。皮馬族（Pima）的洪水神話中，一對父母躲在一團漂浮的雲杉樹脂球裡，躲過了大洪水。伊羅奎族（Iroquois）的神話中，雲杉精靈從女巫手中救出一個女孩。

雲杉被阿尼許納貝人稱為 ka-wa-tik，幼樹的毬果煮水可治療腹瀉。將雲杉的根部在水裡泡軟後，可用來綁樺樹皮做成獨木舟，此外也能製作捕捉兔子的陷阱。

雲杉產生的樹膠、松香、樹脂和精油可以用來取代石化產品。若能進一步研究或關注，可望發掘更多替代產業的可能性。

松樹
松屬，*Pinus*

歐洲赤松（*Pinus sylvestris*）是松科植物在歐亞大陸極為突出的代表。而歐洲赤松的雙胞胎傑克松（*Pinus banksiana*）則在北美稱雄。殖民者又把傑克松稱為灌叢松（scrub pine）、黑松（black pine）與灰松（grey pine），美洲原住民稱之為kohe，這是阿薩巴斯卡語的名字。另一個北美的物種——落磯山刺果松（*Pinus aristata*）是世上數一數二的老樹，加州有些樣本的樹齡逾五千歲。

歐洲赤松活得比傑克松長、樹也更高，不過傑克松比較有韌性，能在裸露的岩石和砂質土壤中生存，和地衣發展出獨特的共生關係，藉著地衣得到薄土無法提供的養分。這些共生關係發生在根部，但也發生在樹幹、細枝與松針上。美麗如畫的松蘿科（Usnaceae）地衣又稱蔦蘿，會垂掛於傑克松的枝條，捕捉氮來餵養傑克松，產生多種抗菌酸與生化成分。

歐洲赤松的藍綠色針葉會成對出現，對稱的直毬果則直立在枝條上；傑克松的松針短而尖，歪歪扭扭的雌毬果成對生長在枝條上，宛如兩根香蕉。這些毬果平常被樹膠包裹封住，遇火才會打開。傑克松含有樹脂，木柴因為熱量輸出高而受到重視，也因此枯死的傑克松分解緩慢，枯枝可以存續長達百年之久。

北美有著各式各樣高達上百種的松樹，美洲大陸的原住民也有非常廣泛多樣的醫藥用途。松針、樹脂與樹膠都能防腐、抗菌。松樹的各個部位在燒過、浸泡或煮沸之後，可用於幫助治療呼吸道疾病。卡尤加人會收集松節（藥用成分濃度最高的地方），萃取髓心來治療肺結核。

對大湖區的部族而言，松樹是與自然和諧的象徵。伊羅奎族燃燒白松（*Pinus strobus*）的松針來驅鬼、祈求和平，也會焚燒掉落的枝條，並利用煙霧為看到亡者的人「淨化」眼睛。西伯利亞貝加爾湖岸的松樹是布里亞特人（Buryat）的聖物。在英國，歐洲赤松在傳統上會被當作界標，標示界線和路權。古埃及人會把奧西里斯（Osiris）的神像埋進松樹的空心樹幹裡。

雖然歐洲赤松和白松都不耐乾旱，但傑克松似乎很能因應季節性的缺水。傑克松在北美各地廣為分布，擴張到北極圈以南逾一千哩之地，氣候棲位寬廣，可能會是未來森林的一員。

楊樹
楊屬，*Populus*

楊樹是世上分布最廣的植物之一，範圍從北極圈到北非，越過北方直到日本。和樺樹一樣，楊樹也是先驅物種，是上一次冰河期之後最早占據北半球的植物之一，而且楊樹生長快速，在干擾或火災後能夠重新迅速生長起來。

楊樹的樹皮灰而平滑，葉小而圓。葉柄基部有獨特的適應能力，扁平、極有彈性卻又強壯，能在微風中旋轉、晃動，美洲顫楊因此得名。愛爾蘭人便說顫楊是因為情感而激動得顫抖。葉子剛冒出頭時是銅褐色，隨著葉綠素的增加而變綠，等到秋天時再轉黃。楊樹的葉子顫動時，會把光線反射到樹木的周圍，並促進分配葉片中的生化成分。

楊樹是人類與動物的重要藥物來源。蝴蝶會為了水楊酸鹽（salicylate）和鋅、鎂等礦物質而來。由於樹皮的酸性較低，因此長了一些只以楊樹為家的地衣。人類能吃內層的樹皮，味道類似瓜果，而外層樹皮則可用來治療糖尿病、心臟病、性病到胃痛等各種疾病。葉子能舒緩蜜蜂、胡蜂螫咬的疼痛，也可以採集樹皮的白色周皮磨粉，有止血的效用。

楊樹在春天開花，會長出長串如棉花般的毛茸種子，因此俗名又稱棉白楊。楊樹的種子很少派上用場，這種樹木基本上比較偏好無性繁殖，自我複製，而白楊河大片的楊樹林分，很可能是有著數千年歲數的單一生物體。阿尼許納貝人會使用楊樹來煙燻食物、毛皮，或是燃燒枝條來防蚊。

在希臘神話中，楊樹又稱盾樹（shield tree），能提供實質與精神的保護。楊樹的蓋爾語是 **critheann**，高地人認為楊樹有魔法，和仙境有關。因此有個楊樹不能用作建材的禁忌。以全球來看，楊樹似乎受熱逆境所苦。然而，黛安娜・貝瑞絲佛德－柯蘿格寫道，美洲顫楊在大西洋兩岸都已產生三倍體的突變體（擁有三組染色體，而非一般的兩組），因此有機會繁殖出更有韌性的植株。

香楊
楊屬

香楊（*Populus balsamifera*）是楊柳科（Salicaceae）的另一種棉白楊，雌株在每年春天會釋出大量的毛茸。香楊和楊樹一樣，有無性繁殖的習性，會在地下長出吸芽，而且往往可以長到距離母樹四十公尺的範圍。香楊的外觀與楊樹類似，擁有筆直的灰色樹幹，幼苗時的光滑樹皮會隨著成長而逐漸龜裂，形成深溝。葉片略呈心形，比楊樹親戚更長、更綠，也大了許多。

香楊的英文俗名是 balsam poplar，其中的 balsam 來自白楊樹芽與葉中富含的油樹脂（oleoresin），這些樹脂又被稱為是「樹木的藥櫃」，而其中一個雜交種的俗名——基列芳香脂，[48] 正是由此而來。這種樹木偏好生長於森林線附近的嚴寒地區，因此樹脂也會更加濃縮、濃稠。那裡很少有闊葉樹能生存，然而香楊卻能夠忍受寒冷並生長茁壯，最高可長到三十公尺、直徑兩公尺。香楊從不會形成矮盤灌叢的矮小形態，只會長得又高又直。

雖然見於北半球各地，但在北美之外的地區不會形成大規模的樹林。香楊是第一民族的重要樹木，他們稱之為 bam、bamtree 或 hacknatack，用樹脂治療各式各樣的病痛，包括癌症、高血壓和心臟病。香楊精油可說是萬靈丹，被美國原住民用於許多治療用途，木材本身也有藥效與抗菌特性。而西方醫學目前則尚未追趕上來，徹底研究出香楊的醫療潛力。

柳樹
柳屬，*Salix*

柳樹是先驅樹種，出現在森林線之外，標誌著森林線到凍原之間的過渡。耳柳（eared willow）或黃花柳（goat willow）會長成灌木，沿地面匍匐，或像碎柳（crack willow）或白柳（white willow），長成高達三十公尺的成熟樹木。柳屬有三百種，分布在非常廣的氣候棲位，而且都愛水。

柳樹習慣沿著水道生長，例如低地河流、凍原池塘以及森林線以上的山區溪流。由於柳樹生長的地方很靠近水域，有發霉的風險，不過柳樹演化出種間化學交感物質——柳醯胺苯（salicylanilide），有抗真菌與抗黴的特性。柳樹能保護流域的上游，調控地下水流，減緩氾濫，把有助於健康的生化物質釋放到水中，對魚類和其他水生生物也大有助益。活性酯類有益於魚類的油脂固定。其他水楊酸會放大水中的光線，對水生植物也有益。柳樹種子的絨毛脫落後，會浮在河裡變成金黃色，成為魚類的蛋白質來源。

48 編註：balm of Gilead，又稱基列香膏或基列乳香。

在冬天，多數樹種光禿禿的枝幹會有豐富繽紛的顏色如綠、黃、紅。等到了春天，葇荑花會在第一批葉子出現前綻放，而其厚實、毛茸茸的芽，不僅保溫效果良好，又充滿吸引力，是超過四百五十種昆蟲的食物來源。

葇荑花是熊蜂主要的花粉來源之一。蜜蜂會尋找柳樹以獲取花粉和花蜜。柳樹的花粉和花蜜具有抗生素的特性。蝴蝶也仰賴柳樹來獲得生化成分，以螯合牠們為了呈現絢麗顏色而需要的金屬——金屬是蝴蝶翅膀顏色的電子核心。

對於流域的乾淨水質來說，柳樹是相當重要的樹種，也是昆蟲族群的健康關鍵。隨著全球暖化對授粉帶來的威脅，種植更多的柳樹則有助於改善此一狀況。大部分的柳樹只要將枝條插在土裡就能活，而種子發芽後的三十六小時就會開始生長，而且長速毫不停歇，是森林裡生長速度數一數二的樹木。

柳樹的嫩枝常被用來編籃子與編織，成熟的木材則用途廣泛，包括製成家具、車輪、板球拍和木屐。奧吉布韋族用柳樹做蒸汗小屋（sweat lodges），柳樹的醫藥用途包含舒緩疼痛、抗發炎到通便、抗生素。早在活性成分阿司匹靈被提煉出來並推廣到全世界之前，人們早已習慣咀嚼柳樹的小枝條來緩解病痛。

花楸

花楸屬，*Sorbus*

在北方的森林裡，花楸的白花是春天常見的景色，秋天則以成串的紅色漿果聞名。花楸屬於薔薇科（Rosaceae），葉緣是對稱的鋸齒狀，類似梣屬的葉子，因此英文俗名直譯為山梣（mountain ash）。花楸（*Sorbus aucuparia*）是歐洲常見的物種，北美花楸（*S. americana*）和美麗花楸（*S. decora*）則是北美的物種。格陵蘭島的格陵蘭花楸（*S. groenlandica*）是歐洲花楸的亞種。[49]

花楸屬是生長迅速的森林先驅，常常能輕易在意想不到的地點立足，因此是北方俱樂部的關鍵成員，且與真菌、地衣的關係良好，僅次於榛樹。春日的花朵有著強烈的甜味，能吸引授粉者，是各種昆蟲的攝食場，進而又提供食物給漫長冬季之後現身的候

49 審訂註：格陵蘭花楸學名在本書中列為 *Sorbus groenlandica* (C.K.Schneid.) Á.Löve & D.Löve，但目前較新的花楸分類研究將其處理成美麗花楸：*Sorbus decora* (Sarg.) C.K.Schneid. 的同物異名，可能因為此緣故作者認為是其亞種，但實際上並非被承認為亞種。

鳥。花楸是北方的安全網，即使氣候變化劇烈，也仍然會產生花粉與花蜜。

接著秋天到來，鳥類會再度享用花楸紅色漿果的盛宴，然後飛往南方。而花楸的紅也宣告著冬天即將降臨。鳥類會散布種子以作為對樹木的回報，每顆圓圓的紅色果實中會有八粒種子。種子堅韌的外皮可能會透過動物的消化道，或是靠著天氣作用來分解，而種子在產生後的幾年往往都能發芽。

人類也會食用花楸漿果，或是做成果醬搭配肉類食用。蘇格蘭高地有個禁忌——除了花楸的漿果以外，使用其他部位都是禁忌，此外也嚴禁使用刀鋸切割其木材。花楸會被人們種在住家附近，據信有提供保護的功能，也和精靈王國有關。漿果上有小小的五角星紋路，被視作五芒星的象徵，是一種古老的保護符號。在斯堪地納維亞，人們會將盧恩符文刻在花楸木上，作為占卜之用。

花楸葉片的背面呈現銀色，能反射光線，並維持或吸收自土壤蒸散上來的濕氣。花楸的根系分布範圍廣泛，能在水分相對短缺的冬天和夏天存活，所以也是適合應對氣候變遷的樹種之一。

紅豆杉
紅豆杉屬，*Taxus*

紅豆杉是十分奇妙的物種，這種針葉樹喜愛潮濕氣候的貧瘠土壤，分布範圍從英國越過歐洲，直到北非、伊朗和高加索多山的地區，不過通常僅以小規模的族群或單棵樹木的形式存在，幾乎不會形成完整的森林，在許多國家被列為瀕危物種。

歐洲紅豆杉（Taxus baccata）是歐洲最古老的樹木之一，其代表是位於蘇格蘭里昂峽谷（Glen Lyon）的福廷格爾紅豆杉（Fortingall yew）。而紅豆杉屬（Taxus）也是歐洲最老的樹木，據說發源自六千六百萬年前白堊紀和三疊紀的過渡期。因此我們很難不對紅豆杉保持敬畏之心——源於其樹齡與不朽的潛力，這也是凱爾特人之所以把紅豆杉當作生死之樹來崇拜。紅豆杉的肉質假種皮（有如漿果）裡的黑色種子，對人類來說屬於劇毒，不過有時也可用來治療頭痛和神經痛，而近年科學界也發現，紅豆杉具有抗癌的特性。紅豆杉的樹幹可能非常粗壯，低垂的枝幹帶來了鬱閉幽暗的陰影，樹下少有植物能生長，因此帶有某種神祕與魔法的氣息。

紅豆杉提醒了我們，我們對樹木的了解多麼不足，以及樹木是如何走到現在的境地。紅豆杉似乎是孑遺物種（分布曾經遠比現在廣泛），而從前的氣候變遷塑造了目前的分布，使得紅豆杉被限制在避難所。證據顯示，新近紀（Neogene，三千四百萬至三千五百萬年前）的冰期振盪限縮了紅豆杉的分布，而第四紀冰河作用的多次振盪（包括前一次冰河期）則進一步讓紅豆杉族群的分布畸零破碎。[1]

紅豆杉傳播力不高。迷你的綠色胚珠長在莖和葉柄之間，花粉授精後會長成紅色漿果。葉子針狀而扁平，葉背有灰黃帶子，呈螺旋狀附著於樹枝上，而葉片基部的扭曲使其看起來像是排列成行。紅豆杉種子的傳播距離無法太遠，種子也不容易成苗，需要潮濕、營養豐富的微氣候，也得靠庇護植物（nurse plant，通常是刺柏）保護苗木不受植食動物侵害。紅豆杉能在受干擾的地點與闊葉樹競爭，形成新的森林，然而一旦在混合林中被砍伐以後，就很難再繁殖。

紅豆杉保留了人類出現以前的森林階段，而今紅豆杉的分布範圍，是氣候變遷後失去上新世的潮濕霧氣，以及後來人類砍伐的結果。從這方面來看，紅豆杉不僅僅是過去的幽靈，也將成為未來森林的幽靈。

一謝詞一

感謝許多地方慷慨的東道主和朋友，幫助我以嶄新的目光看待事物：

蘇格蘭的湯馬士・麥當諾（Thomas MacDonnell）、瑪格麗特・班奈特（Margaret Bennett）、羅伯・威爾森（Rob Wilson）、菲奧娜・霍姆斯（Fiona Holmes）與「生命之樹」（Trees for Life）、馬克・漢考克（Mark Hancock）與「凱恩戈姆連結」（Cairngorms Connect）。

芬馬克的哈爾蓋・史崔菲爾德（Hallgeir Strifeldt）、托爾・哈瓦德・桑德（Tor Håvard Sund）、瑪瑞特・布約（Máret Buljo）、英格－瑪麗・高普・艾拉（Inge-Marie Gaup Eira）、伊薩特・艾拉（Issát H. Eira）、貝莉特・烏西（Berit Utsi）、尼拉斯・米赫卡爾（Niillas Mihkkael）、瑪麗亞・艾拉（Márija Eira）、莎拉－艾琳・海塔（Sara-Irene Haetta）和托馬斯・米爾內斯・尼加德（Thomas Myrnes Nygård）。

俄國的愛蓮娜・庫卡夫斯卡雅（Elena Kukavskaya）、娜婕日達・契巴科娃（Nadezhda Tchebakova）、亞歷山大・龐達列夫（Aleksandr Bondarev）、蘇菲・羅伯茲（Sophy Roberts）、庫烏・凡・惠斯特丹（Ko van Huissteden）、桑德・弗拉維貝克（Sander Veraverbeke）、札斯塔

（Dzhasta）與瑪麗亞・尤斯塔皮（Maria Yevstappi）、米夏（Misha）與安娜・丘佩林（Anna Chuperin）、阿納托利・加夫里洛夫（Anatoly Gavrilov）、尼古拉・季莫夫（Nikolai Zimov）、尼古拉・科札克（Nikolai Kozak）與尼古拉・巴羅諾夫斯基（Nikolai Baronofsky）。

阿拉斯加的帕特・蘭伯特（Pat Lambert）、亞當・維貿斯（Adam Weymouth）、肯恩・泰普（Ken Tape）、賽斯・坎特納（Seth Kantner）、羅曼・戴爾（Roman Dial）、派翠克・蘇利文（Patrick Sullivan）、蕾貝卡・休伊特（Rebecca Hewitt）、布蘭登・羅傑斯（Brendan Rogers）、約翰・蓋德克（John Gaedeke）、卡爾・布格特（Carl Burgett）。

加拿大的黛安娜與克里斯提安・貝瑞絲佛德－柯蘿格（Diana & Christian Beresford-Kroeger）、蘇菲亞與雷・拉布里奧斯加斯（Sophia & Ray Rabliauskas），以及白楊河的所有人、黎安・斐許巴克（LeeAnn Fishback）、史蒂夫・密特（Steven Mamet）、戴夫・戴利（Dave Daley）。

格陵蘭的肯尼斯・赫格（Kenneth Høegh）、愛倫・弗瑞德里森（Ellen Friedrikssen）、德克・范亞斯（Dirk van As）、費伊茲・尼克（Faezeh M. Nick）、彼得・佛里斯・穆勒（Peter Friis Møller）、傑森・波克斯（Jason Box）與格陵蘭樹木的所有人，並感謝珍妮佛・卡特萊特（Jennifer Cartwright）在庇護所的指導。

參考資料

前言

1 Thomas Berry, *The Dream of the Earth* (Sierra Club, 1988).

第一章

1 Ron Summers, *Abernethy Forest: The History and Ecology of a Scottish Pinewood* (RSPB, 2018)
2 Ibid.
3 Oliver Rackham, *Trees and Woodland in the British Landscape* (Phoenix, 1976).
4 Rob Wilson et al., 'Reconstructing Holocene Climate from Tree Rings: The potential for a long chronology from the Scottish Highlands', *The Holocene* 22, 3–11, 2019. See also Miloš Rydval et al.,'Spatial reconstruction of Scottish summer temperatures from tree rings', *International Journal of Climatology* 37:3, 2017.
5 Jurata Buchovska and Darius Danusevicius, 'Post glacial migration of Scots pine', *Baltic Forestry*, 2019
6 Garrett Hardin, 'The Tragedy of the Commons', *Science* 162:3859, 1243-48, 13 December 1968. 加勒特・哈丁（Garrett Hardin）在其一九六八年的文章〈公地的悲劇〉中提出一個觀點，認為人類在面對公共資源時，往往缺乏節制，導致這些資源被過度開發或汙染。他使用的完整短語是「公共領域自由的悲劇」，討論了如何強制人類克制，以避免對公共領域的過度利用或汙染。雖然哈丁的論點在當今自然資源管理中具有相關性，但對於深入解釋過去或深入探討原住民實踐並無幫助。然而，這並未阻止人們引用哈丁的文章。 See George Monbiot, 'The Tragedy of Enclosure', *Scientific American*, January 1994.
7 John Prebble, *The Highland Clearances* (Penguin, 1969).
8 Arthur Mitchell (ed.), 'Geographical Collections', 2 in Professor T. C. Smout, *History of the Native Woodlands of Scotland 1500-1920* (Edinburgh University Press, 2008).
9 Jim Crumley, *The Great Wood: The Ancient Forest of Caledon* (Birlinn, 2011).
10 Vladimir Gavrikov and Pavel Grabarnik et al., 'Trunk-Top Relations in a Siberian Pine Forest', *Biometrical Journal* 35, 1993.
11 Diana Beresford-Kroeger, *The Global Forest: 40 Ways Trees Can Save Us* (Particular Books, 2011).
12 Rackham, *Trees and Woodland.*
13 Eurostat database, ec.europa.eu.
14 Leif Kullman, 'A Recent and Distinct Pine (Pinus sylvestris L.) Reproduction Upsurge at the Treeline in the Swedish Scandes', *International Journal of Research in Geography* 4, 2018.
15 Leif Kullman, 'Recent Treeline Shift in the Kebnekaise Mountains, Northern Sweden', *International Journal of Current Research* 10:01, 2018.
16 Summers, *Abernethy Forest.*
17 Ibid.
18 Fiona Harvey, 'London to have climate similar to Barcelona by 2050', *Guardian*, 10 July 2019.
19 Summers, *Abernethy Forest.*
20 Bob Berwyn, 'Many Overheated Forests May Soon Release More Carbon Than They Absorb', *Inside Climate News*, 13 January 2019.

第二章

1 *Last Yoik in Saami Forests?* Greenpeace, 2005. 關於反對砍伐芬蘭老熟林運動的紀錄片。
2 Personal communication from Diana Beresford-Kroeger.
3 Diana Beresford-Kroeger, *Arboretum Borealis* (Michigan University Press, 2010).
4 Abrahm Lustgarten, 'How Russia Wins the Climate Crisis', *New York Times*, 9 December 2020.

第三章

1 Anton Chekhov, *Sakhalin Island* (Alma Classics, 2019).
2 Anatoly Abaimov et al., 'Variability and ecology of Siberian larch species', Swedish University of Agricultural Sciences, Department of Siviculture, Report 43, 1998.
3 Bob Berwyn, 'When Autumn Leaves Begin to Fall–As the Climate Warms, Leaves on Some Trees are Dying Earlier', *Inside Climate News*, 26 November 2020.
4 Berwyn, 'Many Overheated Forests . . .'
5 Elena Parfenova, Nadezhda Tchebakova and Amber Soja, 'Assessing landscape potential for human sustainability and "attractiveness" across Asian Russia in a warmer 21st century', *Environmental Research Letters* 14:6, 2019.
6 Lustgarten, 'How Russia Wins . . .'
7 Ibid.
8 Oliver Milman, 'Global heating pushes tropical regions towards limits of human livability', *Guardian*, 8 March 2021.
9 Gabriel Popkin, 'Some tropical forests show surprising resilience as temperatures rise', *National Geographic*, 19 November 2020.
10 A. A. Popov, *The Nganasan: The Material Culture of the Tavgi Samoyeds*, Routledge Uralic and Altaic Series 56, Routledge, 1966.
11 Piers Vitebsky, *The Reindeer People: Living with Animals and Spirits in Siberia* (Mariner Books, 2005)
12 Peter Wadhams, *A Farewell to Ice* (Penguin, 2015).
13 Svetlana Skarbo, 'Weather swings in Siberia as extreme heat is followed by June snow, tornadoes and floods', *Siberian Times*, 9 June 2020.
14 *Shaman*, Lennart Mari. A documentary flm made in 1977 and released in 1997, https://www.youtube.com/watch?v=2ZlOPkIbR50.
15 Eugene Helimski, 'Nganasan Shamanistic Tradition: Observations and Hypotheses,' Paper presented to the Conference 'Shamanhood: The Endangered Languages of Ritual' at the Centre for Advanced Study, Oslo June 1999.
16 W. Gareth Rees et al., 'Is subarctic forest advance able to keep pace with climate change?' *Global Change Biology* 26:4, April 2020.
17 Dr Zac Labe of the University of Colorado interviewed by Jeff Berardelli, 'Temperatures in the Arctic are astonishingly warmer than they should be', *CBS News*, 23 November 2020.
18 Chekhov, *Sakhalin Island*.
19 Craig Welch, 'Exclusive: Some Arctic Ground No Longer Freezing–Even in Winter', *National Geographic*, 20 August 2018.
20 S. Zimov et al., 'Permafrost and the global carbon budget', *Science* 312:5780, 16 July 2006.

參考資料
Note

21 University of Copenhagen, 'Arctic Permafrost Releases More Carbon Dioxide than Previously Believed', phys.org, 9 February 2021.

第四章

1 Charles Wohlforth, *The Whale and the Supercomputer* (Farrar, Straus & Giroux, 2004) 講述了這項研究的故事以及圍繞其展開的辯論。
2 Ken Tape, 'Tundra be dammed: Beaver colonization of the Arctic', *Global Change Biology* 24:10, October 2018; Ben M. Jones et al., 'Increase in beaver dams controls surface water and thermokarst dynamics in an Arctic tundra region, Baldwin Peninsula, northwestern Alaska', *Environmental Research Letters* 15, 2020.
3 Seth Kantner, *Shopping for Porcupine* (Milkweed Editions, 2008).
4 Anna Terskaia, Roman Dial and Patrick Sullivan, 'Pathways of tundra encroachment by trees and tall shrubs in the western Brooks Range of Alaska', *Ecography* 43, 2020.
5 Merlin Sheldrake, *Entangled Life* (Bodley Head, 2020).
6 S. W. Simard et al., 'Net transfer of carbon between ectomycorrhizal tree species in the eld', Nature 388, 1997; Ferris Jaber, 'The Social Life of Forests', *New York Times Magazine*, December 2020.
7 'Satellites reveal a browning forest', NASA Earth Observatory, 18 April 2006.
8 'Land Ecosystems Are Becoming Less Efficient at Absorbing CO_2', NASA Earth Observatory, 18 December 2020.
9 Kate Willett, 'Investigating climate change's "humidity paradox" ', *Carbon Brief*, 1 December 2020.
10 Max Martin, 'Add atmospheric drying– and potential lower crop yields–to climate change toll', *Toronto Star*, 12 March 2021.
11 T. J. Brodribb et al., 'Hanging by a thread? Forests and Drought', *Science* 368:6488, 17 April 2020.
12 Jim Robbins, 'The Rapid and Startling Decline of World's Vast Boreal Forests', *Yale Environment* 360, 12 October 2015.
13 Ibid.
14 Fred Pearce, *A Trillion Trees* (Granta, 2021).
15 Ibid.
16 David Ellison et al., 'Trees, Forests and Water: Cool Insights for a Hot World', *Global Environmental Change* 43, 2017.
17 A. M. Makarieva and V. G. Gorshkov, 'Biotic pump of atmospheric moisture as driver of the hydrological cycle on land', *Hydrological Earth System Science* 11, 2007.
18 Ibid.
19 Roger Pielke and Piers Vidale, 'The Boreal Forest and the Polar Front', *Journal of Geophysical Research* 100:D12, 1995.
20 Makarieva and Gorshkov, 'Biotic pump of atmospheric moisture . . .'
21 Fred Pearce, 'A Controversial Russian Theory Claims Forests Don't Just Make Rain–They Make Wind', *Science*, 18 June 2020.
22 Kyle Redilla, Sarah T. Pearl et al., 'Wind Climatology for Alaska: Historical and Future', *Atmospheric and Climate Sciences* 9:4, October 2019.
23 Richard K. Nelson, *Make Prayers to the Raven: A Koyukon View of the Northern Forest* (University of Chicago Press, 1983).

24 'Project Jukebox', University of Alaska Fairbanks Oral History Program. See https://jukebox.uaf.edu/site7/interviews/3623 for the interviews with Attla.
25 *Make Prayers to the Raven*, KUAC Radio, Fairbanks. Documentary series available on YouTube.
26 World Wildlife Fund for Nature and Huslia Tribal Council, *Witnessing Climate Change in Alaska*, 2005. A student-led series of radio programmes interviewing residents of Huslia available at https://wwf.panda.org/discover/knowledge_hub/where_we_work/arctic/what_we_do/climate/climatewitness2/huslia/radio_programmes/.
27 Juliet Eilperin, 'As Alaska warms, one village's fight over oil and development', *Washington Post*, 14 December 2019.
28 Beresford-Kroeger, *Arboretum Borealis*.
29 Ibid.
30 Dieter Kotte et al. (eds), *International Handbook of Forest Therapy* (Cambridge Scholars, 2019).
31 Sabrina Shankman, 'What Has Trump Done to Alaska? Not as Much as He Wanted', *Inside Climate News*, 30 August 2020.

第五章

1 Diana Beresford-Kroeger, *To Speak for the Trees: My Life's Journey from Ancient Celtic Wisdom to a Healing Vision of the Forest* (Penguin, 2019).
2 Ibid.
3 John Laird Farrar, *Trees in Canada* (Fitzhenry and Whiteside, 2017).
4 Beresford-Kroeger, *To Speak for the Trees*; see also Katsuhiko Matsunaga et al., 'The role of terrestrial humic substances on the shift of kelp community to crustose coralline algae community of the southern Hokkaido Island in the Japan Sea', Journal of Experimental Marine Biology and Ecology 241, 1999.
5 Charles C. Mann, *1493: How Europe's Discovery of the Americas Revolutionized Trade, Ecology and Life on Earth* (Granta, 2011).
6 Tracy Glynn, 'Canada is under-reporting deforestation, carbon debt from clearcutting: Wildlands League', *NB Media Coop*, 15 January 2020; Frederick Beaudry, 'An Update on Deforestation in Canada', treehugger.com, 31 January 2019.
7 伊恩（Iain J.）的著作詳細記載了阿尼許納貝人的林火循環和文化地理。Iain J. Davidson-Hunt, Nathan Deutsch and Andrew M. Miller, *Pimachiowin Aki Cultural Landscape Atlas: Land That Gives Life* (Pimachiowin Aki Corporation, 2012).
8 David Lindenmayer and Chloe Sato, 'Hidden collapse is driven by fire and logging in a socioecological forest ecosystem', *Proceedings of the National Academy of Sciences of the USA* 115:20, 2018.
9 Robin Wall Kimmerer, *Braiding Sweetgrass* (Milkweed, 2013).
10 《皮瑪希旺・阿奇地圖集》（*Pimachiowin Aki Cultural Landscape Atlas*）詳細說明了阿加西湖（Lake Agassiz）的地質特徵。
11 Columbia University, 'Northern peatlands.may contain twice as much carbon as previously thought', phys.org, 21 October 2019.

參考資料

Note

第六章

1 Wadhams, *A Farewell to Ice.*

2 C. Rahbek et al., 'Humboldt's enigma: What causes global patterns of mountain biodiversity?' *Science* 365:6458, September 2019.

3 Richard T. Corlett and David A. Westcott, 'Will plant movements keep up with climate change?' *Trends in Ecology and Evolution* 28:8, 2013.

4 Jared Diamond, *Collapse: How Societies Choose to Survive or Fail* (Penguin, 2005).

5 Andrew Christ and Paul Bierman, 'Ancient leaves preserved under a mile of Greenland's ice–and lost in a freezer for years–hold lessons about climate change', *Conversation*, 15 March 2021.

6 Ker Than, 'Ancient Greenland Was Actually Green', *Livescience*, 5 July 2007.

7 Signe Normand et al., 'A Greener Greenland?: Climatic potential and long-term constraints on future expansions of trees and shrubs', *Philosophical Transactions of the Royal Society* 368:1624, 2013.

8 Peter Branner, 'The Terrifying Warning Lurking in the Earth's Ancient Rock Record–Our climate models could be missing something big', *Atlantic*, March 2021.

9 Max Adams, *The Wisdom of Trees* (Head of Zeus, 2014).

10 Ellison et al., 'Trees, Forests and Water ...'

11 Aslak Grinsted and Jens Hesselbjerg Christensen, 'The transient sensitivity of sea level rise', *Ocean Science* 17, 2021.

後記

1 Ian Rappel, 'Habitable Earth: Biodiversity, Society and Re-wilding', *International Socialism*, April 2021.

2 Ibid.

3 Donna Harraway, *Staying with the Trouble: Making Kin in the Chuthulucene* (Duke University Press, 2016).

4 James Hansen, *Storms of my Grandchildren* (Bloomsbury, 2009); James Hansen et al., 'Young people's burden: Requirement of negative CO_2 emissions', *Earth System Dynamics* 8, 2017; David Wadsell, 'Climate Dynamics: Facing the Harsh Realities of Now, Climate Sensitivity, Target Temperature and the Carbon Budget: Guidelines for Strategic Action', presentation by the Apollo-Gaia Project, September 2015.

5 David Abram, *The Spell of the Sensuous* (Vintage, 1997).

6 'Collaborative survival' is a phrase coined by Anna Tsing in *The Mushroom at the End of the World* (Princeton University Press, 2015).

樹木詞彙表

1 P. A. Thomas and A. Polwart, '*Taxus baccata* ', *Journal of Ecology* 91, 2003.

CIRCLE 5

尋找北極森林線

融化的冰河、凍土與地球最後的森林

The Treeline: The Last Forest and the Future of Life on Earth

作　　者　班・勞倫斯 Ben Rawlence
譯　　者　周沛郁
審　　訂　林政道
封面設計　莊謹銘
內文排版　葉若蒂
校　　對　呂佳真
責任編輯　何韋毅
專案行銷　許人禾
副總編輯　何韋毅

出　　版　行路／遠足文化事業股份有限公司
發　　行　遠足文化事業股份有限公司（讀書共和國出版集團）
地址：231 新北市新店區民權路 108 之 2 號 9 樓
郵政劃撥帳號：19504465 遠足文化事業股份有限公司
電話：（02）2218-1417
客服專線：0800-221-029
客服信箱：service@bookrep.com.tw

法律顧問　華洋法律事務所／蘇文生律師
印　　製　中原造像股份有限公司
出版日期　2025 年 4 月／初版一刷
定　　價　560 元
I S B N　978-626-7244-86-9（紙本）
978-626-7244-85-2（EPUB）
978-626-7244-87-6（PDF）
書　　號　3OCI0005

國家圖書館出版品預行編目資料

尋找北極森林線：融化的冰河、凍土與地球最後的森林／班・勞倫斯（Ben Rawlence）著；周沛郁譯 .-- 初版 .-- 新北市：行路，遠足文化事業股份有限公司，2025.04
424 面；14.8×21 公分
譯自：The treeline : the last forest and the future of life on earth.
ISBN：978-626-7244-86-9（平裝）
1.CST: 森林 2.CST: 森林生態學 3.CST: 北極

436.13378　　114001029